Círculo Rojo

UN VIAJE A LOS CONFINES DE LA MENTE

LOS TIEMPOS QUE HABITAMOS

UN VIAJE A LOS CONFINES DE LA MENTE

LOS TIEMPOS QUE HABITAMOS

ÀNGELS VIVES BELMONTE DIALOGA CON LARA DÍEZ QUINTANILLA

Círculo Rojo
EDITORIAL

Primera edición: mayo 2024
Segunda edición: agosto 2024

Depósito legal: AL 1028-2024

ISBN: 978-84-1073-301-5

Impresión y producción: Editorial Círculo Rojo

Del texto: Àngels Vives Belmonte y Lara Díez Quintanilla
© Prólogo: Juanjo García Rodríguez
© Obra de la portada: Francesc de Diego Fuertes
© Maquetación y diseño: Equipo de Editorial Círculo Rojo

Editorial Círculo Rojo

www.editorialcirculorojo.com

info@editorialcirculorojo.com

Impreso en España - Printed in Spain

Estamos caminando a buen paso por el túnel. Si no nos damos prisa no podremos asistir al Hecho Singular. Está todo completamente a oscuras. Es una de las oscuridades más recónditas y profundas que he vivido. Antes, cuando era un zoide bebé con mis hermanos habitábamos en un lugar donde, a veces, llegaba una tenue luz lechosa hermosísima.

Aunque no tenemos ojos, la notamos en la membrana que nos hace de piel.

Desde siempre hemos sabido que nos aguardaba un viaje al que podríamos acceder cuando fuéramos maduros. No sabíamos qué nos aguardaba, pero en realidad, ahora mismo, no podría explicar la intensidad de lo que nos ha pasado.

Hemos dejado atrás la Gran Cavidad y hace un tiempo que estamos en el túnel. En mi grupo sabemos que no llegaremos ni siquiera para poder participar, pero nos gustaría asistir al Gran Gong. Otros la llaman la Gran Vibración. Nos han dicho que es un momento único. Cada vez estamos más agitados, pero si nos mantenemos a este ritmo es posible que podamos llegar. Hace falta que no decaigamos para que se produzca.

Los que van delante nos dicen que no falta mucho porque el Gran Óvulo se ha desplazado dos tercios del recorrido del Túnel. Esto hace albergar esperanzas. Parece que todo marcha bien.

Creo que los primeros están llegando y van tomando posiciones. El Elegido aún no se ha identificado, aunque hay varios que podrían ser. Cuando estábamos concentrados antes de la Gran Explosión, tuve la oportunidad de hablar con uno de ellos. Era bastante reservado, pero tenía una sonrisa enigmática y soñadora que hacía pensar que él creía que podía ser el Elegido. Estaba tranquilo. Me dijo «Ya veremos».

Yo nunca he soñado con serlo. Debe ser algo genético.

En cambio, me siento a gusto con la idea de poder asistir al Gran Encuentro y al nacimiento de la Singularidad.

Mis compañeros están también muy cansados pero los de delante nos animan a proseguir. Ahora parece que el ritmo ha bajado, que estamos llegando.

Si tuviese que decir ahora, antes de morir, qué ha sido lo mejor de lo que he presenciado no sabría expresarlo. Lo más que puedo decir es que nos fuimos parando, y empezamos a vislumbrar una gran pared que ocluía todo el diámetro del túnel. Parecía que no se podía pasar al otro lado, pero supimos que por los cuatro ángulos del túnel y la pared muchos compañeros lo habían conseguido y desde allí y desde todas partes empezó a producirse un hecho singular y prodigioso.

Todos golpeaban suavemente con sus cabezas en la pared, impulsados por movimientos vigorosos de sus colas, produciendo una vibración, que conmovía todo mi cuerpo. Era como si de repente se produjese una consonancia. Como si no estuvieran cansados. Como si todos juntos tuvieran que crear una armonía, una vibración, hasta un punto insoportable, y solo el Elegido pudiese penetrar lo que parecía una pared inexpugnable, para convertirse en un lugar de acogida para el Gran Encuentro.

De lo que pasó allí dentro no sé nada. Solo lo que he oído contar en el viaje a algunos. Que parece que hay un gran Baile, una Danza, y que giran y despliegan múltiples brazos que se unen en un abrazo para la Eternidad. No sé si eso es así. Pero lo que he vivido es muy hermoso. Y en un momento deviene la Singularidad.

No sé si mi enigmático amigo habrá sido el Elegido pero si así fuese creo que llevaba una X, aunque el puñetero se lo llevaba bien callado.

FRAGMENTO DEL RELATO DE *TOC-TOC*,
ESCRITO POR ÀNGELS VIVES BELMONTE EN EL AÑO 2009.
SIGUE EN LA PÁGINA 261

ÍNDICE

PRÓLOGO

*¿Por qué debemos empezar por caer enfermos
para tener acceso a esta verdad?*

Sigmund Freud, Duelo y melancolía

1

Al comenzar la lectura de *Un viaje a los confines de la mente* resulta casi inevitable preguntarse si en sus páginas vamos a encontrar un ensayo de psicología, como parece que anuncia el título, un resumen extenso de experiencias profesionales, o una exposición de todos aquellos conocimientos que la Dra. Vives ha tenido que movilizar para abordar su trabajo como psicóloga. Sin ánimo de evadir una respuesta podemos decir que de todo ello hay algo.

La Dra. Àngels Vives, autora de este libro, a la vez ameno, consistente y rico en temas diversos, nos ofrece un testimonio de su oficio como pediatra, psiquiatra y, finalmente, terapeuta con formación psicoanalítica. Los tramos más significativos que ha tenido ocasión de vivir, en el ejercicio de su profesión, aparecen aquí relatados y, a modo de recapitulación, recorren una pluralidad de vivencias conectadas a saberes que van desde la cultura humanística a la ciencia en general. Tocada por una gran vocación, que ya ha volcado en el campo de la sanidad, se ha exigido a sí misma explorar todo lo concerniente a los fenómenos que atañen a la mente humana. El libro es una muestra de sus hallazgos en ese campo.

Sabemos que, en el trabajo de analista, la práctica de escuchar al otro con una atención sostenida y paciente, poniendo en ello todos los sentidos, es la primera exigencia y la base que soporta el trabajo de cada sesión. Pues bien, À. Vives ha llevado ese compromiso hasta el límite de hacer de su propio cuerpo un instrumento apto para que resuene en él la angustia del paciente atendido, su desconcierto ante lo que le pasa, la carga insoportable de ansiedad que lo atenaza o el miedo pánico cuya razón exacta y objeto no logra identificar. El paciente cuenta lo que cree que le pasa y provee así el material que va a desencadenar un efecto de resonancia en la mente de la analista cuyo eco será descifrado a modo de interpretación a partir de los síntomas percibidos.

Después de décadas, como profesional en el campo de la psicología, la Dra. Vives ha alcanzado un cierto grado de virtuosismo que le permite, a través del habla, reparar con otras palabras el estigma de algunas heridas psíquicas; aquí el decir y el hacer se identifican y «se hacen cosas con las palabras» (J. L. Austin). Puede acompañar al paciente y contener su desasosiego, tantear, sondear en lo que escucha, volverse loca («solo un poco») con él para acompañarlo en su estado de confusión y, después, recogerlo de nuevo, rescatado ya de los peligros de un naufragio. En ocasiones, cuando la catástrofe se ha implantado en el interior del sujeto y no consigue desembarazarse de ella, À. V. actúa, entonces, como continente que lo alivia de la pesadumbre que lo aflige, transmutando su dolor y turbación en una historia que contar y entenderse a sí mismo. Secretos, claroscuros y ambigüedades de la existencia que se han ido gestando darán lugar, finalmente, a la construcción de un hilo narrativo. El dominio teórico de su experiencia, pero también, la sensibilidad, la memoria, el pensamiento en suma, permiten a À. V. asentar su trabajo en la práctica de las sesiones y actualizar en cada una de ellas su competencia como profesional de las *cosas* de la mente.

2

Un viaje a los confines de la mente no pretende provocar un efecto estético, su carácter es más bien divulgativo y ensayístico, sin embargo, el tono en que están contados algunos hechos tienen un resultado estético innegable; hablamos de lo sensible, sensaciones, sentimientos. Señalemos algunas cualidades del libro: emotivo, preciso en el detalle de ciertos pasajes, luminoso, vibrante a veces, bello en algunos relatos… Trataremos, no obstante, de informar de nuestras impresiones como lector, de la estructura que sustenta este trabajo, de su amplia y variada temática, de sus recursos expresivos, de su organización y unidad, del estilo, etc., en definitiva, de su contenido y forma. Recorreremos los apartados más significativos de la obra.

El trabajo está desarrollado a lo largo de cinco apartados que aparecen bajo la rúbrica de *dimensiones*. «La Máquina del Tiempo» y «La muerte» lo enmarcan como primera y última *dimensión*; entre ambas, «Big Data», «Agujeros Negros» y «Materia Oscura» son las otras tres dimensiones.

Sorprende la reiteración de lo *oscuro* en la nominación de las *dimensiones* y nos preguntamos sobre una posible conexión semántica entre ese adjetivo y los escogidos para describir el momento en que la madre da a luz. À. V. describe la «aparición de una presencia oscura, como un plano *negro*, que sabes que es la cabeza del bebé». En su recorrido el libro tendrá que recalar en «Agujeros negros», «Materia Oscura» y, finalmente, «La Muerte». El bebé, por su parte, tampoco se libra de una travesía por lo oscuro. Veremos, más adelante, que *oscuro* es también un atributo del concepto de Zona Trans.

3

En el título aparece, formulado ya, el motivo inspirador: una recapitulación, un viaje pautado por las preguntas de la entrevistadora Lara. Para ello necesitaremos poner al día nuestros datos sobre la prehistoria e integrarlos en el conocimiento de lo que somos, reunir todo lo que conocemos de nosotros mismos y hacer un diagnóstico preciso del momento que nos ha tocado vivir. En efecto, declarar que nos sentimos inmersos en la incertidumbre se ha convertido en un lugar común. Hemos entrado en una fase de complejidad creciente a nivel global, vivimos un tiempo volcánico y en algunos teóricos de la sociología domina la idea de que quizás la inteligencia humana sea demasiado limitada para responder a los desafíos que nos plantea el curso que han tomado las cosas. Además, nuestra capacidad para reaccionar adecuadamente frente a todo ello está retenida a pesar de la cercanía de algunos peligros que nos afectan globalmente como planeta. Digamos que nuestras sociedades adolecen de un futuro universalmente poco presentable. El libro adoptará esta visión del momento como una base de su planteamiento general y hablará de ello sin caer, en ningún caso, en discursos taciturnos sobre la situación.

4

De la lectura de este ensayo pueden extraerse numerosas enseñanzas, y ello no es ajeno a su concepción tan ambiciosa. Hay aquí un empeño que no retrocede ante la tarea que supone hablar de algo tan complejo como la reacción de la mente humana en el seno de una inmanencia que nos incluye y determina, y que llamamos *realidad*.

La urdimbre de este trabajo está entretejida mediante el empleo de varios registros para abordar la exposición de teorías, la introducción de distintos temas, las respuestas a preguntas de Lara; se relatan experiencias, se nos informa de un seminario, se proponen mejoras asistenciales, etc. Sin embargo, todo se anima cuando la cadencia congénita de lo oral traspasa el texto y el lector reconoce una voz en acto, entonces el libro se *escucha* porque la escritura formal cede su sitio al habla. Algo de esa vivacidad, propia de los diálogos con la entrevistadora, actúa en beneficio del tono general del libro, lo acaba impregnando, y el lector nota la presencia viva de la autora que va respondiendo extensamente a cada pregunta o sugerencia de su interrogadora.

La segunda de las virtudes es la riqueza del material que aquí nos entrega la Dra. À. V. en forma de experiencias, todas ellas anotadas en detalle, con descripciones tan vivaces, y de un realismo preciso fiel a los hechos. Al lector le llegan noticias servidas con la emoción propia de alguien que las cuenta como si las reviviese («este momento es de una belleza extraordinaria», se refiere al instante en que un bebé nace). À. V. ha observado y cuenta momentos que guarda en su memoria y que nutrirán su pensamiento.

5

El nacimiento, experiencia universal («todos hemos nacido»), lleva incorporada su propia prehistoria. El *tiempo* prenatal acaece en un ámbito que podríamos representar figuradamente como la esfera parmenídea, perfecta y redonda, constituye nuestra vivencia originaria no consciente, la huella de haber «vivido dentro de un cuerpo vivo y en movimiento» y que nos acompañará siempre. Ese es el tiempo que, haciendo uso de una terminología mítica, se nombra como *aion*. Aquí no hay *kronos*, no hay división temporal reconocible.

Una vez nacidos, el tiempo, en su aspecto cronológico, se adueña de nosotros y entonces *aion* deviene *kronos*. Todo es primera vez en este trance decisivo del nacimiento. También la Zona Trans, ese *no lugar*, del que hablaremos más adelante, será experimentado por primera vez. Hemos salido de un continente, entraremos como *supervivientes* en otro.

En la Zona Trans no podemos quedarnos, es un lugar de tránsito. Ahora vendrá todo lo demás, estamos en el tiempo de lo que constituirá una vida singular nueva, forzados a construir relaciones con los padres, con la familia en general, con el legado transgeneracional y con todo lo que nos rodea. De la célula al bebé, el proceso de transformación ha exigido millones de años. La prehistoria está siempre contenida en nuestro presente.

La *singularidad* se nos presenta aquí como nombre de un concepto físico-matemático. La prehistoria, que ha discurrido a lo largo de millones de años, ha dado lugar a que en el ADN se guarden las instrucciones para que nuevos seres vivientes, en forma de bebés humanos, encarnen, cada uno de ellos, la condición de ente singular, único entre los innumerables episodios del «Big Bang Vital». De «hecho prodigioso» lo califica la autora que evoca y describe aquí todo lo que rodea al nacimiento. La expresión «experimentar la prehistoria», empleada en este contexto, alude a las vibraciones y movimientos que sentimos cuando estamos dentro de un cuerpo, en el seno de la madre.

Ante la mirada de la pediatra el nacimiento se presenta como algo que «fascina», «una de las experiencias de más belleza y fuerza que he vivido». Expresiones, todas ellas, que remiten a una subjetividad subyugada por impresiones y sentimientos. Las observaciones, la mirada crítica y escrutadora vienen después, serán los datos que À. V. irá recopilando y con los que nos informará de las deficiencias asistenciales que rodean al nacimiento de un bebé: la falta de atención emocional a las madres, la medicalización excesiva que prohibía la presencia de los familiares en la sala de partos, la mera falta absoluta de tacto cuando la mujer pregunta por el sexo de su criatura. La pediatra À. V. denuncia aquí la incuria que tiempo atrás rodeaba al nacimiento, tanto en los servicios públicos como en los privados. El parto, entonces, se concebía como un asunto exclusivamente médico. El robo de bebés en aquellos crueles tiempos no era ajeno causalmente a ese estado de cosas.

No obstante, À. V. no renuncia al relato de lo vivido tantas veces en la sala de partos. Nos habla de la sensación de desamparo que transmiten las parejas que llegan para que la madre pueda dar a luz, su incertidumbre, su vulnerabilidad. Lo emotivo en sumo grado se apodera de todos los implicados en esta hora en que el acontecimiento está a punto de producirse. ¡Parece que el tiempo se ha detenido!

Nuestros sentidos lo registran todo con una intensidad amplificada: olores, sonidos, luces, respiración.

Todo está alterado sensorialmente y À. V. evoca esos momentos vividos como observadora e implicada profesionalmente. Nos invita a presenciar escenas que describirá con brío y fuerza por la precisión y el color de los detalles. El relato adquiere aquí una expresividad emocional.

Aquí la entrevistadora, Lara, inquiere: «¿Cómo se produce la llegada del momento esperado?». Entonces À. V. vacila: «No sé cómo transmitirlo…», «Es difícil de explicar», «Casi no puedo narrarla», «Es bastante indescriptible», no obstante, «Me colocaré en el lugar de una observadora. Voy a intentarlo». À. V. nos lo cuenta: nos habla de las contracciones, de la aceleración progresiva de estas, del nivel de dilatación, de las constantes de la madre, de la puerta de salida del bebé, de la inminencia del parto, de la movilización del equipo que rodea a la parturienta. Y aquí, de golpe, tres expresiones sorprendentes: «aparición de una presencia oscura»; «como un plano negro»; es como si lo opaco fuera necesario para que la luz se pueda reflejar, «ha entrado en la Historia (el bebé)»; «El tiempo se para». Momentos después, el bebé abre la boca, coge aire y rompe a llorar.

Un ser vivo ha tenido que atravesar la Zona Trans, ha corrido un peligro extremo y traumático (Otto Rank): las ansiedades claustrofóbicas del último tiempo del embarazo, la angustia de la falta de oxígeno, la agorafobia. Pasará, por último, por la estrechez constreñida del cuerpo maternal y la estación de llegada que lo aguarda se llama Historia, con mayúsculas. Ahora experimentará la condición del emigrante, o, más bien, del superviviente. No habrá consuelo para él porque ha sido expulsado de una esfera redonda y perfecta, del paraíso. Nunca más podrá acoplarse a un cosmos seguro y protector. «¿Por qué me hiciste salir del seno materno?, ¿por qué no me extinguí antes de que me viera un ojo?» (Libro de Job).

Ahora solo cabe un proceso emancipador y creador de símbolos respecto al cuerpo del que nos separamos. La voz, por ejemplo, hará superflua la comunidad de sangre con el cuerpo maternal porque *estar-fuera* significa el poder de dar voces. La génesis de símbolos comienza con la formación de la voz que conduce al oído de la madre y se convierte simbólicamente en un sustituto del cordón umbilical.

6

A. V. retoma de la obra de Peter Sloterdijk algunas ideas que ha inspirado su pensamiento. Este contemporáneo suyo, alemán y crítico de la cultura, en su *opus magnum*, *Esferas*, aborda el proyecto de una arqueología de la intimidad referida al espacio psíquico del feto.

En relación con el nacimiento, P. S. nos explica lo que representa para el bebé su expulsión del vientre materno, la separación de la placenta, el corte del cordón umbilical, su *ser-fuera* y la huella imborrable que todo ello dejará en ese sujeto en germen, hecho que lo acompañará toda la vida. No obstante, la experiencia de *lo sido* estará siempre presente.

Hablemos de la placenta, ese «envoltorio de la vida», lugar de intimidad simbiótica en un *continuum* con el cuerpo de la madre y donde la relación sujeto-objeto no se ha inaugurado, donde lo interior y lo exterior no se da. Nos dice A. V. que en la placenta el bebé ha vivido una relación *no-objetal*. La placenta, que se ha generado a partir del «equipamiento celular del bebé», es tratada en nuestra cultura occidental como un despojo, se tira o se usa para la producción de cosméticos. Para otras culturas, sin embargo, ha tenido y tiene una importancia suprema. P. S. se refiere a ello: el bebé, en el seno de la madre, ha vivido en un espacio abombado, en una esfera sin noción alguna del curso del tiempo, envuelto en ese cojín intrauterino que constituye la placenta y esta se ha convertido para el feto en un acompañante íntimo, una especie de «genio protector» que le da seguridad y lo completa vitalmente, algo así como un «dispensador de vida».

P. S. nos habla también del significado mítico que, en esas otras culturas, en su afán figurativo, se ha dado a la placenta. La literatura popular, por ejemplo, registra expresiones reveladoras a este respecto: «Parece que en tu caso lo que han criado no es el niño, sino la placenta». Esto, que se dice en algunos pueblos suizos, revela el reconocimiento de los rasgos constitutivos de un determinado tipo psicológico, *el idiota*, una figura humana cuyas características psicológicas se han extrapolado y transmutado a rasgos morales que encarnan el ideal de la vida noble, libre de resentimientos.

P. S. lo desarrolla especulativamente y nos invita a que veamos al idiota como resultado de una relación psicodinámica con la madre, como un intercambio mudo entre feto y placenta. Estamos ante una fenomenología de lo intangible, algo así como una infraestructura imaginaria.

Según P. S. cuando nos encontramos con alguien que encarna ese carácter de *idiota* experimentamos una proximidad inexplicable, una especie de sentimiento de compenetración que recuerda la intimidad que pueda darse entre feto y placenta. Es nuestro «complementador», nuestro doble, nuestro «genio protector», el «dispensador de vida» que otrora fue la placenta para nosotros. Lo vivimos como alguien que nos complementa.

Peter Sloterdijk cree que hay un enlace simbólico entre la placenta y ese «complementador» del que hemos sido expoliados al nacer. Su pérdida no reconocida actúa en nosotros a modo de anhelo nunca satisfecho.

Lacan y Spinoza hablarán de ese expolio, cada uno a su manera. El primero lo designa como *la chose*, la cosa inaccesible de la que todos somos huérfanos. Spinoza, por su parte, alude a la «satisfacción de cualquier anhelo, cualquiera que sea», para definir *el bien* situándolo también en una trascendencia inaccesible, como *la chose* lacaniana a lo que no dejamos de aspirar y objeto siempre de un anhelo insatisfecho, una especie de pasión triste que solo podremos convertir en un afecto activo mediante una ardua tarea.

Cuando Freud, en *Duelo y melancolía*, define esta disposición anímica como «una pérdida de objeto substraída a la conciencia» en que «el melancólico sabe a *quién* ha perdido, pero no *qué* ha perdido con él», sugiere la idea, según P. S., de que aquello desconocido a que se refiere la pérdida enlaza con el «genio», ese doble nuestro con el que todos nacemos, una especie de íntimo protector, de confidente y motivador, en definitiva, nuestro «complementador», «un dispensador de vida» como la placenta.

Sloterdijk recupera la figura del *idiota* de la mano de Nietzsche y Dostoievski; ambos han visto en la figura de Jesucristo los rasgos de ese *idiota* que obra como «complementador» de todos los seres que casualmente encuentra.

El idiota, el «complementador» íntimo, el dispensador de vida, *la chose* de Lacan ayudan a disipar esa sombra que ha dejado «la pérdida de objeto, substraída a la conciencia» y que constituye el agujero negro de la melancolía.

7

Dejamos atrás el nacimiento, exhaustos pero curiosos, y entramos en la Zona Trans. Sin duda la aportación teórica más relevante de este trabajo. Para desarrollar el concepto Zona Trans, la autora empleó el mismo método que para otros trabajos teóricos: la metáfora, la trasposición y la analogía. Podemos tomar términos del mundo de la física, la biología, de la geometría, la computación, el Big Bang, materia oscura, agujeros negros, Big Data, etc., y someterlos a una trasposición metafórica para hablar del prodigio de la singularidad, los elementos cohesivos pero poco visibles como el respeto y los dispositivos asistenciales de atención, el trastorno mental, la memoria histórica y el inconsciente.

La Zona Trans es un concepto que, aplicado a determinados estados psíquicos, Darío Sor delimitaba y describía nombrándolos como «el paso entre dos posiciones (depresiva y esquizo-paranoide)». À. V. desarrolla el potencial teórico que le brinda este concepto transmutando su significado para ampliar su alcance semántico. De esta manera, pueden hacerse visibles fenómenos que hasta ahora no tenía significación desde el punto de vista de la psicología. À. V. nos describe la gestación de este concepto que surge como resultado de una operación de síntesis y la articulación de ideas latentes en ella hacía tiempo. Citemos algunos datos que intervienen en esa síntesis, por ejemplo : el encargo de participación como ponente en Jornadas de Homenaje a León Grinberg (2008) , las migraciones como tema, su asistencia a numerosos partos en calidad de pediatra, una madre, la suya, que ha testado existencialmente la migración a los cinco años, el proyecto de final de carrera de arquitectura de su hijo, sobre el uso de los «espacios muertos que rodean a las urbes». Ahora Zona Trans se inviste de un significado que hará posible, en manos de À. V., una expedición a zonas hasta ahora inexploradas. Zona

Trans remite a una experiencia necesariamente universal, participa de ella el nacimiento y el exilio, los espacios urbanos de tránsito, naufragar y ser rescatado. El paso por la Zona Trans implica percepción sensorial alterada, procesamiento distorsionado del tiempo que transcurre e interrupción de la capacidad de identificación.

Podemos sondear la esencia de este concepto aproximándonos desde distintos lados. Aquí, este concepto está descrito en forma de paradoja. Por ejemplo, un espacio privado de la condición de lugar definido, que nos afecta mentalmente dejándonos en un adentro sin afuera, ni dormidos ni despiertos, ni conscientes ni inconscientes.

8

No descarto que la Dra. Vives esté perfectamente informada de que existe un número considerable de fenómenos para los que el psicoanálisis no ha sido capaz de proporcionar ni una explicación completa, ni una predicción que se haya comprobado empíricamente acertada, por ejemplo: «el grado de fraccionamiento cognitivo que engendran los daños cerebrales, la etiología y tipología exactas de la enfermedad mental, los mecanismos cognitivos específicos involucrados en los descubrimientos científicos y en la creatividad artística» (Paul Churchland).

¿Se encuentra el psicoanálisis estancado desde el punto de vista teórico? Para algunos investigadores actuales resulta evidente que el psicoanálisis se ha mostrado con dificultades para adaptarse al ritmo cada vez más acelerado de ciertos aspectos de la evolución cultural y de evolucionar en consonancia con los actuales requisitos cognitivos que imponen las sociedades tecnológicas avanzadas. Todavía no tenemos una comprensión adecuada y exacta de la correlación entre función psicológica y estructura neuronal, de ahí que nuestra analista no haya querido encasillarse en la ortodoxia de la teoría psicoanalítica y amplíe su mirada integrando como herramientas de su trabajo otros saberes que abren perspectivas nuevas para la correlación cuerpo-mente (Seitai, teoría física, especulación filosófica, metáforas, conceptos sociológicos, etc.). No obstante, de la lectura de *Viaje a los confines de la mente* deducimos que À. V. asume como propia la afirmación de que la excelencia general de una teoría se mide según virtudes puramente pragmáticas. Este postulado le permite mantenerse alejada de cualquier posición dogmática.

9

En su condición de una experiencia que le está vedada a cada ser humano respecto de sí mismo, algo que, como tal, no puede pensarse, parece un contrasentido tratar de la muerte como una dimensión más. La muerte según Heidegger es «la imposibilidad de toda posibilidad». El ser humano solo puede lograr una *experiencia* de la muerte por medio de «los otros». De ahí que John Berger en su «Con la esperanza entre los dientes» nos hable de los muertos, no de la muerte como tal.

El lugar que ocupa este capítulo dedicado a la muerte como quinta y última dimensión abunda en la idea de recapitulación ya presente en el título general. Tiene una connotación de cierre del libro y desprende todo ello una sensación de clausura. El lector no puede evitar la idea de que está ante una obra que quiere reunir el acervo teórico de toda una trayectoria profesional.

Aquí, nuestra analista se aleja por un momento del método hipotético-deductivo como sistema de conocimiento: «Plantearía la muerte como una fuerza, como una tensión que nos mantiene vivos, como una fuerza integrativa. Sería como este movimiento multirradial que viene de la pelvis y genera tejido conectivo. Este tejido planteado como una fuerza que lo mantiene todo sujeto y sostenido por una fuerza de atracción. Cuando deja de funcionar, la fuerza se deja ir y se produce una expansión. Un nuevo Big Bang» (p. 259).

Otras maneras de contemplar la muerte, entre ellas la de E. Canetti, para quien la muerte siempre ha constituido su gran enemigo. En esta visión alternativa de la muerte que se expone en esta cita se nos abre, como contrapartida, un mundo virtual alternativo en el que nos podemos internar imaginariamente:

«Mi odio contra la muerte presupone una permanente conciencia de ella; me maravillo de poder vivir así».

«Se dice que, para muchos, la muerte llega como una liberación, y es difícil encontrar un hombre que alguna vez no la haya deseado. La muerte es el símbolo supremo del fracaso: quien fracasa en algo grande, se consuela con el hecho de poder fracasar todavía más y estira la mano hacia aquel enorme manto oscuro que lo recubre todo uniformemente. Pero si no existiera la muerte, nadie podría fracasar realmente en nada; con intentos siempre renovados se podrían remediar debilidades, deficiencias y pecados. Al ser ilimitado, el tiempo nos daría un valor ilimitado.

»Desde muy temprano nos inculcan que todo se encamina hacia un final, por lo menos aquí, en este mundo conocido. Límites y constricción por todas partes, y enseguida una constricción última, terriblemente penosa. Ensancharla no depende de nosotros mismos. Hacia esa constricción miran todos; independientemente de lo que pueda haber detrás, es considerada inevitable; todos deben inclinarse ante ella al margen de sus propósitos y de sus méritos. Un alma puede ser tan amplia como le plazca: será constreñida hasta que, llegado un momento que ella no determina, quede asfixiada. Quién determina ese momento es un asunto que se deja al criterio de la opinión imperante y no del alma individual misma. La esclavitud de la muerte es el núcleo de toda esclavitud, y si esta esclavitud no fuera reconocida, nadie podría desearla para sí mismo».

Cierro con Spinoza, que también se refirió a la muerte. En la proposición 67 de la Parte IV de su Ética, escribe: «El hombre libre en ninguna cosa piensa menos que en la muerte, y su sabiduría no es meditación de la muerte, sino de la vida».

10

A través de las teorías expuestas en este trabajo podemos ver un trasfondo filosófico que fluctúa entre un cierto solipsismo, al modo de *esse est percipi* («llevamos incorporado un procesador de realidad virtual») y un realismo especulativo («la prehistoria que determina también nuestro presente»).

La empresa que acomete nuestra autora parece dictada por el propósito de ir al fondo de esta inquietud que constituye el momento actual considerando lo que sabemos de la historia. Como ya hemos señalado, À. V. parece pensar que el curso del mundo obedece a los mismos motivos y la misma causalidad que las pulsiones interiores conscientes e inconscientes de los individuos. De ahí que el estudio de la mente pueda ser un punto de partida propicio para una indagación que cubre espacios de reflexión más amplios.

Hay en el libro de À. Vives un intento de combinación omniabarcante de aquellos saberes que atañen a la mente humana. Desde la prehistoria hasta el presente, el nacimiento y la muerte, lo consciente y lo inconsciente, lo local de nuestra circunstancia y la materia oscura del universo, lo virtual y lo real, el tiempo y lo eterno.

Nada podemos dejar de lado cuanto se trata de conocer la mente humana ; ello nos obliga a considerar en una unidad el todo donde el espacio-tiempo tiene lugar. Este afán de reunir el todo en el uno aparece como una característica importante en el planteamiento inspirador de este libro.

11

La Dra. À. Vives traza en este libro un arco que va desde el nacimiento a la muerte, desde la prehistoria al presente. Desde una posición de observadora privilegiada por su condición de analista y por su experiencia dde muchos años, la Dra. Àngels Vives, ayudándose de saberes que van de las ciencias duras a teorías que rozan los límites de lo racional, nos ofrece el resultado feliz de un trabajo que todo lector, que se acerque a él con curiosidad, celebrará haber leído.

12

Convencida de la importancia de una buena praxis y del valor orientador de la intuición À. V. deja ver en este ensayo su compromiso con una ética que, a su juicio, debe presidir la actuación de cualquier terapeuta. Lejos de asumir, con cierta dosis de cinismo, una postura conservadora de lo que hay y de mantenerse escépticamente apartada de cualquier idea de transformación, À. V., sin ningún afán edificante, nos propone considerar nuestro entorno como una magnitud modificable. La práctica terapéutica no puede entenderse como un intento de adaptación sumisa del sujeto a una realidad presuntamente objetiva. La realidad y el sujeto que la habita deben entrar en el ámbito de un trabajo, entre él mismo y la analista, para transformar una idea invivible de su propio mundo en otra más tolerable.

Su convicción fundamental y la actitud general que preside su trabajo como analista quedan expresados aquí con sus propias palabras : «El trastorno mental no es una enfermedad genética ni es una enfermedad incurable. Todos los niños y niñas, cuando nacen, tienen un potencial enorme para ser personas creativas y saludables. Si somos valientes y podemos aguantar el caminar por la oscuridad, la vista se acomodará y podremos ver puntos de luz, zonas de claridad que nos recatarán del agujero negro» (pág. 184).

Sin duda, el lector que emerge tras haber leído este libro no será el mismo que el que se sumergió en él. El texto encierra un cierto valor «iniciático» y su lectura induce a un movimiento de vaivén entre la neutralidad y el compromiso que imita el modo de escuchar psicoanalítico; es aquí donde veo el núcleo ardiente de esta obra y el interés rector que la guía.

Desde una voluntad afirmativa respecto a un presente que incluye necesariamente su propia prehistoria la Dra. Àngels Vives parece decirnos «Así fue y así quise que fuera».

Juanjo García
Licenciado en Filosofía
Miembro fundador del Grupo de Estudios Spinozistas. (GES)
de Ateneu Barcelonès

INTRODUCCIÓN

Un viaje a los confines de la mente es un recorrido por la vida y la existencia de las personas y los grupos humanos.

Es una invitación a pasear por el cuerpo y la mente reflexionando sobre aquello que promueve crecimiento y sobre lo que nos enferma y destruye.

El libro se desarrolla sobre veintidós entrevistas. Este formato responde a la base originaria del libro: aprender de la experiencia. Lara Díez Quintanilla, actriz, directora teatral y psicóloga novel, pregunta, debate y dialoga con Àngels Vives Belmonte, psiquiatra y psicoanalista veterana, sobre su pensamiento acerca del ser, del nacer, del crecer, del relacionarse, del agruparse, del pensar, del amar, del odiar, del aprender, del saber, del criar, del atender, del enfermar, del cooperar, del cuidarse, del curarse, del luchar, del morir… La idea es tejer pensamiento nuevo acerca de la actualidad de lo primitivo para hacernos un poco más sabios.

La lectura está organizada en cinco dimensiones que tienen nombre de elementos de ficción como *La máquina del tiempo*; de avances informáticos de nuestro siglo como *El Big Data*; de aproximaciones que la astrofísica ha hecho a determinados fenómenos como *Los agujeros negros y la Materia oscura*; y de, finalmente, *La muerte* como elemento imprescindible para dar sentido a la vida.

Estas metáforas que abren las dimensiones hacen la función de diapasón de lo que vendrá. Pone la vibración y también el color y la temperatura del ambiente, para prepararnos a entrar.

En la primera dimensión, utilizamos como símbolo **La máquina del tiempo** para emprender un viaje. Iremos por los paisajes intrauterinos de *La prehistoria*, pasando por todas las vicisitudes relacionales que le esperan al bebé, hasta los grupos: **El nacimiento, La zona trans, La** *separación, La vinculación, La unidad originaria, La familia, La herencia transgeneracional y El grupo.*

La segunda dimensión se centra en los mecanismos de acceso y creación de nuestro ***Big Data*** personal y colectivo. Estudiaremos la propuesta que nos hace ***El psicoanálisis***, con la diferenciación ***Consciente-inconsciente***. Luego nos vamos a detener en la ***Observación de bebés***, como ejercicio minimalista, para conocer cómo se establecen las estructuras de este supersistema de datos que tenemos los humanos. Y, finalmente, ***El Seitai*** nos abrirá las puertas de un modo nuevo de pensarnos.

En la tercera dimensión entramos en ***El agujero negro*** del colapso del funcionamiento psíquico. ¿Qué pasa cuando tenemos un ***Trastorno mental***? ***¿Cómo enfermamos?*** Proponemos ***La perversión*** como máximo creador de patología. Después, analizaremos los recursos creados a lo largo del tiempo para atender el dolor mental (desde ***El manicomio*** y la hospitalización psiquiátrica a la psicoterapia y el trabajo en salud comunitaria) y el uso que podemos hacer de ***Los psicofármacos***.

La cuarta dimensión utiliza como metáfora ***La materia oscura*** para poder hablar de elementos cohesivos, a veces poco visibles, pero fundamentales para nuestra salud, como ***El respeto***. También abordar diferentes propuestas acerca de cómo construir ***Un modelo de la mente humana***, conocer ***Los instrumentos de trabajo*** que usamos en nuestras relaciones saludables y pensaremos ***Dispositivos asistenciales*** más adecuados. En esta dimensión, tratamos de entender las dificultades a nivel individual, grupal, familiar y social. No solo desde una perspectiva asistencial, sino también en la creación de espacios de pensamiento colectivo, donde pueda emerger pensamiento nuevo acerca de aquello que nos es común y cómo se gestiona.

Finalmente, en la quinta dimensión, cerramos el libro hablando de ***La muerte***. Le damos la palabra al poeta y escritor John Berger para establecer un diálogo con este tránsito a otro paisaje que no conocemos e incorporar la presencia de los muertos en nuestra vida.

Se trata de un libro divulgativo con la pretensión de acercar algunas ideas que beben del psicoanálisis, la psiquiatría, la medicina, la psicología, la sociología, la física, la antropología, la historia, la filosofía y la literatura, con el fin de hacerlas más comprensibles y que puedan servir como herramienta en nuestro viaje por la vida.

Nosotras proponemos un orden de lectura, pero es completamente libre. La lectora puede viajar como quiera en el tiempo del libro.

PRIMERA DIMENSIÓN: LA MÁQUINA DEL TIEMPO

À[1]- Un chico que estuvo en tratamiento en un grupo terapéutico explicó conmocionado en una sesión, un hecho ocurrido durante su visita a la Feria del Mobile World Congres del 2016:

Un hombre, que se había colocado unas gafas de realidad virtual tridimensional, estaba asistiendo a un recorrido simulado por un paisaje muy accidentado con montañas muy altas. De pronto, en una coyuntura en la que había de saltar, cayó por un precipicio. La diversión consistía en poder experimentar emociones fuertes, pero este hombre se encontró mal, con dolor intenso en el pecho y tuvo un infarto de miocardio. Rápidamente, los equipos de emergencias sanitarias, tuvieron que hacerse cargo de la situación.

Pero el chico no salía de su desconcierto. Lo narraba con un gran asombro: «¡Era realidad virtual y, sin embargo, tuvo un infarto real!».

¿Cómo se explica esto? ¡Era realidad virtual!, ¡aquello no le estaba pasando de verdad, estaba sentado en una silla, pero tuvo un infarto!

Yo le dije algo así como que, en realidad, todos llevamos de serie un aparato parecido a las gafas tridimensionales de realidad virtual. Las ideas, las representaciones simbólicas, las imágenes mentales, las fantasías y los sueños son realidad virtual. Cada bebé viene al mundo con procesadores capaces de construir simulaciones de este tipo.

Aunque en la realidad externa no esté sucediendo nada, si estamos asustados y tenemos miedo, solo desde la imaginación, podemos poner el corazón a latir rápido y activamos nuestro sistema de alerta.

---

1 Àngels Vives Belmonte.

Por tanto, podemos decir que llevamos incorporado un procesador de realidad virtual y que este afecta nuestro cuerpo. Pensar desde esta capacidad es muy importante. Da paso al descubrimiento de otro dispositivo que llevamos incorporado: la máquina del tiempo.

En la misma sesión, un poco más avanzada, el mismo chico dijo que hacía unos días había visto una película en que el protagonista podía viajar en el tiempo.

«Me gustaría tener la máquina del tiempo y hacer viajes con ella». Le dije: «Tú la tienes instalada. Todos la llevamos instalada. Desde la fantasía, los sueños, el cuerpo…, tenemos la posibilidad de viajar en el tiempo».

La *máquina del tiempo* es una forma de ficción literaria, teatral, cinematográfica, que responde a la aspiración humana de poder viajar de regreso al pasado o trasladarnos, proyectándonos a un futuro imaginado.

El tiempo no es solo el de fuera, el del reloj, hay también un tiempo subjetivo que nosotros podemos gobernar. En la cultura griega ya se establecieron tres dioses del tiempo: Kronos, Kairós y Aión.

Aión es el dios helénico que concibe el tiempo como ilimitado. Es el tiempo eterno sin principio ni final. Todo el tiempo es presente. Se tomó el nombre de eones para nombrar periodos muy dilatados como los geológicos.

Kronos (Saturno en la versión romana) es el dios del tiempo inexorable, pasado, presente y futuro. *Saturno devorando a su hijo* es la representación pictórica de Francisco de Goya de la inexorabilidad del tiempo. Es también el tiempo acordado, común para el encuentro. El reloj. El cronómetro.

Kairós es el dios del tiempo subjetivo o del tiempo oportuno. Él gobierna la capacidad de vivir y hacer las cosas en el momento adecuado, ligado a la intuición.

Con nuestra máquina de tiempo personal podemos viajar al pasado, recuperar recuerdos o recrearlos y podemos proyectarnos al futuro, imaginarlo, evocarlo y construirlo. A estos viajes les podemos dar una representación visual, sensorial, porque llevamos instalado el dispositivo de realidad virtual al que nos hemos referido anteriormente. Un olor nos puede llevar a la representación de una experiencia de hace diez o veinte años y revivirla sensorial y emocionalmente. Creamos realidad virtual usando el recuerdo, la imaginación y la fantasía.

En los ancianos podemos observar como, a menudo, pueden trasladarse a escenarios infantiles o de juventud y como estos cobran una importancia que puede ser superior al momento actual.

Nuestra máquina del tiempo trabaja con los registros de memoria y recuerdo (pasado), pero también con proyecciones en la fantasía para construir representaciones futuras. Me imagino que me caso. Me imagino ganando un premio. La experiencia de estas sensaciones deviene sensorial y corporal.

También podemos quedarnos atrapados en el tiempo. En una situación traumática, la mente lo congela y lo detiene, y guarda la vivencia como actual. Hay experiencias traumáticas, vividas muchos años antes, que están presentes en nosotros como si acabasen de pasar. Los recuerdos quedan intactos, como si fuesen inmediatos.

Marcel Proust también nos habla de otros tiempos en su libro *La búsqueda del tiempo perdido* cuando, desde la experiencia sensorial comiendo una magdalena, sentimos por un instante como si tuviéramos todo el tiempo del mundo.

Es importante saber que tenemos estas capacidades y que están funcionando permanentemente, toda la vida, para tener en cuenta cómo las usamos.

Pero ninguno de estos dispositivos podría funcionar si no fuese por otro elemento que coopera exhaustivamente: el Big Data personal. Hay otro Big Data colectivo, del grupo social, que va a construir la memoria histórica de una colectividad.

Venimos provistos de un gran equipo de almacenamiento de datos que conecta, desconecta, relaciona, separa, potencia, usa, y almacena todos nuestros datos. Todos. Todo lo que en este momento estamos viendo, todo lo que sentimos, todo lo que vivimos con las sensaciones que acompañan, sean conscientes o inconscientes. Todo. Todo está en nuestro Big Data.

Entiendo que aquello a lo que Sigmund Freud nombró como inconsciente, podríamos compararlo con el Big Data. Ahora, después del desarrollo informático, pienso que se ha producido una externalización de los procesadores que llevamos incorporados desde la prehistoria todos los cachorros humanos.

Nuestra mente puede construir y evocar realidades virtuales de todo tipo, puede viajar en el tiempo, pararlo, abrirlo, acelerarlo y puede manejar datos a gran velocidad en su Big Data particular llamado inconsciente.

Tenemos estos dispositivos, procesadores, que funcionan con representaciones, símbolos, algoritmos, metáforas, analogías y otras formas, que llevamos incorporados en nuestro sistema cuerpo/mente/grupo. Tendremos, pues, que estar muy atentos a las capacidades que de ahí se deriven.

L[2]- Esta dimensión introduce el viaje que estamos a punto de hacer: un viaje en el tiempo a nuestro pasado, concretamente a nuestra *Prehistoria*. Pero no a la prehistoria de la humanidad, sino a la nuestra, la que todos y cada uno tenemos. La prehistoria prenatal. El tiempo (Aión) que hemos vivido dentro de un cuerpo vivo, caliente, vibrante y en movimiento.

Seguiremos, prestando atención a otro momento vital, el momento en que entramos en la historia: *El nacimiento*. Nos adentraremos en esta experiencia prodigiosa.

Analizaremos detenidamente qué pasa entre nuestra prehistoria prenatal y el ingreso en la historia vital, aérea y relacional, entre el continente primero y el nuevo. Pensaremos en este espacio de paso y desarrollaremos un concepto, *Zona Trans*, como representante mental de este estado de transición.

Después, para no quedar atrapados en el canal del parto, zona no habitable, nos tendremos que separar. Es una *Separación*, con todo el dolor y el placer que implica. Y enseguida crearemos *Vinculaciones* que nos permiten un reencuentro y observaremos cómo se dan y desde dónde las creamos.

Pasearemos por las relaciones que crea el bebé con los padres en sus primeros continentes matriciales fuera del útero, deteniéndonos en conceptos como *Unidad originaria* y *Familia*. En este viaje no nos limitaremos solo a las relaciones con los miembros presentes de cada familia, sino que visitaremos también el lugar que ocupan nuestros ancestros y estudiaremos los jeroglíficos y mensajes encriptados que nos dejan como legado *Transgeneracional*.

Finalmente haremos un recorrido aún más extenso por nuestra red relacional y observaremos nuestros *Grupos* de pertenencia, observando sus funciones y características.

Cuando hayamos finalizado este viaje temporal con las gafas de realidad virtual, saltaremos a la segunda dimensión, el capítulo *Big Data*, donde estudiaremos los mecanismos de manejo de datos, sensaciones, recuerdos, que nos permiten hacer todos estos recorridos fantásticos de la mente humana.

---

2   Lara Díez Quintanilla.

LA PREHISTORIA Y EL TIEMPO DEL BEBÉ

L- En una de las habituales sesiones de debate en un curso de formación de terapeutas de grupo y familia, en la que yo participé, impartidas por el Grupo Alfa[3], Jordi Marfà[4], empezó su intervención recordando que el tiempo de gestación del bebé son cuarenta semanas. Entonces, de forma inesperada, Àngels Vives exclamó:

«¡O… no! Para nosotros, que lo observamos desde fuera, sí que son cuarenta semanas, pero… ¿para el bebé? ¿Cuánto tiempo ha vivido el bebé antes de nacer?».

Todos nos quedamos pensando. Y en aquel fragmento temporal de silencio supe que una idea muy importante acababa de nacer.

L- ¿Cuánto tiempo tiene el bebé cuando nace?

À- Según nuestra manera de entender y experimentar el tiempo, podemos decir que la gestación de un bebé consiste en cuarenta semanas, aproximadamente. Esto es lo que observamos nosotros desde fuera.

Pero ¿cuál es la experiencia desde dentro? El tiempo subjetivo con el que llega el bebé tiene que ser mucho más largo. Me atrevería a decir que es el equivalente a todo el desarrollo de los seres vivos en nuestro planeta, desde la aparición de la vida.

Pensemos cuánto tiempo ha transcurrido desde que somos una célula hasta un bebé preparado para nacer. Desde una célula a billones de células organizadas de manera inteligente para crear un ser humano. ¿Nos podemos plantear que podría corresponder al tiempo transcurrido entre la aparición de la vida en el planeta Tierra hasta el *Homo sapiens-sapiens* y que en este proceso estarían condensados millones de años de evolución?

---

3 El Grupo Alfa, (Asociación profesional). Estuvo formado por diversos profesionales que durante los años 2009 hasta el 2021 ofreció un sistema de formación para trabajar en grupos y familias.

4 Psiquiatra, psicoanalista. En los últimos años ha sido difusor del modelo de tratamiento Diálogo Abierto, iniciado en Finlandia y cuyo referente es Jaakko Seikkula.

Entonces tu propuesta es que el bebé, cuando nace, tiene ya una larga historia.

Una larga prehistoria, sí.

Hoy en día aún nos estamos preguntando cómo se pudo constituir una célula viva. Se explica que hace millones y millones de años, dentro del agua, había un magma de moléculas y se produjo una reunión de los elementos que formaban una membrana. No se sabe todavía cómo. Esta membrana permitió la separación dentro y fuera. De esta manera comenzaba a crearse una diferenciación fundamental entre un espacio interno y un espacio externo.

Este nuevo sistema empezó a funcionar en relación con el entorno y a organizarse, creando, a su vez, estructuras más complejas (citoplasma y núcleo), hasta establecer lo que actualmente llamamos célula con capacidad de replicarse.

A partir de ese momento empiezan a desarrollarse, primero, todas las especies de seres unicelulares (procariotas y eucariotas), y después, otros más complejos, pluricelulares, desde vegetales, insectos, reptiles, peces y aves, hasta llegar a los mamíferos, simios, homínidos y humanos.

Por tanto, entre un ser unicelular como es el óvulo fecundado y un ser humano hay millones de años de infinitas transformaciones.

Mi idea es que todo este proceso está contenido en cada bebé.

¿Cómo?

En astronomía se explica que lo que produjo el Big Bang fue un fenómeno llamado **singularidad**. Es un concepto usado por la matemática y la física que me ayuda a pensar que cada uno de nosotros venimos del prodigio que supone este fenómeno.

¿Cómo se produce? El óvulo hace un viaje. Sale del ovario y se desplaza por la trompa de Falopio manteniéndose a la espera.

Millones de espermatozoides, procedentes de un largo viaje por el fondo de la vagina y el endometrio uterino hacia las trompas, llegan y rodean la inmensa pared ovular. Solo uno penetrará en esta fortaleza.

Los que no entran cooperan a la vez que compiten para que su misión pueda perpetuarse. Su cabeza contiene un enzima que debilita y adelgaza la pared del óvulo y es gracias al trabajo de todos que podrá entrar el elegido.

Entra uno…

… la pared ovular se cierra…

… y se crea un fenómeno de singularidad,
un Big Bang vital.

Estamos ante un hecho nuevo. Asistimos a un baile, a la danza donde se articula el ADN del óvulo y el ADN del espermatozoide que generará una primera célula XX o XY. Niña o niño.

Nunca ha habido esta misma combinación en ningún lugar. Es nueva. Cada ser humano es diferente de todos los que lo han precedido y de todos los que vendrán.

Esta primera célula arranca su multiplicación exponencial 2… 4… 8… 16…, dotando de una velocidad vertiginosa el proceso de crecimiento.

La mórula, así llamamos el primer periodo de desarrollo celular, buscando una zona de arraigo, se desplazará por la trompa hasta el endometrio uterino, preparado para su anidación.

A partir de ahí, el embrión necesitará estructuras vinculativas para asegurarse oxígeno y nutrición para su crecimiento y la organización de sus sistemas internos. Creará entonces la placenta, el cordón umbilical, así como el saco vitelino que contendrá el líquido amniótico.

Entonces el bebé, para crear las estructuras embrionarias, irá siguiendo el libro sagrado del ADN, donde están contenidas y seleccionadas las instrucciones de millones de años de evolución.

Todo este trabajo estará desarrollado dentro del agua como lo hicieron las primeras células en el origen de la vida.

Entonces estaríamos hablando que aquello sucedido filogenéticamente en millones de años estaría contenido en cuarenta semanas.

Esta sería la propuesta.

Los geólogos cuando tratan de pensar los primeros estadios de la formación del planeta Tierra han desistido a dar un equivalente cuantitativo cuando se trata de larguísimos periodos de tiempo, llamándolos simplemente eones.

Tendemos a organizarnos de un modo cronológico. Como marcaba Cronos. Y a menudo nos olvidamos de la experiencia temporal eterna de Aión y la del tiempo subjetivo y oportuno de Kairós, otros dioses helénicos.

Por lo tanto, podemos pensar en otra experiencia subjetiva de la temporalidad y desde allí habitarnos como contenedores de un origen antiquísimo y un todo compartido.

A mí me parece que si cada uno de nosotros nos concebimos así y miramos de este modo a los demás cambia de forma radical nuestra manera de estar en el mundo y con los **otros**.

¿De qué modo hemos experimentado esta prehistoria?

Partimos de la base que todos hemos vivido dentro de un cuerpo humano vivo, caliente, vibrante y en movimiento.

En el primer periodo embrionario experimentamos la vibración. La irrigación de la sangre circulando por el cuerpo y el latido cardíaco de la madre y del embrión crean una fuerza vibratoria constante. Este movimiento y el desplazamiento de las estructuras policelulares están en marcha desde el inicio.

El sistema perceptivo olfativo obtiene un desarrollo importante, como un pequeño tiburón que se guía por el olor o como un topo.

La sensorialidad también se va desplegando. El sentido del oído se desarrolla y se usa antes que la vista. En la semana 17 de gestación, en una oscuridad casi absoluta, el feto ya percibe la esfera sonora en la que se encuentra.

Propongo que nos acerquemos a ese universo:

Cojamos como referencia el sonido del tam-tam lejano de las danzas tribales.

Por una parte, tenemos el ritmo del corazón de la madre:

PUM-PUM………….………. PUM-PUM ………………………
PUM-PUM……

Por otra, el corazón del bebé, latiendo tres veces más rápido:

Pum-pum… pum-pum-pum… pum-pum… pum-pum-pum-pum… pum-pum-pum… pum-pum.

Ambos crean una composición musical de percusión que varía según el momento.

Pum-pum… pum-pum… pum-pum… pum-pum-pum-pum… pum-pum-pum… pum-pum.

PUM-PUM……………….… PUM-PUM………………………
PUM-PUM……

Este espacio sonoro de tambores se enriquece con otros sonidos y rumores que provienen del cuerpo vivo en el que habitamos.

Los hay que se parecen a los que produce el agua del mar al llegar a la arena, y que se crean con la respiración, al llenarse y vaciarse de aire los alveolos pulmonares, desplegándose y reduciéndose. Por eso, a lo mejor nos gusta y nos tranquiliza el sonido de las olas rompiendo suavemente en la playa.

IIIINNNNSSSSssss…   SSSSHHHHsssshhhh…   IIIINNN-NSSSSssss…

También se añade el sonido rítmico de las arterias y las venas al paso de la sangre:

Sshunttt, sshunttt, sshuntt, sshunttt, sshuntt, sshuntt, sshuntt…

Y el burbujeo que hace un líquido o un semilíquido en contacto con el aire dentro del aparato digestivo, que emerge esporádicamente, de forma inesperada y no rítmica:

BlublubluBLUBLÚ… BLUBLUGLUGÚbluuub… ¡Blub!… ¡Glu-glublúBLUGLUB!

Experimentamos algo parecido a esta esfera sonora en nuestro universo prehistórico, teniendo en cuenta que hay fluctuaciones del ritmo, según el descanso o la actividad de la madre. No es lo mismo si duerme que si está activa o echa a correr para coger el autobús. El jadeo difiere de la respiración tranquila. El sonido no es igual en plena digestión que con menos actividad intestinal.

Pero no se acaba aquí. La columna vertebral es un buen transmisor sonoro y la voz de la madre llega al bebé con diferentes registros, puede ser hablando tranquila o cantando, chillando, gritando.

Me pregunto cómo se hace reconocible también la presencia del padre a través de la voz, generalmente con un registro más grave, o a través de las manos sobre el vientre. Las manos de la madre y de la pareja o la voz de un hermano se experimentan como presencias distintas y vibraciones distintas.

Funcionan como elementos de contención y comunicación, dando al bebé señales para la preconcepción de lo que hay fuera de su nido.

Este va a necesitar unas coordenadas primitivas espacio-tiempo para una primera organización de su mente. Antes de ver la luz, todo el universo sonoro y rítmico del que hemos hablado ya le da algunos elementos de conocimiento temporal. Quizá ahí ya opera Kronos.

En lo que se refiere a la coordenada del espacio, uno de los organizadores, en ese momento, es el sentido del tacto. El bebé tiene a su disposición elementos como el cordón umbilical y la placenta. El cordón es vibrante y caliente. Si lo presiona baja el flujo y si lo libera vuelve a vibrar con fuerza. Afortunadamente el bebé aún no ha desarrollado capacidad de manejo voluntario de las manos y la exploración es aleatoria. Pero sigue investigando en su universo. Hay bebés que en su movilidad exploratoria consiguen ponerse alrededor del cuello una o dos vueltas de cordón, que luego pueden dar problemas para la salida.

Otro elemento que juega un papel importante en la percepción del espacio es la sensación de flotación, especialmente en las primeras etapas de gestación. A medida que el bebé aumenta de tamaño esa experiencia va disminuyendo y va perdiendo libertad de movimientos. Tendrá que recogerse para caber en un espacio que va quedando pequeño a medida que va pasando el tiempo y crece. La esfera matricial en la que se encuentra irá avisando de que es un lugar provisional donde no se puede estar para siempre. Tendrá que salir.

A todas estas apreturas crecientes, se unen las señales que la placenta y el cordón umbilical dan acerca de su caducidad. Empiezan a hacerse rígidas las estructuras y pierde fluidez el paso del oxígeno y los nutrientes. Son más avisos que el bebé recibe de que tendrá que migrar de su nido, que va perdiendo habitabilidad.

Entonces se va a poner en marcha una travesía, movida por la intuición de: «Para continuar vivo he de salir de aquí». El bebé iniciará un viaje hacia el exterior sin saber lo que le aguarda, pero con el presentimiento del encuentro.

Pero parecería que no estamos aún preparados, porque nacemos muy frágiles, en comparación al resto de mamíferos. Aún no podemos sostener la cabeza, ni arrastrarnos. Somos extremadamente vulnerables.

Con el acceso a la bipedestación, desde la prehistoria filogenética, nuestra pelvis se hizo más estrecha. Esto comporta que los cachorros humanos nazcan en un estado de inmadurez porque se retrasa la mielinización cerebral hasta después del nacimiento, ya que, si se diese intraútero este proceso, no podría pasar la cabeza por la pelvis en el parto. Los simios y los homínidos nacen con el cerebro bastante mielinizado, con el consiguiente aumento de volumen de la cabeza, ya que la pelvis de la hembra es más ancha.

Esta aparente desventaja que comporta una mayor vulnerabilidad del bebé permite que la maduración del sistema nervioso central se haga en grupo, en comunidad y en relación con los otros. Esto nos va a proporcionar la capacidad de desarrollo de un aparato mental grupal.

Pero… ¿tiene sentido que vengamos al mundo sin habilidades específicas que nos permitan sobrevivir?

¡Es que nuestra especificidad es que necesitamos al grupo para sobrevivir! Esto nos hace desarrollar un aparato muy complejo para la interacción grupal, lo cual nos da una ventaja respecto a las otras especies: la capacidad de crear organizaciones *macro*. Algunos insectos, peces, aves y mamíferos también las tienen, pero de otro orden.

Entonces esta condensación de las adquisiciones filogenéticas, que hacemos en nuestra prehistoria, sigue después de nacer.

Sí, podríamos añadir a esta idea que el trabajo que ha supuesto a las especies y a la humanidad sostener la cabeza, reptar, gatear, ponerse en pie, caminar y hablar, el cachorro humano las realiza en sus dos primeros años de vida aproximadamente.

Es prodigioso. Todo esto está en cada uno de nosotros.

Es impresionante la complejidad de cosas que hemos llegado a hacer. ¡Todos! Si nos pudiésemos mirar así, teniendo en cuenta todo este trabajo, nos respetaríamos más los unos a los otros.

Evidentemente, estamos ocupados por las cosas que cada día tenemos entre manos, pero una mirada a estos procesos nos permite tener presente que cada uno de nosotros somos un prodigio singular, irrepetible y único.

EL NACIMIENTO

L- Muchos de nosotros conocemos a Àngels como psiquiatra y psicoanalista. Pero si nos remontamos al nacimiento de su carrera profesional veremos que esta se encuentra cerca de los inicios de la vida.

Al acabar la carrera de Medicina, Àngels cursó, en una escuela profesional y después como médico interno y residente, la especialidad de Pediatría.

Esto le permitió estar presente en partos que podrían presentar complicaciones y requerían la presencia de un médico residente. Pudo presenciar la entrada en la historia de muchos bebés.

Ahora nos adentraremos en un capítulo que todos hemos vivido en primera persona y que forma una parte muy importante de nuestra biografía: *El nacimiento*.

L- Hiciste la especialidad de Pediatría entre los años 1974 y 1978. Me pregunto cómo fue este primer contacto con el nacimiento y con los bebés.

À- El nacimiento es lo que más me fascinó del tiempo que estuve trabajando allí. Es una de las experiencias de más belleza y fuerza que he vivido. Sentí que alrededor de esta vivencia había una serie de observaciones que me interesaban y que he ido recopilando al cabo de los años. Teniendo en cuenta que el servicio de obstetricia era, en aquel momento, a menudo deficiente e inadecuado en la atención emocional a las madres y a las familias.

En los últimos quince o veinte años, el sistema sanitario ha tratado de alejarse, sin demasiado éxito, de la medicalización excesiva, priorizando un parto más natural. Pero, en aquel momento, el embarazo y el nacimiento eran considerados un asunto médico, que apenas contemplaba las necesidades psíquicas y emocionales de la madre, del padre y del bebé.

Ahora sería impensable oír cosas, como «¡¡¡Venga, que no te quejabas tanto cuando hacías el niño, eh!!!». O, por ejemplo, una situación que viví, en que una mujer que tenía un parto largo, difícil y gritaba mucho, la comadrona le dijo: «Ahora, como te has portado mal, no te diré si es niño o niña». En esa situación, cuando salió la comadrona, me acerqué y le dije flojito: «Ha sido una niña». La mujer se puso a llorar emocionada y me dijo que estaba contenta porque tenía un niño y quería una niña.

Tengo entendido que en aquella época no dejaban entrar a la sala de partos ni a la pareja ni a ningún miembro de la familia.

No dejaban entrar a nadie que no fuese personal sanitario. La cultura médica lo justificaba por cuestiones de asepsia. La madre tenía que parir sola (sin la pareja ni la familia) y la expresión de dolor estaba mal vista y poco tolerada.

Esto sucedía tanto en las clínicas privadas como en los servicios públicos. La norma era que no podía entrar nadie. Tenía que ver con esta concepción del parto como un asunto médico.

Hace unos años se destapó el tema del robo de bebés. ¿Cómo es posible que durante más de treinta años se vendiesen criaturas, diciendo a las madres que su bebé había nacido muerto? Creo que esta hegemonía de lo «médico» permitió el encubrimiento de actos criminales como este.

A pesar de la inadecuación y la falta de respeto en muchos casos, explicas en diversas publicaciones que se crea un clima emocional y un estado mental particular para aquellos que están alrededor de la experiencia del parto. ¿Podrías describir este ambiente?

Sí, trataré de hacerlo. Si te colocas como observador en la sala de espera, reparas en muchas cosas interesantes. Observas cómo llegan las parejas cuando hay una inminencia de parto.

Lo primero que llama la atención es cómo llega la mujer, con una gran barriga, caminando poco a poco, con una bolsa que lleva ella o en más ocasiones el acompañante. Lo que impresiona más es la sensación de vulnerabilidad que desprenden. Es un momento de un desamparo particular. Hay algo relativo a la inminencia de un hecho que ha de suceder, pero que alberga mucha incertidumbre. Y esto crea una atmósfera especial. La situación no es igual si la mujer llega acompañada de sus padres, de la pareja o en determinados grupos étnicos que vienen seis o siete personas (se desdibuja la pareja y hay más color, más ruido y movimiento), pero se mantiene la atmósfera emocional de indefensión.

Ahora, con mis nietos, después de más de treinta años, he tenido la oportunidad de volver a vivirlo y he observado que pasa lo mismo. Es como si hubiera una intemporalidad sostenida en este momento previo a dar a luz.

Solo por la manera de entrar se puede diferenciar si llegan a una consulta de control o si están de parto.

En una de mis publicaciones (Zona Trans[5]), describía cómo la mente en determinados momentos o espacios se coloca en una situación especial, en la cual la percepción del tiempo y la sensorialidad se procesa de manera diferente, haciéndose más intensos los estímulos.

Cuando entras en Servicio de Obstetricia sientes una mezcla de diversos olores, desinfectantes, antisépticos, el detergente con el que se lavan las tallas de quirófano, sudor, orina, sangre, vísceras…, que impregna todo el espacio. En la sala de partos, los sonidos se oyen con más intensidad: la respiración de la madre, los monitores de frecuencia cardíaca, las quejas, los suspiros, los sonidos guturales… Los pasos cuando se acerca alguien, las voces suaves, los susurros, los gritos, el sonido metálico del instrumental o el de los guantes de látex cuando se ponen en las manos, que es diferente de cuando recorren la enorme barriga o cuando revisan la puerta de salida genital, a la espera.

Visualmente se captan los movimientos de ir y venir de diferentes profesionales, de manera diligente o cansadamente cuando parece que va para largo. También se perciben las miradas, la incertidumbre, la espantosa luz del fluorescente blanco, que disminuye en momentos del proceso, pero que se pone al máximo cuando falta poco para la salida, junto a los focos con los que se explora la dilatación.

La madre está estirada respirando regularmente, con las piernas abiertas sobre los soportes y una talla que tapa los genitales y la barriga. Cuando la contracción sube de intensidad, la respiración se acelera, y cuando aumenta todavía más la contracción, la madre se coge de las barandas de la camilla respirando fuerte, soplando, gimiendo o gritando.

La estridencia de estos sonidos, las imágenes y los olores dejan una huella perenne. Nadie diría: «Ay, no recuerdo si he estado en un parto…».

Entonces, en medio de este clima emocional sostenido que has descrito, ¿cómo se produce la llegada del momento esperado?

---

5   **Àngels Vives Belmonte** - Psiquiatra y psicoanalista. Revista *Intercanvis- Intercambios*. Artículo *Identidad, migración y exilio*. Artículo **Zona Trans – 2**.

No sé cómo transmitirlo… Es difícil de explicar la experiencia del nacimiento. Doy vueltas acerca del ambiente que se crea y de lo que pasaba previamente, porque la experiencia de la salida del bebé es tan fuerte que casi no puedo narrarla. Es bastante indescriptible. Me colocaré en el lugar de una observadora. Voy a intentarlo:

La madre va teniendo contracciones que se van repitiendo. Primero con un ritmo más lento, más espaciado, y progresivamente va aumentando la frecuencia. El parto puede ser de 6, 10 o 24 horas reales, pero se experimenta como un tiempo a veces detenido, a veces apremiante, casi siempre largo.

A partir de un momento se va creando una aceleración progresiva que lleva a una situación de inminencia. La ginecóloga ha sido requerida en diversos momentos para mesurar el nivel de dilatación, a través del tacto vaginal y comprobar también las constantes de la madre y el bebé, que van oscilando. Pero llega un momento en que ya no sale de la sala, permanece sentada frente a la puerta de salida del bebé y, en un momento determinado, todo se acelera anunciando la inminencia del parto que implica la movilización del equipo completo.

En un momento dado, las manos de la obstetra o de la comadrona se colocan como marco que rodea la aparición de una presencia oscura, como un plano negro, que es la cabeza del bebé. «Esto ya está, venga, venga, venga…, empuja, empuja… Bien, bien va bien…». Las pulsaciones del bebé son cada vez más altas y llegan sonoramente desde los monitores. La madre respira aceleradamente, gime, grita, suda, llora… «Empuja. Venga, venga, venga, empuja, ya sale, empuja». Gritos, respiración acelerada, más gritos…. ¡Y sale el bebé!

… El tiempo se para…

… Ha entrado en la historia.

La suspensión del tiempo desde que sale el bebé acompañado de líquido amniótico, cubierto de una especie de gelatina, el cabello mojado y pegado, con un color rojo-violáceo y los ojos cerrados, hasta que rompe a llorar, es indescriptible. En ese tiempo todos aguantan la respiración, la ginecóloga lo coge por los pies y lo mantiene boca abajo. El bebé abre la boca, coge aire y rompe a llorar. Llora y se contorsiona. Todos los presentes respiran aliviados y la madre, en ese momento, también llora.

Miro a la madre. Todos hemos centrado tanto la atención en la puerta de salida y el momento del nacimiento del bebé que casi me he olvidado de la madre. La madre mira al bebé, y después inclina la cabeza a un lado, como en una tregua que dice: «Yo ya he hecho mi trabajo, ahora vendrán otros, pero yo ya he hecho mi trabajo…». Este momento es de una belleza extraordinaria.

Actualmente, cuando nace el bebé, lo ponen inmediatamente sobre la barriga y el pecho de la madre, incluso antes de cortar el cordón umbilical, para mitigar el impacto de la salida y hacer menos drástico el cambio del medio intrauterino al medio externo. Pero antes, cuando yo estaba en estos partos, la comadrona se llevaba el bebé y rápidamente empezaba la manipulación médica: cortar el cordón, colocar la pinza, aspiración de mucosidades, test de Apgar, pesarlo, tallarlo, punción para analítica y taparlo.

¡El bebé no se esperaba esto! ¡Yo tenía claro que él no se esperaba esto!

Parece que el bebé humano es el único mamífero que grita y llora cuando nace. Los otros mamíferos nacen silenciosamente, para no llamar la atención de los depredadores que podrían devorarlos. Es como si el cachorro humano presintiera que tiene un grupo que lo protege.

Cuando el bebé llega finalmente a los brazos de la madre y del padre, todo el mundo se queda tranquilo. Se ha acabado el viaje, la travesía: el recién nacido ha salido del continente, la matriz uterina, ha transitado la zona de paso y la vagina, y ha llegado a otro continente, los brazos y el pecho de la madre. Hemos atravesado la Zona Trans.

Cuando hay dificultades en el nacimiento como la parada de las contracciones y detención del proceso, bloqueo, la falta de oxígeno del bebé, bradicardia u otras complicaciones, se crean situaciones complicadas. La Zona Trans, en lugar de ser una zona de paso, se convierte en un espacio y un tiempo detenido que puede crear patologías.

No lo recuerdo, pero entiendo que debe ser duro llegar, nacer, separarse de la madre, de ese ambiente donde se estaba tan confortable y encontrarte con esta experiencia tan dura… ¡Si lo supiéramos, no saldríamos!

Creo que el bebé lleva ya un tiempo que siente que ya no está en el paraíso. El continente matricial ha perdido ese carácter, se ha tornado pequeño y estrecho para las dimensiones de la criatura. Ya no cabe y tiene dificultades para moverse. El oxígeno empieza a escasear y la placenta ya está envejecida para atender las necesidades corporales del bebé, su tiempo óptimo es hasta 40-42 semanas de gestación, pero ya da síntomas de insuficiencia. Yo pienso que deben aparecer ansiedades claustrofóbicas en el último tiempo del embarazo.

Esta situación promueve que el bebé emprenda el camino de salida por el espacio de tránsito del canal del parto y aquí es probable que, a momentos, también experimente ansiedades catastróficas.

La llegada también es dura, agorafóbica, no sé cómo debe ser ni cómo la experimenta el bebé. Yo tampoco la recuerdo. No recordamos lo que experimentamos en la primera respiración. No sé si es un gran placer o un gran dolor, porque es la primera vez que se despliega el pulmón y se llena de aire. Es una experiencia inédita, nueva, de relación con el aire y el mundo, que a partir de ese momento va a ser vital.

El bebé quizá no espera todo eso, pero viene al mundo con una fuerza increíble. Es vulnerable, pero al mismo tiempo se manifiesta con una gran vitalidad, que es la que le ha permitido nacer.

Me evoca el recuerdo de imágenes que tengo en mi mente del emigrante que venía en una patera, haciendo el último tramo a nado, hasta llegar a la playa. Estirado en la arena, boca abajo, cogiendo aire, exhausto, después de una travesía heroica. Más tarde, cuando logre recomponerse, recuperará una gran energía, la misma que le ha permitido realizar el viaje que le ha hecho más fuerte. Así lo siento con el recién nacido, es vulnerable, está exhausto, pero da muestras de una fuerza y una vitalidad grandes. Cuando veo a la criatura sobre el vientre de su madre, me acuerdo de estos migrantes. El bebé es un héroe.

Cuando lo miras a los ojos quedas impresionada. El recién nacido no es una página en blanco, viene de un largo recorrido desde su prehistoria prenatal. Y ya sabe muchas cosas.

Asistí a un seminario que impartías con Miriam Santamaría[6] y Begonya Sarrias[7] sobre la obra del filósofo Peter Sloterdijk[8]–Esferas, en el que hablabais de la función de la placenta dentro de la esfera

---

6 Psicóloga y psicoterapeuta. Miembro de Grup Alfa.

7 Psicóloga y psicoterapeuta. Miembro de Grup Alfa.

8 **Peter Sloterdijk** (1947). Filósofo. Catedrático de la Escuela de Arte y Diseño de Karlsrühe. Autor de numerosos artículos y libros, entre los que destacamos *Esferas* (Trilogía que contiene *Burbujas* (Siruela, 2003), Globos (2004) y *Espumas* (2006).

prenatal. Comentabas que el autor se preguntaba sobre la relación que hay entre el bebé y la placenta, más allá del hecho biológico y que para ti supuso una aportación muy interesante.

Pienso que en nuestra cultura no le hemos dado importancia a la placenta. Simplemente esperamos que se desprenda y salga en un segundo momento después del nacimiento. Generalmente, se le ha dado un trato desconsiderado, tirándola a un cubo con los restos del parto o, en otros momentos, la han guardado para venderlas a la industria cosmética. En cambio, en determinadas tradiciones antiguas se guardaba parte de la placenta, e incluso la puérpera y otros familiares comían una parte de ella en una ceremonia ritual.

Peter Sloterdijk lo que nos plantea es «¿Cuál es la vivencia que tiene el bebé de la placenta? ¿Qué pasa con este acompañante originario que ha estado desde el principio y que me ha servido para reanimarme, nutrirme y oxigenarme?».

Esta interacción placentaria él la denomina *relación no objetal*, a diferencia de la que se desplegará con la madre en que ambos son objeto y sujeto y que llegará a ser mutual. La placenta deviene un acompañante originario que está permanentemente proveyendo al bebé y no requiere de reciprocidad.

Sloterdijk sostiene que cuando se ha podido interiorizar la relación primaria con la placenta, que es este no-objeto, que no es igual que tú y que infatigablemente te está protegiendo y velando por ti, esta interiorización te permite guardar la sensación de estar acompañado durante toda tu vida. Lo relaciona con lo que desde diferentes culturas, religiones y literatura llamamos el *Genio*, el *Ángel de la guarda* o el *Protector*.

Es muy interesante poder pensar cuál es el significado primero de la relación que cada uno de nosotros hemos mantenido con la placenta en nuestra larga prehistoria prenatal. Y no olvidemos que se ha *fabricado* a partir del equipamiento celular del bebé.

Hemos estado hablando del proceso de parto y me pregunto ¿qué pasa cuando se tiene que intervenir con una cesárea? Imagino que es muy diferente tanto para la madre como para el bebé.

Es diferente, y es un tema que me concierne especialmente porque mis tres hijos han nacido de cesárea.

Al final del primer embarazo, mi ginecólogo se ausentaba unos días y, por miedo a que él no estuviese si me ponía de parto, accedí a su propuesta de programarlo, teniendo en cuenta que ya estaba a término. Los partos inducidos, al no responder a una iniciativa interna del bebé y del sistema corporal materno, acostumbran a acabar en cesárea. Esto lo supe después. Y tras una cesárea es muy probable que los siguientes embarazos sigan el mismo camino.

La cesárea ha permitido salvar a muchos bebés y madres de problemas que los podían llevar a la muerte o a daños irreversibles. Esta consideración tiene que ir por delante. Pero hay que reconocer que se produce un exceso de nacimientos por cesárea. Seguramente dificulta el trabajo de separación del hijo. Es un déficit inicial para el bebé y para la madre por el hecho de pasar demasiado abruptamente de un medio al otro, aunque los profesionales intentan ser cuidadosos con los tiempos de este traspaso.

Ahora en la cesárea administran anestesia peridural y la madre puede estar despierta y consciente. Pero hace años la cesárea se practicaba con anestesia general y este corte en la conciencia del proceso de separación no ayudaba a metabolizar la experiencia. La madre despertaba y se encontraba de golpe a su bebé. Era la privación de un momento muy importante.

En relación a la llegada al mundo, recuerdo que, en el mismo seminario que he mencionado, trataste el concepto de *aquello no nacido* de la obra de Wilfred R. Bion[9], me gustaría que entráramos en este concepto.

W. R. Bion está atento a esta idea en su obra. Plantea que con el nacimiento no nacemos del todo y que hay funcionamientos prenatales que se dan en la vida posnatal. Es decir, que las experiencias no nacidas permanecen en el funcionamiento corporal como somáticas. Su nacimiento psíquico va a necesitar un tiempo para el despliegue. Me refiero a que quedan sin decodificar, no han tenido acceso a la representación, a lo simbólico, a la palabra o a dar sentido a la experiencia. Por ejemplo, una angustia claustrofóbica prenatal puede expresarse en un acceso de asma bronquial o una laringitis.

---

9 **Wilfred Ruprecht Bion** (1897-1979). Médico y psicoanalista británico. Entre sus publicaciones destacan: *Experiencias en grupos* (1961), *Aprendiendo de la experiencia* (1962), *Elementos de Psicoanálisis* (1963), *Transformaciones* (1965), *Atención e Interpretación* (1970), *La Tabla y la Cesura* (1977). Su última obra *Memorias del futuro* contiene tres partes: «El sueño» (1975), «El pasado presentado» (1977) y «El amanecer del Olvido» (1979).

La tesis de W. Bion sería que no está *todo nacido* y que hay experiencias que han quedado como funcionamientos prehistóricos que tratan de comunicarse y hacerse oír en nuestra historia posterior a través de síntomas somáticos o psíquicos.

Por tanto, podemos pensar que nuestra prehistoria y llegada al mundo es poderosamente significativa y merece nuestra atención.

Por supuesto. También es importante considerar y prestar atención a cómo somos recibidos.

En un grupo terapéutico, una chica con dificultades relacionales y una alta capacidad cognitiva, nacida prematuramente a los siete meses de gestación, explicaba:

«A mí me sacaron. Yo no quería salir porque aún no estaba a término y me sacaron. Me pusieron en una incubadora y estuve ahí tres semanas. ¡Estaba muy sola! Esto que me pasó creo que me ha perturbado mucho».

A mí me parece que la experiencia de estar tres semanas en una incubadora puede ser determinante por muchas razones como, por ejemplo, haber estado sometida a la precipitación, la sensación de abandono, la prematuridad o estar expuesta y sola en un lugar inhóspito.

Hemos de tener en cuenta y estar bien atentos a todo lo referente al debut en la historia, al tiempo y a los ritmos para poder ayudar a personas que tienen dificultades emocionales y de relación con los otros.

Me parece difícil hacer este puente entre lo que sucede en el inicio de la vida y las dificultades posteriores. Me imagino que si explico esta experiencia a personas de otros entornos podría provocar una respuesta de incredulidad o rechazo. ¿Por qué nos cuesta tanto aceptar y asimilar que hay una conexión tan fuerte con el nacimiento?

Siguiendo el pensamiento de W. R. Bion planteado anteriormente, el nacimiento crea huellas corporales que todavía no disponen de acceso a la palabra. No tienen aún nombre. La experiencia de estar horas en un espacio donde has de avanzar, progresando lentamente, abriéndote camino con las contracciones uterinas, milímetro a milímetro, es un trabajo de movimiento, que se puede vivir con más tranquilidad o más malestar.

En el parto, cuando se dan situaciones de presión alta y no progreso, el sufrimiento creado deja una huella. Después, en la vida adulta, delante de otras presiones externas, podría ponerse en marcha una respuesta que tenga relación con esta experiencia. Por ejemplo, una crisis de pánico. Hemos de poder pensar que esta crisis podría ser la expresión de una experiencia que no tuvo pensamiento ni palabra, de algún sufrimiento que no tuvo salida.

Los profesionales que trabajamos en atención a personas con sufrimiento mental necesitamos herramientas que nos permitan establecer conexiones con toda la biografía de la persona. Cuando aparece un disfuncionamiento o síntomas, es preciso crear puentes o asociaciones para dar sentido a lo que está pasando.

¿Qué hacemos a menudo delante de una crisis de pánico? Administrar un ansiolítico que duerma esta manifestación y la desconecte, en lugar de darle el sentido de comunicación al síntoma.

En mi experiencia he podido observar que las personas que pueden aguantar este malestar sin tomar ansiolíticos pueden resolver, generalmente con ayuda, la expresión sintomática y pueden dar un sentido singular a su experiencia, haciéndola pensable y comunicable.

Hemos de conocer la prehistoria y el inicio de la historia para poder entender cómo funcionamos los seres humanos, y de qué forma están contenidas en algún lugar, que llamamos inconsciente, las experiencias pasadas.

No podemos estar en contacto con ellas todo el tiempo. Afortunadamente disponemos de unas defensas que evitan esta conciencia, por ejemplo, separándolas, disociándolas u olvidándolas. Estos mecanismos son indispensables, pero las experiencias vividas quedan y se expresan de algún modo.

Para vivir normalmente no es necesario estar en contacto consciente con la prehistoria de cada uno y tendemos a alejarnos de ella. De la misma manera que los ingenieros han de saber cuestiones relativas a la fuerza, la gravedad, la resistencia de las estructuras, para construir un puente, mientras nosotros pasamos por encima de él sin tener que pensar en todo esto.

Todos hemos nacido y creo que es imprescindible pararse a pensar que hemos vivido la aventura de habitar por mucho tiempo dentro de un ser vivo y luego la experiencia del nacimiento en toda su magnitud.

ZONA TRANS

L- En el año 2008-2009, respectivamente, Àngels publicó dos artículos en la revista *Intercanvis/Intercambios* sobre lo que denominó Zona Trans.[10]

Este concepto es una metáfora sobre el estado psíquico de una persona cuando ha quedado atrapada en lo que podríamos llamar un *no lugar* o una *zona de tránsito*.

Venimos del nacimiento, que sería uno de los paradigmas de paso entre dos continentes: la matriz y el mundo. En este capítulo pensaremos qué pasa en otros contextos a lo largo de la vida cuando quedamos atrapados en espacios como este y también las posibles maniobras de rescate de lo que desde ahora denominaremos ***Zona Trans***.

L- **Àngels, ¿cómo nació en ti el concepto Zona Trans?**

À- La idea partió de una invitación que recibí para participar en una jornada de homenaje a León Grinberg[11], que había fallecido el año anterior.

Darío Sor[12] era uno de los ponentes, pero no pudo asistir por razones de salud y la organización me pidió si podía ocupar su lugar en una mesa redonda que trataba sobre emigración, identidad y exilio.

La temática del evento y la relectura del libro *Cambio catastrófico: psicoanálisis del darse cuenta* de D. Sor y M.ª R. Senet, en el que utilizan desde otro prisma la noción de Zona Trans, me produjo determinadas resonancias internas y confluyó en una serie de ideas latentes en mí. Ideas que, hasta el momento, habían permanecido desconectadas, y que entonces pudieron ser articuladas.

Por un lado, me hizo pensar en el tema de las migraciones, la migración de Grinberg, argentino, que se instaló junto a muchos psicoana-

---

10 **Àngels Vives Belmonte.** Psiquiatra y psicoanalista. Revista ***Intercanvis-Intercambios***. Artículo «Identidad, migración y exilio. Artículo Zona Trans – 2».

11 **León Grinberg** (1921-2007). Psicoanalista argentino. Autor de numerosos trabajos. Entre sus libros destacamos Introducción a las ideas de Bion (1972) (coautores D. Sor i E. Tabak de B), *Identidad y cambio* (1998) (con Rebeca Grimberg) y *Culpa y depresión. Estudio psicoanalítico* (2007).

12 **Darío Sor.** Psicoanalista argentino. Coautor con León Grinberg i Elizabet Tabak de Bianchedi de *Introducción a las ideas de Bion* (1972) y con Rosa M.ª Senet, *Cambio Catastrófico* (1988) y *Fanatismo* (1992).

listas compatriotas, enriqueciendo la cultura psicoanalítica de nuestro país; en mi migración profesional de pediatría a psiquiatría y en el origen de mi madre, que emigró con cinco años desde La Unión (Cartagena) a Barcelona. También me ayudaron una serie de imágenes de la película *Gato negro, gato blanco* de Emir Kusturika[13], donde se relatan cuestiones relativas a unas familias de gitanos y describe cómo las personas y los grupos organizamos espacios mentales cuando estamos en continua itinerancia.

Por otro lado, mi hijo estaba trabajando en el proyecto final de carrera de Arquitectura. Consistía en realizar un diseño para el uso de los espacios «muertos» que rodean las urbes. Concretamente cómo hacer utilizable la zona que el sociólogo francés Marc Augé[14] denominó *no lugar*. Serían espacios de tránsito, inhabitables, como, por ejemplo, terrenos al lado de las autopistas.

Esta confluencia de ideas aparentemente dispares me llevó a pensar que hay determinados estados mentales que se asemejan a este *no lugar*. Estaríamos hablando de la sensación de no estar dentro ni fuera, ni dormido, ni despierto, ni consciente, ni inconsciente.

Este estado de la mente, al que buscaba un nombre, cristalizó en Zona Trans.

¿Cómo podemos imaginar la Zona Trans?

Antes de responder a tu pregunta, necesito que partamos de la idea de que cada persona que nace tiene un lugar en el mundo.

Cada uno tiene su lugar, el que le corresponde, el que nadie le puede dar ni quitar y donde uno puede habitarse. Digo «habitarse» porque se trata de un lugar interno que necesita ser reconocido. Esto es importante, a muchas personas no se les ha reconocido nunca y, desde el trabajo terapéutico, el hecho de saber que tienen su lugar y que pueden habitarlo les resulta un descubrimiento revelador.

Este lugar es un espacio original, propio, único y singular desde donde cada uno de nosotros podría ser hijo, hermano, nieto, sobrino, primo, amigo, padre, madre, tía, abuela… Desde donde uno mismo

---

13 **Emir Kusturika** (1954). Director de cine, guionista y músico serbio. Entre sus films destacamos *Underground* (1995), *El tiempo de los gitanos* (1988) y *Gato negro, gato blanco* (1998).

14 **Marc Augé** (1935). Antropólogo francés. De sus libros destacamos Los *«no lugares»*. Espacios del anonimato (1998), *Las formas del olvido* (1998) y *Por qué vivimos* (2004).

puede aprender, cambiar, crecer, incorporar experiencias, hacer y pensar por sí mismo.

Es desde donde podemos atender los requerimientos propios y del otro, pero sin la necesidad de cumplir con unas expectativas. Ese lugar nos corresponde, tenemos derecho a él y desde ahí podemos habitarnos tranquilos y sosegados.

Sería aquello que nos preserva de quedar atrapados en los necesarios movimientos de cambio.

Me parecía importante precisar esta idea antes de describir la zona Trans como tal.

Para imaginarla, necesité situarme en diferentes espacios urbanos y espacios públicos. Pensé en las salas de espera de los aeropuertos, en los pasillos del metro, los servicios de urgencia de los hospitales, zonas adyacentes a las autovías y otros que tuvieran esa característica de ser únicamente lugar de paso. Esto me ayudó a poder representar metafóricamente este espacio mental.

También lo asocié con el mito de Ulises en el canto noveno de la Odisea de Homero.

> *Ulises en el viaje de vuelta a Troya llegó a una isla donde él y sus compañeros fueron capturados por el cíclope Polifemo.*
>
> *Era un gigante con un solo ojo en medio de la frente. Su padre, Poseidón, era el Dios del mar. Polifemo tomó a su prisionero Ulises y le preguntó:*
>
> *—¿Cuál es tu nombre?*
>
> *Ulises, astutamente, mirando al único ojo del gigante le respondió:*
>
> *—NADIE. Me llamo NADIE.*
>
> *Aquella misma noche, cuando todos dormían, los prisioneros se escondieron y agarrados debajo de las ovejas se prepararon para huir. Ulises, que había embriagado a Polifemo, le clavó una estaca en el ojo, cegándolo y así pudieron escapar todos de la cueva.*
>
> *Cuando los otros cíclopes escucharon ruidos preguntaron a Polifemo qué pasaba y este respondió a gritos:*
>
> *—¡Nadie me ha dejado ciego! ¡Nadie me ha atacado! —Los cíclopes al ver que nadie había dañado a Polifemo, volvieron a dormir.*
>
> *La pericia de Ulises haciéndose llamar «Nadie» permitió su liberación y la de sus compañeros, aunque por otro lado despertó la ira de Poseidón.*

La mitología me ayudó a entender que en estos espacios solo se sobrevive, se soporta o se salva uno así: siendo **nadie**. Las personas que te encuentras ahí son **gente**, no quieres saber quiénes son ni su nombre. Es habitual encontrar indigentes, prostitutas, drogadictos, es decir, personas que viven en la marginalidad. En el margen. Ahí no tienen ni historia, ni linaje.

La música, los malabares, el circo, el baile y las actividades itinerantes pueden ayudar a soportar el paso por estos espacios tan inhabitables y es habitual encontrarlos ahí, mitigando el malestar. Como antes he referenciado, Emir Kusturika nos lo muestra con maestría en su film, *Gato negro, gato blanco*.

Joseba Achotegui[15] utiliza el concepto *Síndrome de Ulises* para describir trastornos que pueden padecer personas en situación de migración.

En tu artículo explicas que la zona paradigmática de tránsito es el viaje de la emigración o el exilio y lo relacionas con el primer viaje universal que todos hemos realizado: el nacimiento.

El nacimiento es la zona de tránsito universal por la que todos hemos pasado, que se convierte en Zona Trans cuando se producen complicaciones que detienen la progresión o la salida, y que pueden ser más o menos prolongadas. En este caso, las personas que están viviendo esa experiencia, procesan espacio y tiempo de manera diferente a la habitual. Se puede observar una noción de distorsión de la sensorialidad. Los sonidos y los olores se sienten con mucha intensidad y hay un estado de conciencia especial como entre estar dormido y estar despierto o como estar soñando.

Este estado se da en las zonas de tránsito entre un lugar y otro, entre un continente conocido y otro nuevo y desconocido. Esto será válido para todos los cambios vitales importantes como el paso de la infancia a la adolescencia, un proceso de duelo, o un proceso de adopción.

Cuando en esta zona de paso, el movimiento se bloquea y encalla, se crea lo que denomino Zona Trans. Lo observo en personas que sufren sintomatología psicótica y se sienten atrapadas en una percepción de la realidad distorsionada donde se producen alucinaciones, insomnio y

---

15 Psiquiatra y Psicoanalista. *El Síndrome de Ulises.* Contra la deshumanización de la migración. (Ned Ediciones, 2020).

dificultad de discernir entre mundo interno y externo, sueño y vigilia y se dan fenómenos de despersonalización.

Colaboré con un colega psiquiatra que estaba trabajando en servicios penitenciarios y me pidió que lo ayudase a pensar un caso de un paciente ingresado en la unidad de psiquiatría de la cárcel. Se trataba de un hombre originario de Uganda que llegó al aeropuerto de Barcelona en un vuelo desde su país y la policía lo detuvo porque encontraron droga en su maleta, aunque él afirmaba que se la habían metido sin que lo supiera. Del aeropuerto lo llevaron directamente a la comisaría y de allí a la cárcel.

En los días sucesivos desarrolló una crisis psicótica y decía de un modo entrecortado y reiterativo: «Si al menos hubiese podido salir a la calle… Si hubiese podido poner los pies en Barcelona… Vengo del aeropuerto y me llevan a la cárcel y es que no sé dónde estoy». Este hombre, desde su experiencia interna, no había podido acabar de salir de su tierra ni de llegar al país nuevo.

El trabajo del profesional consistió en ayudarlo a establecer puentes y diferenciación entre la realidad externa y la realidad interna.

Estás hablando de espacio y me pregunto ¿dónde queda en la Zona Trans la dimensión tiempo? Porque me ha hecho pensar que, en las experiencias traumáticas que han sucedido hace muchos años, el tiempo también parece estar detenido y las sentimos como si acabasen de pasar.

En la zona trans también se produce una distorsión de la dimensión del tiempo. Se vive como una temporalidad detenida donde estás atrapado.

Lo que llamamos memoria histórica nos ayuda a entender este fenómeno. Acontecimientos traumáticos ocurridos en una colectividad, en una familia o en una persona que no se han podido elaborar, especialmente en caso de ultraje, abuso, ofensa, humillación, vergüenza o traición, quedan detenidos en el tiempo interno de ese grupo o persona, como si acabasen de suceder. Por eso, un episodio ocurrido hace mucho tiempo se mantiene como actual.

¿Y cómo se puede salir de esta experiencia de espacio y tiempo detenido?

Los rescates de migrantes en el mar, entre otros, nos ayudan a pensar esta situación. La idea sería crear dispositivos de rescate para la atención de personas en momentos que el psiquiatra Jorge García Badaracco[16] llama *situación de naufragio*. Esta sería otra manera de describir la Zona Trans.

Es el caso de diferentes dispositivos asistenciales. Los que acompañan a un niño que se encuentra en situación de desamparo, por abandono o negligencia de los padres, para que pueda llegar a una familia de adopción definitiva. Los que ayudan a un migrante a llegar entero al país de acogida. O los que atienden un paciente para que en una crisis psicótica pueda atravesar situaciones de perturbación y recuperar una mente saludable.

En estos naufragios, según una aportación que hace la psicoanalista, Hafsa Chbani[17], primero tendríamos que facilitar un objeto de ayuda inmediata, que ella denomina *objeto flotante*.

Si te estás ahogando, no necesitas que venga un transatlántico a rescatarte. De momento te urge un objeto para cogerte y mantenerte a flote, respirando; un tronco, un neumático, una boya. Luego necesitarás otro que te permita mantenerte encima como una balsa o una barca que te lleve a una orilla. Y a lo mejor, después, un barco que te pueda llevar a tu destino. Pero el primero, el objeto flotante, es de transición, provisional, pero vital.

Estas metáforas también nos pueden resultar útiles para pensar los dispositivos y los modos de atención en situaciones de naufragio familiar, como cuando se da un procedimiento de desamparo desde la DGAIA[18]. Se aparta a un niño de su familia por negligencia, maltrato o abuso parental. Hay un primer tiempo en el que el niño tendrá que estar en una institución provisional o en una familia de acogida, previa

---

16 **Jorge García Badaracco** (1923-2010). Médico psiquiatra y psicoanalista argentino, creador de la Comunidad Terapéutica de Estructura Multifamiliar, como método terapéutico. Es autor de numerosos trabajos, entre los que destacamos los siguientes libros, ***Psicoanálisis multifamiliar: Cómo sanarse a partir de una «virtualidad sana»*** (2007), ***Biografía de una esquizofrenia*** (1982), **Comunidad terapéutica psicoanalítica de estructura multifamiliar** (1990) y **Psicoanálisis multifamiliar.** ***Los otros en nosotros y el descubrimiento del sí mismo*** (2000).

17 **Hafsa Chbani** Psicoanalista. Autora de varios libros con M. Pérez Sánchez como ***Lo cotidiano y el inconsciente: Lo que se observa se vuelve mente*** (1998). Propone el concepto de Objeto flotante en una Jornada sobre Autismo (Asociación Bick España)- Barcelona 2010

18 ***Direcció General d'Atenció a la Infancia i Adolescència.***

a la adopción definitiva. Esto si no se dan las condiciones para volver a su familia de origen.

En este periodo de tiempo, entre la salida de su familia hasta la llegada a una familia nueva, tendrá que estar sostenido por profesionales que intentarán mantenerlo a flote. Ahí es cuando la idea de objeto flotante es importante. La persona a la que se agarra el niño tendría que proporcionar soporte sin propiciar una transferencia importante. Quiere decir: «de momento yo te sostengo, pero no es conmigo con quien te podrás quedar. Esta relación es para acompañarte a otro lugar, donde sí que encontrarás condiciones para hacer de ahí tu casa, y de ellos tus posibles nuevos padres».

Si el niño llega a este dispositivo y crea una relación de transferencia masiva con la profesional «como si fuese mi mamá, ahora que he perdido la mía», y luego se tiene que separar para ir a otra familia, se crea una situación retraumatizante. Otra separación, otro abandono. La profesional, sea psicóloga, educadora o trabajadora social, ha de cuidar mucho la situación, sin perder empatía, cordialidad, amabilidad, pero manteniéndose en la abstención, como si le dijera: «¡No, aún no! Aún no hemos llegado. ¡Espera! Yo te sostengo ahora. Te cojo, te aguanto, te escucho, te comprendo, pero no porque te puedas quedar aquí, sino para que puedas llegar a una casa nueva, a unos brazos y unos rostros nuevos, y que allí sí que te quedes».

En todo este proceso de atención a los naufragios tendríamos que pensar medidas transitorias, que permitiesen tres momentos diferenciados. Primero, el rescate del naufragio. Un segundo tiempo para poder atender, reorganizar y establecer unas mínimas condiciones de sostén y un tercer trabajo, que permita la elaboración y la transformación de las experiencias adversas que ha vivido y de las pérdidas sufridas. Todo esto para la creación de nuevos vínculos y para que se pueda propiciar el crecimiento que se ha visto interrumpido con la crisis.

Para poder hacer el rescate, para constituirse como objeto flotante, tienes que conocer qué es la Zona Trans. ¿Cómo se entra en este mundo?

Desde mi profesión, en el rescate de una persona en una situación de crisis psicótica, primero de todo debes tener una cierta capacidad de enloquecer ¡solo un poco!, y buenos agarraderos internos para sostenerte. Tienes que estar suficientemente enraizada en un continente que te aguante, que te sostenga, y entrar en la Zona Trans lo suficiente para poder coger al otro. Se trata de poder acercarte lo necesario para comprender y soportar su sufrimiento. El paciente puede resistirse y querer volver atrás, pero ya no se puede, está en un punto de no retorno.

Bion trabaja el concepto de *Cambio Catastrófico* para describir este fenómeno. Como antes he mencionado, más adelante Darío Sor y R. M. Senet también lo desarrollan. Lo que distinguen es que no se trata de una catástrofe que conlleva necesariamente a la destrucción, sino de la vivencia amarga y difícil de un cambio que puede llevar al crecimiento. Un movimiento, a partir del cual las cosas ya no podrán volver a ser como antes nunca más. No se puede volver atrás, hay que seguir adelante. Necesito puntualizar que todo este proceso solo es posible si está fundamentado en la decisión profunda e interna de la persona para ser rescatada y rescatarse.

El paciente está muy asustado y tú también lo estás porque no sabes si podrás ayudarlo o qué dispositivo será necesario. Hay un riesgo de precipitación a una acción suicida o a una fuga maníaca o paranoide. Es importante estar en contacto con todas estas posibilidades y no perder pie.

Traté a un chico durante un tiempo que se encontraba en una situación extrema de riesgo vital. Durante la entrevista que mantuve con él y su familia, le planteé la necesidad de un ingreso, después de varios intentos de reconducir esta situación en los días previos. Estaba en un momento en que se sentía muy amenazado, muy perseguido, con una ideación delirante en la que estaba convencido de que todos estábamos contra él. Estaba fuera de sí. Le planteé que necesitaba un ingreso y que, si él no aceptaba ninguna otra posibilidad, yo firmaría una petición de ingreso involuntario. Gritando, me dijo que, si yo hacía eso, él se tiraría con el coche por un precipicio y que yo sería inhabilitada por ese hecho. Se marchó de la sesión dando un portazo.

Mi intuición, la experiencia que tenía de la relación con él y la confianza que se había establecido, me llevó a la decisión de indicar este ingreso. Sentí que el chico necesitaba que alguien lo cogiera, a pesar de su amenaza y del riesgo que suponía y que si nadie lo hacía podría morir o dañar a otro. Lo fui a ver al hospital durante su estancia y naturalmente tuvimos que hablar de todo esto. Me lo reprochó durante un tiempo. Años más tarde, en una sesión de grupo terapéutico, me agradeció que lo hiciera en su momento.

Realmente tienes que estar muy enraizado para no caer al agua en el rescate, y para aguantar en un espacio donde el tiempo funciona diferente. Antes explicabas la necesidad de hacer uso de *medidas transitorias*.

Sí. El concepto de transitoriedad nos enseña cómo manejar tiempos en una situación difícil. Estamos hablando de una zona de tránsito donde te puedes quedar atrapado y en un tiempo «detenido». Por lo tanto, tenemos que aprender a manejar criterios temporales relativos a lo provisional, lo transitorio, el ahora, de momento, aún no… primero a corto, más adelante, a medio, y después a largo plazo.

Las unidades de emergencia médica o social lo tienen claro, pero todos tenemos que poder usar conscientemente estos criterios. Cuanto más urgente es una situación, más cortos son los tiempos de actuación. Si una persona se ha atragantado y se está ahogando tendrás que pensar rápidamente qué harás en los dos próximos minutos. No hay más tiempo.

Cuando se produce un ingreso psiquiátrico, situación indeseable pero necesaria a veces, le digo al paciente: «Ahora estará allí un tiempo. Ahora nos hace falta este tiempo. Es un tiempo de transitoriedad, de parar. Para dar espacio a una nueva reorganización».

Es profundamente diferente del modo en que se organizaba la atención en el psiquiátrico asilar que conocí en mi formación, donde las personas estaban instaladas de forma permanente, en muchas ocasiones durante años, en una Zona Trans. Aún hoy subsisten este tipo de funcionamientos, aunque un poco atenuados.

Entiendo que en esta Zona Trans decir «Espere» puede ser muy insoportable y torturador, ya que la persona está aterrada y el tiempo funciona diferente. Hay la sensación claustrofóbica de quedar atrapado ahí, como si no existiese futuro ni salida.

Es terrible, es uno de los sufrimientos más bestiales que existen, tienes que tenerlo muy presente para entender el momento del paciente y ayudarlo a que aprenda a aguantar la administración de tiempo.

En un segundo tiempo, el grupo terapéutico, o el grupo multifamiliar, deviene una balsa o una patera de acogida para personas en situación de naufragio personal, dotando el espacio de esta noción de transitoriedad. La transferencia, como reedición de vínculos primitivos, queda más repartida en la fraternidad grupal, múltiple, que ayuda mejor que un trabajo individual. Hacen falta más mentes pensantes. Los grupos terapéuticos son una herramienta de gran ayuda.

Finalmente, el último tránsito que hacemos los seres humanos es el paso de la vida a la muerte. En tu artículo describes que, en los velatorios, las personas también experimentan, por unos momentos, la particularidad de la Zona Trans.

En general, en un velatorio y, sobre todo, cuando ha habido una muerte inesperada o traumática, se crea un clima emocional, donde la sensación de detención del tiempo es muy clara. No sabes cuánto llevas ahí, estás muy sensible a los olores, sonidos, temperatura…, como si estuvieses dentro de un sueño o una pesadilla. El estado de conciencia está un poco alterado.

En ese mismo espacio-tiempo, confluyen personas presentes a lo largo de tu biografía. Llegan familiares y conocidos de cuando eras pequeña, personas de tu trabajo actual o de otros trabajos anteriores, amigos de tus hermanos, que hacía muchos años que no veías. Es de tal manera como en los sueños que se entrecruzan, sobreponen y confunden personas, identidades, relaciones y tiempos y resulta extraño de procesar.

Además, las salas de velatorio están poco iluminadas. Allí dentro no sabes si es de noche o de día y la cámara donde está el féretro parece un espacio mortuorio extraño. No es una cama.

Cuando se trata del velatorio de alguien que no es muy próximo, además de la situación presente, vivimos otra experiencia donde también rememoramos nuestros propios muertos. La perspectiva nos permite reconectar con la pérdida que en su momento nos supuso el duelo, la vida, la muerte y volver a pensar cómo aguantamos los vivos que se nos mueran las personas que amamos.

Este clima creado nos sitúa en un estado casi onírico, parecido a no estar ni dormido ni despierto. Habitando un espacio de tránsito entre la vida y la muerte. Habitando por un tiempo, de nuevo, la Zona Trans.

LA SEPARACIÓN

L- Nacer es el tránsito de un continente a otro. Nacer implica un hecho nuevo, un cambio. Significa abandonar para siempre nuestro primer lugar, el continente matricial, en busca de un lugar en el mundo. Nacer da paso a la vida y para nacer nos tenemos que separar. Por lo tanto, nos tenemos que separar para vivir.

«Nos tenemos que separar para vivir». Esta afirmación contundente se la he escuchado a Àngels muchas veces.

En el próximo capítulo reflexionaremos sobre la separación. El dolor y el placer que conlleva y las dificultades que genera el no poder hacerlo. Además, nos serviremos de conceptos psicoanalíticos para hacer más comprensibles los fenómenos psíquicos que comporta la separación.

L- **Hemos visto en el capítulo del nacimiento que pasar de ser uno a ser dos es toda una experiencia que genera dolor. ¿Cómo podemos entender esto?**

À- Los partos son dolorosos por muchas razones, pero, en cierta manera, ese dolor refleja todo lo que nos cuesta la separación del otro. El dolor corporal que genera el trabajo del parto nos permite que se dé de una manera más realista, ya que está sentida profundamente desde el cuerpo de la madre y del niño.

La separación no es indolora. Produce dolor, nos hará sentir la ausencia y el deseo de presencia del otro. Pero al mismo tiempo nos liberará, nos diferenciará y nos dará autonomía. En la separación también hay placer. Son dos sensaciones íntimamente ligadas. El placer, en el momento, no es perceptible. Será después del dolor que podremos sentirlo. Nos confundimos si pensamos únicamente que aquello que nos duele no nos conviene.

No obstante, es importante aclarar que cuando damos forma al Uno (bebé) ya está implícito el Dos (bebé y madre) y el Tres (bebé, madre y padre). Si solo nos movemos en el Uno y el Dos es cuando es más difícil separarse, porque me quedo solo. Si está la preconcepción del padre, que nos aporta el Tres, nos ayuda y nos permite una separación saludable.

Cuando hago referencia a los tres miembros, tomaré, genéricamente, *bebé*, *madre* y *padre*. Se trata de ver la necesidad de tres elementos distintos, que nos van a permitir la diferenciación y no la fusión a dos.

Ya tenemos al bebé nacido. ¿Qué es lo primero que hacemos los humanos cuando entramos en la historia?

Separar y juntar. Este es un tema fundamental en todas las culturas:

Si tomamos la Biblia como un ejemplo de la narrativa humana sobre la creación del mundo, en el Génesis observamos que habla de este primer movimiento de escindir, cortar, dividir, separar, diferenciar y nombrar. Dios separa la luz de las tinieblas. A la luz la llama *día* y a la tiniebla, *noche*. Separa las aguas del cielo. El tercer día separa las aguas de la tierra y así va ordenando el mundo. Los orientales utilizan la imagen del Ying y el Yang para separar opuestos y complementarios como lo femenino de lo masculino.

Desde la Grecia clásica, hablan también de estados de orden y desorden. El Caos y el Cosmos. Parece que la primera operación del Cosmos es diferenciar y poner nombre a cada nueva situación.

El bebé, para organizar su experiencia inicial con el otro, hará una primera diferenciación. Separa y distingue entre aquello que le proporciona placer, le da sosiego, lo vitaliza, lo ayuda, y la experiencia que le hace daño, le proporciona dolor, le amenaza y lo desorganiza.

Entonces, el otro, la madre, se convierte para el bebé en un objeto bueno, que lo alimenta y lo calma, o en un objeto malo cuando no está o cuando la experiencia de interacción le produce dolor, miedo o enfado.

Si el bebé no sabe hacer, en este primer momento, un movimiento de escisión y separación entre lo que le ayuda y lo que le daña, le será después muy difícil construir un pensamiento sólido. Si no aprende a diferenciar una experiencia que le hace bien, lo organiza y lo vitaliza, de otra que lo desvitaliza y le hace daño, se establecerán núcleos de confusión donde más adelante pueden aparecer dificultades.

La psicoanalista Melanie Klein[19] nombra este primer movimiento de escisión *Posición Esquizoparanoide*, que incluye separación y defensa. Un nombre que, desde mi punto de vista, se hace poco asimilable y genera cierto rechazo.

---

19 **Melanie Klein** (1882-1960). Psicoanalista. Creadora de una corriente psicoanalítica y autora de diversos libros entre los que destacamos: *El psicoanálisis de niños* (1932), *Amor, Culpa y Reparación* (1937) y *Envidia y gratitud* (1957).

El bebé tiene una experiencia con un *objeto bueno*, una madre que lo gratifica, lo alimenta, lo toma en brazos, lo reconforta o lo sostiene. O bien, la experiencia de un *objeto malo* que le causa molestia, que no le calma el dolor, el hambre o la inquietud. Es precisamente este el que se lo produce. Cuando la madre está ausente y el bebé tiene malestar también siente que está en manos del objeto malo.

M. Klein explica que el bebé percibe un *objeto parcial.* Denomina *pecho bueno* y *pecho malo* a esta experiencia que tiene con la madre. Porque aún no puede procesar, en los primeros días o semanas, la idea de madre como entidad total y diferenciada de él. Ha vivido mucho tiempo en su prehistoria prenatal, y el encuentro con la madre como sujeto se tiene que construir.

El bebé reconoce la buena experiencia, la recibe, la aprecia, le da tranquilidad, pero tendrá que enfrentar malestar, dolor, miedos y tendrá que dar forma a estas vivencias.

¿El bebé aprecia a su madre como buena o mala según las sensaciones que tenga en la relación con ella?

Parece que en las primeras semanas de vida el bebé no puede representar la ausencia del otro. Viene de un lugar en que siempre han estado los mismos elementos: las paredes uterinas, el cordón, la placenta, la temperatura y los sonidos de la esfera. Todo el tiempo. No ha habido ausencia. En la salida de este lugar hay cambios drásticos.

Cuando no está la madre o se queda solo y tiene hambre o un espasmo intestinal, no siente que esté solo, sino que algo o alguien le está haciendo daño. Está en una experiencia con un *objeto malo.* Cuando el bebé está mamando y le invade una sensación de placer y de confort está con el *objeto bueno.* Esta es la idea básica.

No existe aún la idea del otro ausente y el bebé necesitará un tiempo para representar esta realidad.

El asunto fundamental es cómo se mantiene el bebé bien organizado desde la ausencia del otro. La mamá no está. Esta cuestión es de importancia capital para entender las dificultades que después tenemos como adultos frente a la separación y a la ausencia del otro.

El bebé aprenderá que el otro es una entidad diferenciada de él que puede estar y no estar. Que tiene movimiento. Que aparece y desaparece. Que se va y vuelve una y otra vez. Para soportar esta situación, el bebé inicia un hecho fundamental, la capacidad de representación. El primer acceso a su realidad virtual.

Adquirirá la capacidad de representar al otro cuando no esté porque puede percibirlo dentro de su mente. Cuando esto pase y pueda imaginar a la madre, podrá esperar un poco más, antes de entrar en pánico y desesperación. En ese momento se sentirá en peligro de caer en manos del objeto malo de nuevo, pero sabe que vendrá la mamá a rescatarlo y eso le dará un tiempo de espera.

Esta sería una primera aproximación para pensar cómo nos las arreglamos en estas primeras etapas para separarnos del otro. Y cómo esta separación va a poner en marcha la capacidad de representar al ausente y por tanto va a iniciar el pensamiento.

Más adelante, aunque hayamos adquirido la capacidad de representar y pensar, en un momento de ofuscación o de gran necesidad, volvemos a estos funcionamientos primitivos. El otro es bueno o malo. Nos sucede de niños, en la adolescencia y como adultos.

¿Cómo se puede saber que el bebé está pensando esto que dices?

El juego, los sueños, los dibujos infantiles y la observación de bebés son instrumentos que nos ayudan a pensar estos primeros funcionamientos. Pero también en el trabajo psicoanalítico con las personas que padecen delirios, alucinaciones y paranoias, encontramos elementos que nos ayudan a pensar la mente humana en sus inicios.

Melanie Klein explica que la primera experiencia que tenemos de lo que es *dentro/fuera*, es decir, vestigios de tridimensionalidad, se produce en el nacimiento. Con el llanto del bebé y la primera inspiración de aire se produce una proyección del malestar acumulado a través de la expulsión del lloro y las secreciones. El grito y el llanto es la primera posibilidad de poner fuera el malestar y de introyectar un elemento vital: el aire. Pensemos en el bebé, un poco más adelante. Imaginemos que se despierta, tiene hambre, está empapado de orina y tiene frío. Entonces llora, proyectando hacia fuera su malestar y llamando la atención de la madre. Si, por ejemplo, la madre tarda solo un poco será bien recibida, y se calmará pronto. Pero si tarda más tiempo, cuando se acerque al bebé, este la rechazará.

Parecería que cuanto más tiempo tarda, más necesidad; y mejor recibida sería, pero no. Se ha activado la percepción de la madre como *objeto malo*. Requerirá de un tiempo para recuperar una buena experiencia con ella. También necesitará de su paciencia y su perseverancia, además del respeto a ese tiempo que el bebé precise para salir de la vivencia con el objeto malo y poder volver al encuentro reconfortante con ella.

Imagino que es difícil para la madre pensar que el rechazo que puede hacer el bebé hacia ella es un movimiento evolutivo saludable. Vivir que tu bebé te aparta te debe doler y hacer pensar que ya no te quiere.

Claro, forma parte de las dificultades de la crianza. La madre puede interpretarlo como un ataque a ella por parte del bebé: «¡Me lo hace para castigarme, encima que vengo corriendo del trabajo!». Si la madre no se sobrepone, se relacionará con el bebé enfadada o dolida, confirmándole este objeto malo.

Hay que poder entender que no es que el bebé no te ame o te ataque, es que momentáneamente te has hecho mala para él. Ahí hemos de aprender a soportar ser vividas por el otro (en este caso el bebé) como malas, no ser bien recibidas, no tener interés y ser antipáticas. Y no creérnoslo del todo. Esto nos da fortaleza. El bebé está pendiente de esta interacción. Es muy importante.

La madre que no soporta ser vivida como mala y necesita mantenerse como objeto ideal, tendrá más dificultad de ayudar a hacer esta integración a la criatura. Es una totalidad que incluye lo bueno y lo malo. Y quedarse en la parcialidad, buena o mala, generará malentendidos y dificultará el crecimiento de ambos.

Es muy importante que los tres miembros de la Unidad Originaria[20], el padre, la madre y el bebé, tengan claro que *el otro* es un sujeto, que no es parte de mí, que tiene limitaciones y cosas «buenas y malas», y a la vez que yo no soy vivido como una parte del otro sino como un sujeto separado también con cosas «buenas y malas».

No hemos de olvidar que cada bebé tiene un ritmo y cada miembro de la familia también.

Tenemos que pensar que las personas cuando tienen una criatura se vuelven a poner en contacto con su propio bebé, el niño que fueron y su organización mental infantil. Es, por lo tanto, una oportunidad para revivir experiencias y poderlas elaborar, creando narrativas nuevas. No

---

20 **Unidad Originaria**. Concepto creado por el **Dr. Manuel Pérez Sánchez**, y publicado el año 1980, en el Congreso de Lenguas Románicas en Barcelona, junto con **Núria Abelló**. A partir de las experiencias de Observación de Bebés con Esther Bick.

hemos de pensar este momento de crianza solo en clave de las necesidades del bebé, sino de los tres.

Es un trabajo arduo y doloroso entender que el otro no puede ser aquello que yo necesito que sea, es decir, mi objeto ideal. Este es un trabajo que dura toda la vida, pero donde más se expresa y lo podemos identificar con claridad es en la adolescencia.

Tuve la experiencia viendo a un niño de dieciséis meses que jugaba con su madre y, sin darse cuenta, se pilló los dedos con un juguete de plástico. Se puso a llorar y empezó a pegar a su madre como si fuera ella la que le hubiera pillado los dedos.

En este momento el bebé tenía la vivencia de una madre que le había dañado y sobre la que podía volcar su dolor y su enfado. Pero con dieciséis meses ya hay evolución. No es lo mismo que siente un bebé de dos meses. Quizá la madre ya es percibida como alguien que podrá aguantar su enfado y su dolor. La reacción del niño denota una buena evolución en el sentido de que va tratando de organizar la relación con una madre que soporte su rabia.

Aquí estamos ya en otro momento evolutivo. M. Klein lo llama *Posición depresiva.* Se trata de un segundo movimiento integrador y holístico. Desde el inicio está en continua relación con la *Posición esquizoparanoide*. Resulta que este objeto malo y el objeto bueno, separados y contrarios, se van acercando y reuniendo cuando se van repitiendo las experiencias.

Los conceptos *posición esquizoparanoide* y *posición depresiva* parecen patologías.

Sí, se prestan a confusión. El primero hace referencia a la escisión y el segundo a la integración.

El bebé está poniendo en marcha sus procesadores psíquicos para representar, secuenciar, hilar asociaciones, crear pequeñas narrativas, recrear, jugar, imaginar y soñar. Cuando ha adquirido estas capacidades va construyendo un espacio. Un mundo interno de carácter virtual donde va registrando experiencias, dotándolas de sentido, que luego puede recuperar y recordar.

Puede recordar porque ha desarrollado una capacidad de registro y una capacidad evocativa de la vivencia con una madre como objeto amoroso y reconfortante, que se va pero vuelve una y otra vez. La integración de este vaivén aumentará la confianza en ella. Entonces podrá aguantar un poco más de tiempo sin el objeto presente porque ya lo puede recrear en su mente de esta manera.

El bebé va representando y recreando sus propias historias: «La mamá me cuida, pero a veces tarda. La mamá tiene otras cosas, pero vuelve». Más adelante: «La mamá está cansada». Así va creando un objeto que no es ideal (totalmente bueno) ni tampoco es persecutorio (totalmente malo), sino alguien diferenciado de mí, que tiene sus necesidades y que no puede estar todo el tiempo conmigo. Ahí ya salimos de lo que se denomina objeto parcial para ir a un objeto total, que ya tiene características de sujeto.

Si solo diferenciamos entre bueno y malo, superior e inferior o blanco y negro, fragmentamos la realidad. Desde la patología social se precipitan monstruos como el racismo, la xenofobia, el clasismo o la esclavitud. Pero, por otro lado, si solo hay *buenismo*, si solo podemos pensar en lo que se llama *emociones positivas* y parece que todo se pueda comprender, perdemos la capacidad crítica y la capacidad de lucha, que también son muy importantes.

Este movimiento entre las dos posiciones permite ponernos en contacto con la realidad: primero separamos y priorizamos, después tomamos perspectiva en una mirada holística y matizada. Más adelante volveremos a separar para un nuevo análisis de la realidad. En un contexto nuevo, repetiremos un movimiento de integración que tenga en cuenta más elementos, creando nuevo pensamiento, más preciso, más riguroso, más rico. Estas sinergias nos permiten adquirir discernimiento, pensamiento propio y a la vez crítico. Estamos toda la vida en estos trabajos.

Por lo tanto, hacer una buena separación sería esencial para el pensamiento humano.

El discernimiento entre lo que me es bueno, necesito, me conforta, me vitaliza, y lo que me daña y me desvitaliza es un elemento básico para la organización mental.

Otro elemento básico es lo que me va a permitir la diferenciación entre yo y el otro. Qué es lo mío y qué es lo que corresponde al otro. Cuál es mi necesidad y cuál es la necesidad del otro. Sobre esta base se va a poner en marcha la capacidad de aprender de la experiencia.

Si estos elementos básicos van estando claros, voy a poder establecer las bases de pensar por mi cuenta.

A pesar de que es aparentemente simple, creo que es más complejo de lo que parece el saber separarse y respetar el espacio del otro.

Yo también lo creo. Efectivamente las relaciones son muy complejas. Una silla es una silla y yo la puedo reconocer y diferenciar. Pero cuando otro ser humano se me planta delante se abre un universo. Es un sujeto singular, único, con necesidades propias y con una biografía, influida además por cuestiones transgeneracionales.

¿Cómo lo procesamos? Podemos hacerlo desde el conflicto (polarización) o desde la armonía, que serían dos organizadores básicos de la mente. El filósofo griego Heráclito[21] ya nos hablaba de los opuestos y de la armonización de contrarios.

Voy a poner un ejemplo en relación con el respeto al espacio del otro a partir de estos organizadores: la llegada de un segundo bebé puede ser vivida como «Si viene un nuevo hijo, le quitará el lugar al mayor. Ocupará el lugar del otro que pasará a tener menos espacio». En este caso estaría procesado desde el conflicto.

En cambio, procesarlo desde la armonía sería entender que uno le abre sitio al otro: «El pequeño le da sitio al hermano mayor-tete, y el mayor, al pequeño. Ahora es el hermanito». Se ordenan los espacios con el reconocimiento recíproco.

Es como la frase de que «la libertad de uno acaba donde empieza la del otro». Si la pensamos procesada desde la armonía sería «tu libertad abre y limita la mía y mi libertad abre y limita la tuya».

No obstante, a veces, en la vida, solo hay un sitio. Entonces, tendremos que procesar desde el conflicto y para eso tendremos que estar entrenados para la lucha, el combate y la competencia. Pero con arte marcial. El conflicto vivido y procesado como arte.

Como tú dices, es muy difícil separarse, pero permite al otro y a ti mismo tener un lugar y poder *ser* en ese lugar. Poder ser, estar, amar, odiar, pensar desde **tu** sitio. Hemos de crear ese espacio personal, separándonos progresivamente. Con dolor y con placer liberador.

Y es que solo si nos separamos podrá haber reencuentro.

---

21 **Heráclito de Efeso** (544 a. C. – 484 a. C.). Forma parte del grupo de filósofos presocráticos. Llamado «El Oscuro», se han conservado fragmentos de sus escritos. A diferencia de Parménides y de otros filósofos, no cree que la naturaleza esté formada por una substancia inmutable. Todo está en estado de flujo o fluye. Nada está inmóvil. «Un hombre no puede bañarse dos veces en el mismo río».

VINCULACIÓN

L- En la entrevista anterior nos hemos centrado en la separación como movimiento necesario para la organización de la mente, y en este capítulo pasearemos por su contrario: la vinculación. Ambas son esenciales para la construcción de la mente humana. Es en la danza que provoca el vaivén entre una y otra, donde habita el funcionamiento saludable.

Siguiendo a W. R. Bion, Àngels dice que las relaciones se construyen a partir de tres vínculos: amor, odio y conocimiento, y que los tres son ingredientes necesarios para la organización de la mente humana.

L- ¿Cómo construimos vínculos los humanos?

À- Todos los autores, empezando por Sigmund Freud y Melanie Klein, hablan de los vínculos. Pero es W. R. Bion en su libro *Aprendiendo de la experiencia*, quien los definirá de una manera que a mí me ha ayudado mucho a pensar acerca de esta importante cuestión.

Bion parte de una premisa: la relación con el otro es transformadora para los dos y esta experiencia de ambos es la que construye el vínculo.

Utiliza un concepto importante: la idea de *continente/contenido*.

Veamos cómo nos acercamos a estas ideas:

Imaginemos un bebé despierto, en la cuna, que se asusta al oír el estampido de una ventana que se ha cerrado de golpe por un fuerte viento. Rompe a llorar asustado. La madre se acerca, lo toma en brazos, lo balancea y el bebé sigue llorando. La madre sigue meciéndole y le va diciendo: «Uy, ¡qué susto! ¡Qué susto! Bueno, ya está… ya ha pasado… Ha sido este viento tan fuerte que ha cerrado la ventana… Mira, mira…». Se aproxima con el bebé a la ventana, «Mira, mira…», requiriendo su atención, «Mira cómo el viento mueve las hojas, ¿las ves?, ¿ves las hojas cómo caen? ¡Fffffff! ¡Fffffff!». Todo con movimiento y voz entonada. El bebé mira las hojas, para de llorar y contemplan el movimiento que provoca el viento en los árboles, mientras los dos se balancean.

Este sería un modo de describir lo que Bion llama *contención*. La madre sería el continente que acoge el espanto y el llanto del bebé, que ahí sería el contenido. Una vez el bebé se siente sosegado, vuelve a sonreír y la madre también más tranquila, se siente contenida por el niño, que ahí es el continente. La experiencia de contener un momento de espanto, de susto, produce transformaciones en ambos.

¿Qué sería exactamente contener?

Dar un espacio de pensamiento a la experiencia del otro. Uno deviene continente (madre) para que el otro (bebé) pueda transformar la experiencia que está sintiendo y viviendo, en pensamiento. Y este encuentro continente-contenido es transformador para los dos. Ahí está la base del vínculo.

Aunque falta un ingrediente importante, que también aporta Bion: la *Rêverie* o *ensoñación*. Se trata de un estado de la mente que permite la conexión con el otro a través de la resonancia emocional y la capacidad evocativa, en busca de una transformación. En el caso descrito, la madre resuena al malestar del bebé y, en un estado de ensoñación, le cuenta una pequeña historia y convierte un susto o un sobresalto, en un momento bello y un aprendizaje.

No es que la madre siente al niño y le explique «Mira, la fuerza física del viento crea una corriente que hace que la ventana se cierre violentamente y esto provoca un ruido, bla, bla, bla…», sino que la madre está en estado de ensoñación y utiliza el movimiento, la danza, el ritmo, la musicalidad de la voz, para crear una pequeña historia que da sentido a lo sucedido:

«¡Uy… qué susto! ¡Qué ruido tan fuerte que ha hecho la ventana! ¡No nos esperábamos esto!». Puede parecer incluso un poco asustada, lo balancea, lo abraza, modula su voz en una cierta representación, de manera que la comunicación y todo lo que sucede en este espacio está envuelto en la ensoñación.

La comunicación del espanto que transmite el bebé resuena en la madre que la acoge y la transforma, y le devuelve otra comunicación. Esto permite evolucionar la experiencia hacia el pensamiento y sosiego.

La mente de la madre, su voz, sus brazos, su olor… son el continente, y el bebé con su llanto, su espanto y sus lágrimas son el contenido.

Si la madre solo quiere calmar al bebé rápidamente, y necesita sentirse una «madre competente que tranquiliza» y no puede dar este rodeo, probablemente desaprovecha una ocasión para tener una experiencia transformadora.

La contención trata de elaborar un estado emocional dándole un sentido, creando un espacio de ensoñación. En esta experiencia se crean transformaciones en continente y contenido. Ni la madre ni el bebé están igual después de una experiencia de contención. Se ha producido un crecimiento. En los dos. Si estas experiencias se dan de manera suficiente, el mismo niño, desde su propia capacidad de ensoñación, irá aprendiendo a contenerse: «Puede ser que primero me asuste mucho y luego no sea para tanto».

Las transformaciones que se producen entre continente y contenido permiten que esta relación pueda darse en el otro sentido: la madre llega a casa cansada y el bebé contiene este momento de la madre observándola, sonriéndole, esperando. Al cabo de un ratito, la madre puede sentirse más vital.

Cuando este movimiento en los dos sentidos, dar y recibir, contener y ser contenido, se fija y solo se da en un sentido: yo cuido y el otro es cuidado, la relación no funciona. En cualquier relación.

Si el maestro solo piensa que él enseña a los niños y no percibe que también aprende de sus alumnos, irá produciéndose una rigidificación en su trabajo. Del mismo modo que cuando se establece en una familia que una persona es cuidadora de otra y se fija en este rol. Así, a la persona cuidada se le dispone todo, no se le consultan las cosas y no se consideran sus capacidades. Esto perjudica a las dos.

¿Cuáles son los elementos de vinculación que entran en juego en este viaje de transformación constante entre continente y contenido?

Bion habla de tres vínculos: **amor, odio y conocimiento** o L/H/K (L-*Love* / H-*Hate* / K-*Knowledge*) y todas las relaciones se tejen a partir de estos hilos vinculares. Son necesarios los tres para que la relación pueda tener consistencia.

Amor y odio no serían contrarios. El contrario de amor sería -L (desamor, indiferencia), el contrario de odio sería -H (desprecio) y el contrario de conocimiento -K (arrogancia y estupidez) en palabras de Bion.

Utilizando lenguaje matemático de (-), -L, -H y -K, nos acercamos a funcionamientos siniestros. Sería el perfil de personas que no tienen interés por lo auténtico, desvitalizados, que desprecian, que no dan espacio al pensamiento y que se mueven en la manipulación, la seducción o la violencia.

Me resulta más fácil imaginar -L como indiferencia o -H como impasibilidad o desprecio, pero -K, me cuesta más pensarlo.

Es como si yo te digo ahora «No me expliques nada, que yo ya sé por qué haces esto…», Ahí yo cierro la posibilidad de conocimiento. −K no es la ignorancia, es creer que ya lo sabes todo.

A veces, en las entrevistas clínicas, te dice un paciente «No me diga nada porque ya sé qué me dirá…» o a veces son los psiquiatras que vienen a decir más o menos «No necesito conocerte, ni escucharte, porque ya sé lo que te pasa, se producen unos desajustes en tus neurotransmisores y necesitas medicación».

Si puedo decir «Aún no te conozco», «Esto no lo sé», «Esto sí que lo sé» o «Esto todavía no lo entiendo», permito que se abran posibilidades a un conocimiento nuevo.

Por tanto, ¿todas las relaciones que tenemos contienen amor, odio y conocimiento?

Pienso que sí, aunque estos vínculos y las emociones y sentimientos asociados no se dan simultáneamente ni tienen la misma intensidad, pero están en la relación.

Si amas a una persona, la odias también, a veces. Si la odias, la amas también a veces.

A partir del vínculo odio, si lo sabemos procesar, desarrollamos una serie de capacidades como la posibilidad de discrepancia, defensa del espacio personal y afirmación de criterio propio.

¿Odio? Odio está considerado un sentimiento muy fuerte.

Odio es una palabra que está sobrecargada de significado. Pero ¿qué sientes cuando te daña la persona a la que amas, estás en desacuerdo o sientes un sinfín de diferencias con ella? Esta emocionalidad, que llamamos odio, habrá que saberla usar para que no sea destructiva, sino un elemento de afirmación y de crecimiento.

Hay mucha confusión en relación al odio. Tiene muy mala prensa y está considerado dentro de lo que se llaman «emociones negativas». Nos instruyen que hemos de estar siempre vinculados desde el amor, y en realidad es muy importante y saludable poder odiar, poder decir que no y poderse enfadar. Creo que no estaríamos en la situación social en la que nos encontramos si supiéramos gestionar esta emoción.

Bion subraya que sería -L, -H y -K lo que nos daña y enferma. Se puede odiar a un hijo en un momento determinado, igual que un hijo puede odiar a la madre o al padre. No pasa nada. Es decir, sí que pasa: esto es saludable y nos permite diferenciación.

Supongo que sentir odio hacia un hijo es perturbador, pero entiendo que estamos hablando de un momento determinado y que luego se pasa y se sale de ahí.

Por supuesto. Parto de la idea de que mantengo una relación incondicional con mi hija o con mi hijo. Precisamente puedes entrar en el odio y reconocerlo, cuando confías en ese amor mutuo. «Me enfado sabiendo que esto no rompe la relación, sino que la hace más fuerte».

En cada tratamiento yo trabajo este aspecto con mis pacientes porque les proporciona libertad. Muchos dicen, cuando describen un malestar con un miembro de su familia: «No, oiga, ¡no he llegado a sentir odio, eh! ¡Eso es demasiado! Hasta allí no he llegado». Pero si podemos reconocernos en esa emoción, se abre un espacio que nos cambia la vida. Poder vivir el odio como una emoción constructiva y no destructiva nos cambia la vida. Pero nos da mucho trabajo.

Creo que cuando uno se enfada con el otro es porque le guarda respeto. En la discrepancia, dar al otro por perdido o por imposible es despreciarlo. Has de construir una relación en la que pueda darse esta emoción mutuamente. Transitas por ese momento y aprendes. Nos permite reafirmar los límites de cada uno y volver a poner las fronteras en su sitio. Odiar es necesario. Pero, insisto, nos da mucho trabajo.

Las artes marciales, desde hace miles de años, serían un ejemplo de cómo habérnoslas de una manera creativa, rigurosa, precisa y artística con el odio. Estoy muy interesada por la filosofía que sustenta cada modalidad de arte marcial y lo que propongo es tomar como metáfora esta disciplina.

Trabajan desde el cuerpo y el movimiento una manera de estar en el mundo que contiene afirmación, enraizamiento, y acción precisa y mesurada.

La afirmación tiene que ver con la mirada recíproca al otro. Al oponente se le mira con respeto, los pies de los combatientes devienen entidad pensante, bien puestos con los cinco dedos abiertos y colocados, en contacto con la tierra, para no caer al primer embate.

En la competición, el saludo mutuo antes de entrar en combate marca lo que va a suceder después. Hay unas reglas del juego, que protegen a los contendientes y hay un tercero que vela por este respeto.

El combate transpira belleza de movimientos, estrategia y táctica para aprovechar la propia fuerza y la del otro en beneficio propio. En las diversas modalidades se dará predominio a los brazos, o a las piernas para eludir, inmovilizar, golpear, proyectar al otro. Hay las reglas que protegen a los combatientes y también hay miedo, dolor, ambición, poder en juego, cuidado de sí mismo y del adversario. Cómo se juega el espacio, cómo se regula la fuerza, cómo se coge desprevenido al otro. Cómo avanzar o cómo retroceder. Cómo no destruir ni ser destruido. Cómo competir y ganar. O perder. Pero habrá más combates.

Si pudiésemos entrenarnos metafóricamente en el arte marcial de lucha para manejar el odio, aprenderíamos a relacionarnos en la discrepancia, sin trampas, observando las reglas del juego, en combate o debate, esgrimiendo argumentos, sabiendo usarlos, respetando el tiempo de cada uno y sabiendo cuándo decir cada cosa y saber cuándo hay que parar. Este sería el entrenamiento para aprender a transformar el odio en un vínculo saludable.

¿El vínculo de conocimiento qué implica?

El conocimiento precisa de distancia, y esa distancia nos permite observar. Es un vínculo mucho menos intrusivo que los otros dos, no trata de modificar al otro, es más respetuoso. Desde el amor hay una voluntad de reciprocidad, aunque sea desinteresada, pero el vínculo de conocimiento preserva mejor el momento del otro.

Desde esta distancia, el conocimiento nos permite entender mejor que el otro tiene unas necesidades diferentes de las mías, que no ve las cosas como yo y que tiene otro ritmo, un tempo diferente al mío. Esto me permite pensar que, si no me responde en el momento que yo considero que habría de hacerlo, no es para fastidiarme o por desinterés, sino porque es *otro*. Este *otro* que tiene un aparato mental establecido y que sigue construyendo de manera diferente de la mía.

Esto nos cuesta mucho. Parece que usamos un procesamiento erróneo que nos hace sentir que «si piensa diferente de mí, está en contra de mí».

Hay que tener en cuenta que también hay otras cuestiones básicas en juego como las proporciones, la conciencia y el uso.

Tendremos que aprender a manejar las proporciones de cada emoción. La confianza, el aprecio y la admiración están en la órbita del amor, pero es importante ajustar medidas para no desbordarnos.

Como explicaba en el tema de las artes marciales, cuanto más consciente eres de tu odio, más responsabilidad asumes en cómo lo utilizas, y cómo lo pones al servicio de la diferenciación, de la claridad y no de la destructividad. Por tanto, es imprescindible ser consciente de tus emociones. Es tu responsabilidad.

Sabemos que podemos usar cada emoción de un modo perverso y anómalo, desnaturalizando su esencia. El amor lo podemos utilizar para la seducción, la manipulación emocional o la posesividad. El rumor, la insidia o la discordia serían un mal empleo del odio. La manipulación de la información o la voluntad de control y afán de poder sería una mala gestión del vínculo de conocimiento. Cada vínculo se puede usar para la construcción de relaciones saludables y de crecimiento o para la manipulación, el control y la destrucción.

Hemos de defender y depurar el vínculo del amor, del odio y del conocimiento sin confundir su uso. El empleo destructivo que podemos hacer del vínculo no es inherente al mismo, sino a su mal uso.

Hemos hablado de odio y conocimiento. ¿Y el amor? ¿Qué es el amor?

¿Cómo se define el amor? No lo sé. Habría que recurrir a los poetas. ¡Y no a todos!

Creo que es un vínculo que se da alrededor del respeto y el aprecio del otro, en tanto que diferente a mí.

Veo a otro y puedo apreciar su belleza, su fuerza, su frescura, su bondad, su inteligencia, sus cualidades, su simpatía e incluso su torpeza, su debilidad y su rareza.

El amor es dialógico, precisa de una correspondencia. Mi pulsión busca la proximidad o el contacto, en una necesidad de ser reconocido y amado. Busca reciprocidad.

Con esta necesidad de reciprocidad, a la mínima se puede torcer el uso.

A la mínima.

Por ejemplo, la adulación es una manipulación al otro: utilizo mi capacidad de saber lo que halaga al otro para contentarlo y así tenerlo a mi disposición. Está en la órbita del amor, pero desde un uso perverso. La sobreprotección también: «No llevo a mi hijo al funeral de su abuelo porque lo amo y no quiero que padezca». Una cosa es preservar al niño de cosas que sean un sufrimiento innecesario y otra cosa es ayudarle a enfrentar los hechos. Si no puede compartirlos se verá confinado a pasar ese mal trago solo.

Es fácil que, desde el amor, hagamos un uso inadecuado como privar, esconder y evitar el contacto con los hechos dolorosos. Esto puede debilitar la capacidad de la criatura para hacer frente a la vida. La sobreprotección puede funcionar como modo de presunta protección, pero que produce dependencia y posesividad, control y poder sobre la criatura.

¿Qué prefieres, que te amen o que te conozcan?

Difícil de responder...

Si solo está el vínculo de amor te dirán lo guapa, lista y maravillosa que eres, pero necesitarás que te conozcan. Entonces puedes sentir que te aman porque eres guapa y lista, aunque tengas, también, torpezas, debilidades y cosas odiosas.

Por lo tanto, prefiero que me conozcan primero y que me amen después...

¡Claro!, que te conozcan y reconozcan toda tu complejidad (aunque nunca conoces al otro ni a ti mismo del todo), y además que te acepten y te amen. Con tus cosas maravillosas y tu egoísmo, torpeza, rabia, envidia y limitaciones.

Una relación de crecimiento mutuo implica el respeto por la singularidad del otro, su espacio y su tiempo, su complejidad y riqueza, deseando una reciprocidad necesaria para la sostenibilidad de la relación.

El respeto siempre acaba saliendo

Es central. Enfadarse con el otro, discutir, discrepar es un acto de respeto. Respeto implica muchos modos de hacer según el momento. A veces hay que abstenerse y esperar, a veces hay que hablar, a veces no hay que hablar.

Es inseparable el respeto al otro al respeto por mí mismo. Si no te respeto a ti, no me puedo respetar a mí mismo.

No es fácil. Es un trabajo que vamos aprendiendo a lo largo de la vida. Y cuando nos entierran aún no lo hemos aprendido del todo.

LA UNIDAD ORIGINARIA

L- En un seminario sobre Grupos y Familias del Grupo Alfa, Àngels dijo:

«Necesitamos el 3. En nuestra esencia original somos el 3. Para pasar de ser 1 a ser 2 (1 y 1), necesitamos el 3 (1 y 1 y 1) porque venimos de la Unidad Originaria, que es esta situación inicial a 3».

Esta afirmación me pareció curiosa y bastante incomprensible, pero a la vez, me resonaba desde algún lugar esencial.

En este capítulo viajaremos por esta relación a tres, con una de las teorizaciones de Manuel Pérez Sánchez desde la experiencia de *Observación de Bebés*[22]: La Unidad Originaria.

L- ¿Qué se entiende por Unidad Originaria?

À- Antes de nacer, el bebé ya viene equipado con procesadores que organizan funcionamiento psíquico y que parten de una premisa a tres (que nombraremos padre-madre-bebé). Siguiendo a Bion, viene provisto de la preconcepción que, una vez fuera de su prehistoria prenatal, encontrará una situación a tres que le permitirá desplegar su crecimiento y desarrollo. Parece que venimos con este equipamiento desde antes de nacer y será el que nos permitirá ampliar este tres básico a 4, 5, 6, …, n, llegando, de ese modo, a los grupos humanos.

¿Te refieres a que la organización familiar solo es posible a partir de padre-madre-bebé?

No. Una niña o un niño pueden crecer sanos si están criados por tíos, abuelas o cuidadores, pero su unidad originaria ha de quedar preservada y respetada.

Cuando hablamos de Unidad Originaria, hablamos de un organizador psíquico. Este concepto contiene la situación original a tres, de la vida singular de cada individuo: un óvulo y un espermatozoide que, en su encuentro, dan lugar a un hecho nuevo, un Big Bang: el bebé. Esta reunión a tres es aquello que posibilita la vida e impregna la organización de todo el desarrollo ulterior.

¿Y si hay más hermanos?

---

22 En la Segunda dimensión se explica el origen de este método y en qué consiste.

Cada bebé tiene su Unidad Originaria. Cada hermano tiene su propia relación original a tres. Cada Unidad Originaria es distinta, aunque los padres sean los mismos. No serán percibidos de la misma manera por cada hijo.

Los hermanos ya formarán parte del 4, 5… es decir, del grupo.

Este concepto de Unidad Originaria es una entidad constituyente de cada persona, distinta que la idea de familia, que es una grupalidad inmersa en el funcionamiento de otros grupos humanos.

¿Podrías explicar los orígenes de este concepto?

Es una de las aportaciones que hizo Manuel Pérez Sánchez trabajando en *Observación de Bebés* con el método de Esther Bick[23]. Lo describió como un organizador y motor del desarrollo.

Es un concepto abstracto que permite observar que los tres miembros de esta unidad tienen la misma **importancia, dignidad y responsabilidad**.

Para mí esta descripción es fundamental: no hay ninguno de los tres más importante. Tienen la misma dignidad, en el sentido del respeto, reconocimiento y autoridad y todos tienen la misma responsabilidad.

Esta última aseveración es, de entrada, la que cuesta más de aceptar. Pero pensarlo desde ahí modifica radicalmente la mirada. Podremos ver al bebé con una responsabilidad (naturalmente en su medida), expresada en cada momento de manera diferente, pero igual para los tres.

¿Podrías poner un ejemplo de cómo entiendes «igual importancia, dignidad y responsabilidad»?

¿Dónde llevamos a la niña a la guardería? Si lo piensas solo en clave de la niña no funcionará bien. Es importante tomar en consideración las necesidades y posibilidades del padre y de la madre también. Si forzamos una decisión porque pensamos que el interés de uno es más importante que el de los otros, no funcionará bien.

O el destete. ¿Qué es más importante?, ¿la necesidad del bebé, la de la madre o la del padre? La madre puede sentir necesidad de alargar la lactancia. Se irán regulando y buscarán equilibrios si se tiene en cuenta que las necesidades de los tres son importantes.

---

23 **Esther Bick** (1902-1983) Psicoanalista. Creadora del método de *Observación de Bebés*. Autora de conceptos como «piel psíquica» y «ansiedad de no integración».

En cuanto a la dignidad, tiene que ver con el respeto profundo a la singularidad de uno mismo y del otro. Desde la idea de dignidad me pongo en contacto con cuestiones esenciales.

Ser hijo nos da un lugar de autoridad, distinta de la de la madre o de la del padre. Hablamos generalmente de la autoridad que confiere la maternidad o la paternidad, pero la filiación también la tiene. En el sentido de que hemos de poder atender la necesidad de unos y otros y el parecer de cada uno.

La responsabilidad primera del bebé es hacer llegar claramente su necesidad. Si tiene hambre, si no quiere más porque está saciado, su desacuerdo, su comodidad o incomodidad, por supuesto expresada con los sistemas de comunicación que en cada momento tiene a su alcance.

Puede contribuir, en alguna medida, a crear condiciones favorables o ponerlo más difícil. Con una madre deprimida, se puede observar que hay bebés que alargan un poco el tiempo de espera, que tratan de no hacer demandas abrumadoras o que sonríen a la madre, invitándola a mover un poco su ánimo.

Entiendo que siempre hay que ponerlo en contexto de sus posibilidades.

¡Por supuesto! Se ha de poner en contexto para cada uno.

La madre y el padre también tienen su propio contexto. Su biografía, sus experiencias infantiles, su momento vital, su relación, su profesión, su situación laboral y muchas más cosas.

El bebé, en su vulnerabilidad, tiene responsabilidad de ser claro en su comunicación y de estar atento a lo que está pasando.

Esta aportación sobre la responsabilidad de la criatura abre un campo de posibilidades a la observación. Nos permite ver las capacidades que se van poniendo en marcha que, a menudo, olvidamos.

Las niñas y los niños desde el inicio de su vida tienen un orden interno, que se pierde y se recupera. Hemos de poder observar como cada niño encuentra, en la interacción con los otros y dentro de sí mismo, su propia manera de recuperarse del malestar. Este orden interno no implica solo sosiego y armonía. Implica también capacidad de lucha. Es lo que va a permitir al bebé, un poco más adelante, decir que no.

Esta capacidad de decir que no busca una afirmación e interroga al otro a ver qué pasa. Qué pasa si digo que no.

Veamos una niña a la que su madre o su padre le dice:

—Recoge los juguetes, que nos vamos.

—No.

—¡Ostras! ¿Cómo lo hacemos?

Este es un trabajo importante: ver qué pasa si dice que no.

La niña lo primero que hace es observar cuál va a ser la respuesta de la madre o del padre. Necesita reconocer que ella tiene sus razones y comprobar si tiene fuerza para afirmarse. Sigue intentando ver si puede erigirse en un ser capaz de hacer las cosas según su criterio aún incipiente, pero con el que la niña cuenta.

En este momento estamos asistiendo a un momento precioso que inaugura una etapa. El arte de la discrepancia, de la afirmación, de la lucha, de la fuerza, del poder, del arte marcial, todo esto está en juego. Está transitado por la amargura de no coincidir con el otro al que ama. Todo este trabajo es crecimiento y búsqueda del propio orden interno.

Toda esta tarea del bebé, que podemos representar sobre los 18 y 24 meses, va a comportar una faena importante en los padres. Nos coloca en una situación nueva y nos lleva a nuevos crecimientos.

Visto desde los padres, tienes delante una niña pequeñita que te dice que no. ¿Cómo lo haces?

Han de aprender a no violentarse y a usar su criterio y su fuerza sin violencia, midiendo la respuesta. Han de aprender a desestimar el poder que se deriva de la amenaza, del chantaje emocional y abrir un nuevo sentido a ese momento. Todo este trabajo es un entrenamiento intenso que hacemos los humanos pequeños y mayores.

Es muy importante no despreciar las capacidades de bebés y niños, entender que son responsables en su medida y respetar su orden interno, su espacio y su tiempo. Y también el de los padres.

Puedo entender esta relación a tres donde se respeta el lugar de cada uno. También que los tres son iguales en importancia, dignidad y responsabilidad, pero ¿tiene que ser MADRE y PADRE como tal?

Estoy tratando, a partir de la idea de Unidad Originaria, de transmitir la preconcepción que trae el bebé desde su prehistoria: «el encuentro que tendré al llegar al mundo será a tres».

Puede ser que no encuentre ni el padre ni la madre, en el caso de los niños abandonados y que necesitan una familia que los adopte. O puede ser que solo esté la madre o el padre porque el otro progenitor haya muerto. O porque nazca en una familia monoparental. O puede ser una pareja homoparental. El bebé mirará de colocar y ajustar esta preconcepción de su Unidad Originaria con la realidad que se encuentre.

Los hijos e hijas también han de adoptar a sus padres. Habrán de hacer el trabajo de ajustar más o menos sus expectativas, aceptando las limitaciones que tiene cada uno de sus padres, en relación con su preconcepción.

La idea es que siempre, con cada hijo, hay un proceso de adopción mutua. Los padres se encontrarán un hijo que es como es y lo habrán de hacer hijo suyo. Su hijo.

Si tenemos una hija con una anomalía genética, o un daño por anoxia cerebral en el parto, seguro que no será la hija que esperábamos. Y si el bebé se encuentra un padre enfermo o una madre deprimida tampoco le debe encajar en su preconcepción de lo que espera. ¿Cómo ajustará esta realidad a su expectativa?

Si la preconcepción del bebé está intacta, esperará una madre capaz de ayudarlo. Pero si encuentra una madre abrumada y desanimada, tratará de aceptar, transformar y modificar esta realidad, sin perder de vista este organizador, la preconcepción, que lo lleva a buscar su Unidad Originaria.

En las situaciones en que el bebé ha de habérselas con un padre ausente, fuera de juego o anulado, buscará, aunque sea infructuosamente, algo de la presencia paterna. O sabrá que hay un padre que es distinto del que él necesita o espera, pero es el padre real con sus limitaciones.

O en el caso de un abandono después del parto, ¿cómo se elabora por parte del bebé, luego niño, adolescente y adulto esta historia? Habrá un relato cambiante y en cada época podrá hacer una nueva narrativa, modificando cosas, para poder soportar este hecho inicial. El niño puede pensar que su madre lo ha dejado porque era mala, o porque él era malo y despreciable. O porque el padre no estuvo presente, cuidando a la madre. O porque la madre estaba en una situación delicada y difícil y no pudo hacerse cargo de su crianza. Y así va tejiendo pensamiento nuevo, narrativas que lo ayuden a situar los hechos.

Me cuesta entenderlo.
Si vas a una reunión y entras y nadie te saluda, ¿qué pasa?

Si tú crees que el saludo es un reconocimiento necesario entre los humanos, pensarás o que te has topado con un grupo de personas maleducadas, o que les está pasando algo anómalo, que aún no sabes qué es. Pero tú quedarás preservada y el malestar que puede causar esta situación no es esencial. Distinto es si piensas que quizá estás equivocada y, en realidad, en este contexto no se saluda o que te desprecian y no mereces su saludo. Ese hecho puede dejarte muy afectada e impedirte aclarar la situación para decidir si te quedas o te vas.

Son ejemplos de cómo usamos nuestra mente para pensar y transformar la realidad.

El bebé no es solo el producto de la realidad externa con la que se encuentra, sino también aquello que él promueve desde su expectativa original. Esta sería una manera de entender qué pasa cuando, ante situaciones muy difíciles, un bebé sale indemne gracias a un organizador interno, al que llamamos Unidad Originaria, que lo guía.

Esta idea se extrapola a todas las relaciones durante toda la vida. Si me guío por este organizador interno (misma importancia, dignidad y responsabilidad), yo estaré en el mundo de otra manera. Si sé que me corresponde una responsabilidad de cómo vivo las cosas, hagan lo que hagan los demás, caminaré diferente por la vida.

Si el bebé, el niño más tarde, puede sostener su idea de que los padres que tiene no se ajustan a sus necesidades o a sus expectativas, podrá, con dolor y sufrimiento, tener un crecimiento preservando lo fundamental.

Entonces, ¿cómo se plantea la Unidad originaria en familias monoparentales o familias homosexuales?

Como he comentado anteriormente, la Unidad Originaria es un equivalente psíquico y un organizador de la situación original de cada persona:

Un óvulo X y un espermatozoide X o Y nos llevan a una célula fecundada XX (niña) o XY (niño).

No es lo mismo tener un padre y una madre, dos madres, dos padres, una madre sola, un padre solo o una comunidad. No es lo mismo. No quiere decir, necesariamente, que sea mejor tener un padre y una madre. Pero no es lo mismo.

Lo que ahora llamamos «nuevas familias» pueden funcionar y disfuncionar de la misma manera en que lo hacen las familias clásicas. Todas las familias tienen capacidad potencial para el crecimiento de todos sus miembros y capacidad para enfermar, violentar, enloquecer y destruirlos.

Para mí, es fundamental que en todos los casos sea respetada esta Unidad Originaria que traemos cada uno de nosotros. Primero habrá que hacer sitio a esta idea, poder observar, en el funcionamiento de cada uno, su singularidad y respetarla.

Por ejemplo, una pareja de mujeres, ¿cómo le podría hacer lugar a esta *Y*?

Si no está el hombre y reconocemos esta ausencia, ya le estamos haciendo un sitio. Decir «No está el papá», es darle un lugar a un ingrediente fundamental: el ausente.

La idea de «nuevas familias» creo que no es tan nueva. Desde la prehistoria se han criado los niños y las niñas a veces con dos, tres o más mujeres, sin hombres. Porque los hombres habían muerto o estaban lejos. También se han criado niños y niñas con dos hombres, o con una madre sola, o con un padre solo, o con los abuelos, o una tía. Como han podido. Y la humanidad ha sobrevivido a las inclemencias gracias a la belleza de cada situación de crianza si se da desde el respeto.

La idea de que todos somos iguales, no nos falta nada y todo lo podemos no es cierta. Aquel diferente tiene un lugar y el que no está, no significa que no existe. Existe y tiene un lugar en la mente de todos como ausente.

De la misma manera, aunque mueran los padres, si la unidad originaria está preservada, podrá haber un funcionamiento saludable. Preservar sería, entonces, respetar el lugar de cada uno y no decir «Hago de padre» o «Hago de madre» si no lo eres.

Las criaturas pueden salir adelante en ausencia de la madre, del padre o de los dos, y con una atención adecuada.

Si es una abuela la que se ha de hacer cargo y no está la madre, puede ser determinante de la crianza del niño, siempre que sepa colocarse en el lugar que le corresponde como abuela.

El padre ausente puede ser una figura organizadora en una situación familiar. Puede ser que el padre ha muerto, los ha abandonado, está en la cárcel o no saben quién es el padre. En cada situación habrá que crear un relato de este padre ausente, conocido o ignorado, pero que es el padre. El ausente tiene su lugar y esto organiza la mente de todos.

Muchas veces, cuando en una sesión de trabajo terapéutico, una madre me dice: «He tenido que hacer de madre y de padre de mis hijos», yo le digo: «Si me permite, pienso que ha sido una madre sobrecargada por la ausencia del padre, pero no podemos ser padre y madre».

Del mismo modo que una abuela que diga: «Yo he hecho de madre de mi nieto», yo le diría: «Usted es su abuela. Una abuela puede criar a su nieto muy bien desde su lugar de abuela, pero si se pone en el lugar de la madre, se enreda la cuestión».

O una paciente que me decía: «El sábado haré de canguro de mis nietos». Yo le dije: «¿Cómo de canguro? ¡Usted hará de abuela! ¡Ejercerá de abuela!».

Imagino que no solo hay problemas con el ausente. En las familias «clásicas», con todos los miembros presentes, también hay dificultades.

Por supuesto. Vemos como en muchas ocasiones, en la organización familiar, el hijo se coloca como pareja de la madre y se anula el padre. O la madre se puede colocar como otra hija. O el padre hace de hijo y la madre y el hijo hacen de padres. Caben muchas posibles disfunciones y falta de respeto al lugar de cada uno.

Para seguir pensando en todo esto me ayudaré de un trabajo de Manuel Pérez Sánchez y Hafsa Chbani sobre *Función* y *Estado*.

Desde la observación de bebés, elaboran una diferencia fundamental entre ser y estar o «hacer de» y «funcionar como».

Lo describen como estados de la mente.

Pongamos un padre que llega cansado a casa. Si puede vivir su «estado» paterno puede decirse: «Hoy estoy muy cansado. No bañaré a la niña y me sentaré con ella en el sofá». Asume responsabilidad, decisión, y mañana la bañará sin falta. Si está en «función», más operativo, sentirá que ha de realizar todo eso para cumplir lo que se supone que un buen padre ha de hacer. Bañará la niña con tensión, impaciencia, nervios y se perderá un ratito tranquilo en el sofá con su hija.

La madre leyendo en la butaca y el niño jugando a su lado. Desde la función pensaría: «Has de ponerte a jugar con tu hijo como corresponde a una buena madre», pero desde el estado materno te puedes decir: «En este momento tengo ganas de acabar de leerme esto, jugaremos mañana», y el niño lo aceptará bien o no, pero estarán en armonía.

Una vez más, me parece que tenemos que preservar este espacio de igual importancia, dignidad y responsabilidad a cada miembro.

Exactamente, es desde el respeto a la Unidad Originaria que podemos separarnos, diferenciarnos, vincularnos, tener un lugar propio y crecer.

LA FAMILIA

L- Àngels trabaja con los equipos de diversos dispositivos de atención en la red de salud mental y en su despacho privado. En este espacio hace atención individual, familiar y grupal, además de utilizar el despacho como centro de reuniones, lugar de formación para hacer seminarios y espacio de intercambio y elaboración de pensamiento.

Conversando con ella sobre la profesión, me dijo que lo que encontraba más difícil de su tarea era el trabajo con las familias. Explicaba que eran las sesiones en las que había que arremangarse más y de las que a menudo salía agotada.

Por eso mismo, hemos decidido dedicarle un capítulo para entender qué pasa con la familia y por qué es tan compleja.

L- **Según tu manera de pensar, ¿dónde está el inicio de la familia?**

À- Se han producido muchos cambios en la manera de concebir lo que ahora llamamos «familia» a lo largo de la historia. Si hacemos un ejercicio de mirada panorámica rápida por el inicio, observamos que, desde el Neolítico, en el asentamiento, se van a ir creando condiciones para un mayor reconocimiento y diferenciación de los miembros en los grupos humanos. Después, en Occidente, vendrá el derecho romano para ordenar de algún modo elementos de filiación y paternidad y, más adelante, se irán desplegando aspectos legislativos que definen la familia como tal. En la mayoría de las sociedades, esta se ha puesto al servicio de la propiedad privada y los derechos sucesorios. Por otra parte, la madre, como sabemos, quedó durante muchos siglos fuera de lo jurídico, tal vez por la claridad de la maternidad frente a la paternidad. O porque las mujeres han sido ninguneadas a lo largo de la historia. En cualquier caso, sería interesante ver cómo se han creado comunidades, familias extensas, derechos de propiedad del primogénito, pero este asunto nos alejaría de lo que quiero tratar, aunque me parece interesante dejarlo apuntado.

El inicio, la organización y la cohesión de la familia se produce a partir del nacimiento y la crianza. En pleno siglo XXI, cada parto, cada relación y cada hijo se vive como en la prehistoria. Las emociones que suscita, los miedos y los vínculos son igual de intensos.

La familia da un lugar para cada uno y favorece el crecimiento de sus miembros.

¿Qué elementos entran en juego en esta creación de un lugar para el crecimiento de cada uno, en la organización familiar?

Para mí, son fundamentales los organizadores *Espacio* y *Tiempo*.

Siempre que consulta una familia, dedico un tiempo a pensar con ellos un tema importante a mí entender: las esferas de intimidad relacional.

Supongamos que se trata de una familia estándar de cuatro miembros. Con un papel y un lápiz en la mano, dibujo cuatro letras:

P Padre   **M Madre**

H1 Hija   **H2 Hijo**

Entonces les pregunto: ¿cuántos espacios de intimidad relacional piensan que se dan en esta familia?

Después de un pequeño desconcierto, y preguntas de a qué me refiero con el término, *intimidad relacional*, van haciendo sus cálculos en voz alta.

Después de sus propuestas, que escucho y recojo con atención, les digo que les quiero explicar mi idea:

4 esferas de 1 - cada uno consigo mismo

Si la madre está en el ordenador concentrada en lo que está haciendo y viene el padre preguntando por un tema, ella puede decir: «Un momento», acabar la frase que tenía a medias en el ordenador y después decirle: «Dime».

O el caso que, hay que salir a comprar, y la niña está jugando sola, entretenida y absorta. No es lo mismo que la madre vaya con la chaqueta y las llaves en la mano y coja a la niña diciendo: «Venga, vamos», que si le avisa un poco antes: «En cinco minutos, salimos». Aunque la niña también se pueda enfadar, hay un respeto que percibirá claramente, en el segundo caso, donde la madre comunica algo así como «Preservo y respeto que tienes un espacio de intimidad en el que estás jugando».

En ambos casos están operando estos dos organizadores.

6 esferas de intimidad de 2
Padre------------Madre   **esfera conyugal y parental**
Hija------------Hijo   **esfera fraterna**

```
Padre-------------Hija       esfera paternofilial
Padre-------------Hijo       esfera paternofilial
Madre------------Hija         esfera maternofilial
Madre------------Hijo        esfera maternofilial
```

La esfera entre padre y madre tiene dos tipos de vínculo: conyugal y parental. Son diferentes y ambos saben que el conyugal se puede romper, pero el parental estará vigente toda la vida.

Estas esferas a dos tienen su espacio particular con sus códigos, sus bromas, sus intereses comunes y su lenguaje íntimo.

4 esferas de intimidad de 3

```
Madre--------------Hija----------------Padre
Madre--------------Hijo----------------Padre
Madre--------------Hija----------------Hijo
Padre--------------Hija----------------Hijo
```

Ambos padres con cada uno de sus hijos por separado.
Ambos hijos con cada uno de sus padres por separado.

1 esfera de intimidad de 4 - todo el grupo familiar

```
Madre-----------Hija----------Hijo--------------Padre
```

En total se dan 15 esferas distintas de intimidad relacional.

Si solo hay un hijo se darían 7 esferas y si son tres hijos serían 31.

Son esferas virtuales, pero existen y funcionan. Se dan de manera natural y espontánea. Cada espacio de intimidad es distinto, depende del momento vital de todos y puede haberse desplegado más o menos y ser más o menos rico en intercambio.

No hablan de la misma forma dos hermanos cuando están solos, que cuando entra en juego la madre.

También en los grupos se dan estos funcionamientos. Si vas a saludar a tres amigas que están hablando, notas cuando te abren espacio: Acaban de hablar de lo suyo, la esfera se abre y te saludan.

Muchas veces, las familias a las que se lo planteo se sorprenden. Es importante pensar en términos de espacio y tiempo en la organización familiar y considerar y desarrollar todas las esferas relacionales distintas, manteniéndolas presentes y abiertas.

Si hablo con un hijo se crea un tipo de relación y, si viene otro hijo, se abrirá a tres y será diferente, con otro tipo de intimidad. Así, de un modo natural, se establece este fluir de relaciones en diferentes claves de intimidad. Son espacios virtuales, pero se perciben.

Saberlo y darse cuenta e identificar estos funcionamientos nos ayuda a ser más naturales y cuidadosos.

En la disfunción familiar, estos espacios de diferenciación pueden ser inexistentes. Todo se habla con todos sin diferenciar y atender espacios e intimidades distintos.

O en otros casos, puede ser por cierre de las esferas. Por ejemplo, un hijo que se confina en su habitación, sin relacionarse con los demás. O una relación madre-hija cerrada, que no permite el acceso a los demás miembros.

Estas esferas pueden ser más ricas y fluidas por intereses comunes y afinidades o estar apenas desplegadas, sin una relación natural y espontánea.

Si observamos todas las esferas relacionales que se pueden dar en una familia, nos damos cuenta de que la afirmación «Hemos criado igual a nuestros hijos» es imposible. Ni tú puedes criar a todos los hijos igual, ni ellos se dejarán criar igual.

Cuando dices que las esferas relacionales pueden producir, también, disfunción, ¿quieres decir que el trastorno mental puede nacer en el seno de la familia?

La situación que me planteas es importante y de alta complejidad. Creo que no se puede pensar el trastorno mental fuera del sistema familiar y comunitario. Por más que la familia de una persona con un trastorno mental grave sea adecuada, no podemos dejarla fuera del trabajo de recuperación de la salud. Entre todos tendremos que pensar sus relaciones y el tipo de vínculos que se dan entre ellos.

Si hacemos un trabajo individual con una persona, esta tendrá que hacerlo también con su familia «interna» y pensar cómo ha vivido estos vínculos. No podemos olvidar que la familia es un sistema en el que todo está conectado. Condiciona nuestro funcionamiento y la relación que establecemos con otros sistemas.

El malestar y la desorganización mental hay que trabajarlo respecto a la construcción que el paciente hace de su familia interna, en el caso del tratamiento individual, o con la familia externa en un abordaje familiar.

Me parece muy importante esta diferenciación entre familia interna y familia externa.

La familia interna es nuestra matriz y nuestro ecosistema de crecimiento. Desde el psicoanálisis, S. Freud, M. Klein, D. Meltzer[24], WR Bion y muchos otros, se ha ido construyendo un sistema de pensamiento para entender la mente humana donde se concibe la idea de «objetos internos».

Estos autores profundizan en el estudio de cómo incorporamos la experiencia de relación con los otros, cómo los situamos en nuestra mente, cómo nos relacionamos con ellos y cómo se relacionan entre ellos, en nuestro interior.

Es decir, ¿cómo es la madre que yo tengo en mi mente? ¿Cómo es la relación con cada hermano? ¿Cómo era mi padre, antes de fallecer?

Seguramente, cada uno de los hijos de esta familia tiene unos objetos internos diferentes (padre, madre, hermanos, abuelos, tíos, primos) aunque sea la misma familia, una construcción singular de cada uno. Además, no es estática, cada uno va rehaciendo a lo largo de su vida estos vínculos y crea nuevas narrativas. «Mi padre era un hombre muy rígido, pero, cuando tuve a mi hija, lo sentí de otra manera». Cuando hablan los hermanos, ya adultos, pueden ver a la madre de maneras diferentes o dispares. ¡Y ha sido la misma! Uno puede poner más énfasis en la discrepancia y las discusiones y otro en las afinidades y los buenos momentos.

El trabajo terapéutico individual consiste en encontrar nuevas narrativas más matizadas, a través de los recuerdos, los sueños, las experiencias actuales, donde el paciente puede reconstruir estas relaciones con sus objetos internos. Es a partir de este trabajo, lo que abrirá la posibilidad de transformar su relación con sus objetos externos.

¿Cuándo decides trabajar con la familia externa?

En los trastornos mentales graves que se dan en un miembro de la familia, también cuando se han producido situaciones traumáticas que afectan al grupo familiar, o en el caso de tratamiento de niños y adolescentes.

---

24 **Donald Meltzer** (1922-2004). Enseñó durante más de veinte años en Tavistock Clinic. Trabajó en colaboración estrecha con Wilfred Bion, Roger Money-Kyrle, Esther Bick y Martha Harris. Entre sus múltiples trabajos destacamos: *Exploración del autismo* (Paidós, 1984); *La Aprehensión de La Belleza,* (Genérico, 1990); y *Familia y comunidad* (Spatia, 1990), de Martha Harris, Donald Meltzer.

Has de tener presente que cuando la consulta es por una crisis grave de desorganización psicótica, si no tomas seriamente este trabajo con la familia, el paciente puede quedar atrapado. Atrapado y bloqueado en una situación en la que solo se plantea un diagnóstico, un tratamiento psicofarmacológico y visitas de seguimiento psiquiátrico.

El primer paso es convocarlos con convicción: «Ustedes pueden poner en marcha sus capacidades cooperativas para recuperar la salud y esto es vital en este momento».

Has de implicarte a fondo, ser muy cuidadosa y tener en cuenta la sensibilidad de todos los miembros. Tienes que transmitir que el trabajo lo hemos de hacer entre todos y que vamos a intentarlo. Has de ser perspicaz y ver dónde se acantona la resistencia al cambio. Es desde el dolor, el miedo, la incredulidad, el desconcierto, la confusión, que enferman los sistemas y enfermamos las personas. Nos desorganizamos y nos sentimos amenazadas y desamparadas.

Has de habértelas con todo esto.

Tienes que dejar claro que el espacio es para cuidarlos a todos. Y así poner a la totalidad del grupo a trabajar. Normalmente, es mejor que haya más de un profesional.

Es muy interesante, aprendemos mucho todos, es útil, pero es agotador.

¿Qué es lo que lo hace tan agotador este trabajo?

A partir de un momento determinado, se crean equilibrios en el sistema desde la premisa que hay un miembro enfermo. Es decir, el entorno se organiza alrededor de este enunciado y se establece un cierto equilibrio de fuerzas. Esto se perpetúa, se fija y hace mucho más complicada la reordenación de las cosas.

Hay todo un camino y un proceso que nos enferma, pero lo que dificulta la transformación, es cuando atribuimos a este momento un carácter permanente. En una crisis de carácter psicótico, la persona afectada puede vivir situaciones de sentirse amenazada, puede tener alucinaciones auditivas o visuales y puede necesitar construir un delirio para explicarse qué le está pasando. Hay una dificultad grande de discernir realidad interna, de realidad externa. Puede haber un aumento de la agresividad porque hay un sentimiento de amenaza, de conspiración o de desatención y de que los demás no le hacen caso. Toda esta alteración puede fraguarse en días o semanas, pero acostumbra a manifestarse abruptamente en pocas horas.

El impacto de esta situación dentro del sistema familiar produce mucho temor. ¿Qué está pasando?

Habitualmente se hace una intervención médica, psiquiátrica, que trata de parar el golpe. Tanto si la situación va a llevar a un ingreso psiquiátrico, como si se puede contener en la casa, requerirá casi siempre usar medicación. Esta sirve para atenuar el malestar, para sedar al paciente, o para paliar un insomnio, que casi invariablemente se ha instalado previo a la crisis.

Todo esto puede ser de ayuda, pero el problema es que, muchas veces, nos quedamos ahí. Se instala un diagnóstico que parece que nos da idea de que sabemos qué pasa. Se habla de un desarreglo de los neurotransmisores y se prescribe una medicación y un seguimiento. Si solo hacemos eso, probablemente, la situación tenderá a fijarse. Además, sabemos que la medicación también bloquea el pensamiento y la espontaneidad del paciente y puede provocar una tendencia al aislamiento y a una cierta enajenación, en el sentido de desconexión de uno mismo.

Imagino que hay otros modos de trabajar con las familias.

Hace unos treinta años en Laponia occidental (Finlandia) un psicólogo llamado Jaakko Seikkula[25] propuso, a partir de la experiencia en el Hospital Keropudas en Tornio, un modo nuevo de trabajo llamado «Diálogo Abierto».

Se trata de atender a la familia, a partir del momento de la crisis de forma inmediata, y crear un espacio llamado «Reunión de Tratamiento», donde están convocados todos los implicados alrededor de la persona que presenta la crisis. No solo la familia, sino aquellas personas más cercanas, una amiga o amigo u otros miembros de la comunidad próximos, que puedan ayudar a pensar qué les está pasando.

---

25 **Jaakko Seikkula** (1953) es profesor de psicoterapia de la Universidad de Jyväskylä. Psicólogo con más de cuatro décadas de experiencia. Siguiendo la estela del pionero Yrjö Alanen, creador del «tratamiento adaptado a las necesidades», el profesor Seikkula desarrolló a mediados de los ochenta la terapia de Diálogo Abierto con sus colegas del Hospital Keropudas en Tornio. Entre sus libros, destacamos *Diálogos abiertos y anticipaciones terapéuticas* y *Respetando la alteridad en el momento* (Herder, 2019).

En estos treinta años, los resultados, contrastados y publicados, son incomparablemente mejores que los obtenidos en el modo habitual de trabajo.

Sabemos que, si queda fijada la anomalía, se va a producir una acomodación de los miembros y va a ir en perjuicio de todos. Eso ocurrirá en lugar de poder aprovechar la crisis como oportunidad de plantearse qué cosas no están funcionando bien. Y tratar de pensar juntos modos nuevos de relación.

No es tan sencillo. Da mucho trabajo.

¿Crees que, a veces inconscientemente, la familia mantiene la idea de enfermedad?

Inconscientemente, podría ser que la familia y también el propio paciente, mantengan esta sujeción a la enfermedad, porque no saben cómo pensar lo que está pasando. Sería como cogerse a algo que duele y se rechaza, pero por otro lado tranquiliza. «Bueno, los médicos han puesto un diagnóstico, un nombre, a algo que no sabemos pensar».

La persona que ha sufrido la crisis o si lleva tiempo con un diagnóstico, medicado y fuera de juego en cuanto a las relaciones sociales, estudios, trabajo, también puede cogerse a la pseudoidentidad de enfermo mental.

«Estoy mal y no sé cómo salir de aquí. Pero no puedo imaginar cómo sería salir de aquí. No sé cómo ponerme bien porque no sé vivir de otro modo, no he aprendido a vivir de otra manera. Tengo mucho miedo. Si no estoy "enfermo", ¿qué se me exigirá?, ¿qué tendré que hacer?».

Los familiares han quedado golpeados por la crisis, y desde el estrés postraumático temen cualquier movimiento que pueda repetir una situación de fractura. «Si ahora está más tranquilo…».

Todos estos factores alimentan y mantienen fijada la atribución del trastorno a un tema de desarreglo de los neurotransmisores que conduce hacia la cronicidad.

Entonces se va a producir una reacomodación a la situación nueva, en que se fija la «enfermedad» en un miembro y se organiza el grupo con esa premisa.

Jorge García Badaracco describe el concepto de «interdependencias patógenas». Para describir los funcionamientos previos enfermantes y la fijación posterior de estos.

Entiendo que es diferente el trabajo con los adultos que con los niños en relación con la familia interna y externa.

El tratamiento de niños y niñas con malestar psíquico es un trabajo que básicamente se hace con los padres.

Es importante preservar al niño, no involucrarlo innecesariamente y ver a los padres, que son los que hacen la demanda de ayuda. A veces, naturalmente, habrá que trabajar con el niño, pero de entrada hay que ver a los padres.

En el caso de unos padres que ven al niño más irritable, que se enfada con facilidad, que no hace caso, que llora a menudo y que está inquieto, el primer trabajo sería ver cómo están ellos y qué cosas les preocupan y angustian. Cómo es su relación. Después, ayudarlos a pensar el clima emocional que se da en la casa y que fácilmente se atribuye al hijo. Esa tensión emocional, el niño la capta y va en aumento si no encontramos un transformador para disminuirla.

Puede haber padres que, a su vez, hayan sufrido en su infancia dificultades con su familia de origen. Aquello que no ha sido elaborado en su momento se reedita cuando encuentra una ocasión propicia. Los padres se ponen en contacto con su propia niñez a través de la relación con sus hijos pequeños.

Yo digo muchas veces, cuando trabajo en supervisión de casos de equipos de SM, que a menudo son los niños los que traen a los padres para que los ayudemos, aunque aparentemente son los padres los que consultan por sus hijos.

Si estamos atentos a todos estos procesos familiares, se puede hacer un trabajo que ayude a los padres a no tener que responder a la exigencia de ser unos padres ideales o tener un hijo ideal.

TRANSGENERACIONAL

L- En los últimos capítulos hemos pensado en la familia interna y la externa. La familia como expectativa deseada y como conjunto de esferas relacionales. También como lugar de desarrollo y crecimiento o como un lugar de disfunción, que nos puede enfermar.

Pero ¿de dónde viene cada familia? Hemos comentado que empieza con el bebé, pero cuando este llega, se encuentra en un lugar construido por generaciones y generaciones de antepasados.

Àngels, en su trabajo en la formación para psicoterapeutas, siempre nos hace dirigir la mirada hacia un concepto en el que ha trabajado, que es la herencia transgeneracional.

Según explica, aquello que han vivido nuestros antepasados traspasa inconscientemente de generación en generación, impregnando el pensamiento, las emociones y el comportamiento de las familias. Hay una herencia, un legado que se transmite y se configura en forma de mitos familiares.

Algunos de estos hechos que no han podido ser elaborados son un legado a resolver.

En el siguiente capítulo, trataremos de pensar en esta sopa mítica que es la herencia transgeneracional.

L- **¿Cuándo empezaste a dar uso a este concepto?**

À- No lo sé…, hace ya muchos años. Al principio de mi formación como psiquiatra, me interesaron los planteamientos de la antipsiquiatría de Laing y Cooper[26].

Cuando estudiaba si había componentes hereditarios en los trastornos mentales, desde la psiquiatría convencional, las conclusiones se reducían a planteamientos genéticos. Pero ¿la herencia solo se vehiculiza por el ADN? ¿Cómo se hereda la historia vivida en las generaciones anteriores como las guerras, las catástrofes a gran escala o las que suceden dentro de cada familia?

---

26 **David G. Cooper** (1931-1986) y **Ronald D. Laing** (1927-1989) fueron dos psiquiatras que, con sus publicaciones, se convirtieron en los mayores difusores de la antipsiquiatría. Destacamos su libro *Psiquiatría y antipsiquiatría* (1967).

Hay un reservorio de información que permanece inconsciente en el aparato psíquico colectivo de las tragedias, los dramas o los mitos de las generaciones precedentes.

Todos hemos recibido un legado de conocimiento de los humanos que nos precedieron. Ahora están muertos, pero sus ideas nos dan vida. Hablo de filósofos, pensadores, artistas, literatos, científicos y otros. Vivimos en esta sopa mítica heredada de los muertos. Y hablo de nuestros ancestros, padres, abuelas, abuelos, bisabuelos y más allá.

Por tanto, cuando hablamos de herencia, ¿no tiene que ser pensada solamente desde la genética?, ¿puede ser…?

¡Ancestral!

La idea de genética alude al origen. En el siglo XX hubo una investigación importante que nos llevó a la lectura y sentido de lo que es el ADN. El ADN o ácido desoxirribonucleico contiene la información genética. Se trata de dos polímeros en los que se engarzan cuatro aminoácidos (adenina, timina, citosina y guanina). Ahí se encuentra la información transgeneracional y las instrucciones de la singularidad de cada nuevo ser.

Si tendrá genitales masculinos o femeninos, si tenderá a ser alto o a ser bajo, si tendrá el cabello negro o rubio y el color de sus ojos…, todo esto y todo lo demás para crear un cuerpo completo.

También desde la genética, se ha podido estudiar la transmisión transgeneracional de determinadas enfermedades.

Claro, pero también somos fruto del ambiente, ¿no?

A lo largo del siglo XX se genera un debate, más enconado entre genetistas y ambientalistas.

La pregunta es ¿lo que nos sucede tiene que ver con una determinación innata desde nuestra genética o nos modula, y también determina el ambiente?

Los innatistas estarían más cerca del modelo biológico de la personalidad humana y sus trastornos, mientras que los ambientalistas estarían más cerca del modelo psicoanalítico o social. Este debate general es especialmente importante en el ámbito de la psiquiatría y la psicología.

A principios de siglo XXI adquiere resonancia lo que se denomina la epigenética. Esta ciencia investiga cómo las condiciones ambientales pueden modificar la expresión cromosómica en el genoma, a diferencia de la genética, que propone un comportamiento predecible según el genoma. Cuando hay cromosomas con determinadas alteraciones pueden producir enfermedades somáticas, o se anticipa una probabilidad de que esto suceda.

La epigenética se pregunta acerca de qué activa o inhibe esa expresión. Trata de explicar que el proceso depende de las condiciones que proporciona el medio en que se desarrolla la persona. Según sean esas condiciones se pueden activar o inhibir estas alteraciones cromosómicas.

¿La epigenética sería entonces la herencia transgeneracional?

No, son ideas distintas.

Hay una corriente de pensamiento desde la sociología, la historia, la antropología y la psicología, que presta atención a las repercusiones que a nivel colectivo tienen acontecimientos sociales tales como las catástrofes, las epidemias y, especialmente, las guerras. De qué manera los muertos, el genocidio, el horror y las hambrunas, quedan impregnando las generaciones futuras.

Qué legado, qué herencia, qué transmisión del sufrimiento humano llega a las generaciones posteriores. La idea es que hechos sucedidos hace cien años pueden estar expresándose en el momento actual.

La traición de un miembro a otro de la misma familia podría ser un ejemplo. Una denuncia que ha provocado un fusilamiento en la Guerra Civil. Una tragedia de este calibre en el seno de una familia no se puede procesar y elaborar inmediatamente. Requerirá de una transmisión transgeneracional para permitir una expresión del malestar, una transformación y una elaboración posterior.

Es posible que la primera generación, los que lo han vivido, guarde silencio. En la segunda generación pueden aparecer síntomas que serían equivalentes a manifestaciones, revelaciones, signos e indicios en un miembro de la familia. Actúa como una caja de resonancia emocional de algo que se halla en el inconsciente del grupo. Hay un ruido, el síntoma, que habla de algo que no se ha podido decodificar y que no se relaciona con nada de lo ocurrido. No se puede identificar cuál es el sentido del malestar que produce ese ruido. Quizá no es hasta la tercera generación, en la que aparece un miembro del grupo familiar que puede hacer de transcriptor o traductor de lo que está pasando.

Este relato parecería de ciencia-ficción, pero los estudios de memoria histórica, como la investigación llevada a cabo por Teresa Morandi y

Anna Miñarro[27], publicado en su libro *Trauma y Transmisión*, verifican que se repite este patrón. Nos explican que no es el tiempo transcurrido después de acontecimientos terribles lo que resuelve el sufrimiento. Se dará un transporte transgeneracional para tratar de encontrar un reconocimiento de estos hechos.

Puede parecer de ciencia-ficción, pero está claro que no es una transmisión mágica. Es a través de silencios, expresiones bizarras o maneras de abordar temas.

Dentro de las familias, nos damos cuenta de que hay temas de los cuales no se puede hablar. Son temas que rodean un secreto.

Alrededor de estos hechos traumáticos que se transmiten transgeneracionalmente hay un área de silencio y mudismo, una niebla de cosas que no se pueden pensar y se manifiesta como algo que necesita ser atendido.

Los hechos sucedidos demandan ser respetados. Si yo he matado a mi hermano, por mucho que nadie lo sepa, este hecho gravita sobre toda la familia porque ha sucedido y necesita ser reconocido. No podré devolverle la vida, pero sí que podré reconocerlo, pedir perdón por mi crimen y asumir las consecuencias. Si no lo puedo hacer, este campo gravitatorio del crimen traspasará a las siguientes generaciones.

Pierre Benghozy[28], habla de que es la vergüenza, la humillación, la ofensa y la traición dentro de las familias, aquello de más difícil elaboración. Especialmente si están ligados a incesto, suicidio y homicidio. Son cuestiones que aparecerán en generaciones posteriores. Lo harán de forma encriptada como un síntoma y necesitarán de un transcriptor que le pueda dar sentido a lo que está ocurriendo. También el escritor Wajdi Mouawad[29] habla de estas cuestiones en sus obras teatrales *Alma*, *Incendios* y *Cielos*.

---

27 Autoras de *Trauma y transmisión. Efectos de la Guerra del 36, la posguerra, la dictadura i la transición, en la subjetivitad de los ciudadanos* (Xoroi, 2012).

28 Paidopsiquiatra, psicoanalista. Presidente del Institut de Recherche en Psychanalyse du Couple et de la Famille, Francia.

29 **Wajdi Mouawad** (1968) es un escritor, actor y director de teatro canadiense, nacido en el seno de una familia libanesa cristiano-maronita. Sus padres huyeron de Líbano a París, Francia, en 1977 a causa de los conflictos civiles que asolaron el país hasta los años noventa del siglo XX. Cinco años más tarde, en 1983, se establecieron en Quebec.

Estamos hablando de la patología de los legados transgeneracionales dentro de las familias, pero también tendremos que hablar de los legados saludables que nos proporciona la familia. El talento, la fuerza, la creatividad, la capacidad cooperativa de acción y de lucha, nos hacen herederos de legados que nos ayudan en la construcción de nuestra identidad.

Me cuesta encontrar ejemplos concretos de lo que estamos hablando.

Te contaré una experiencia con una familia en un tratamiento de pocas sesiones, que ilustra de algún modo estas cuestiones.

Se trata de una familia formada por el padre, la madre y una hija de unos diez años. En la primera entrevista solo con los padres, me contaron que estaban muy preocupados porque la niña desde hacía unos meses sufría de terrores nocturnos y dificultades de conciliación del sueño. Cuando se dormía se despertaba aterrada con pesadillas y no quería volver a dormir. El contenido de las pesadillas era poco preciso. Algo o alguien que le quería hacer daño y que le daba mucho miedo.

Hice dos entrevistas con los tres, la niña y los padres. La hija era una niña inteligente y saludable, capaz de expresarse bien, un poco reservada para hablar del tema de los sueños, pero en los otros ámbitos, como la escuela y la relación con los compañeros y amigas, no parecía haber problemas importantes. Los padres no encontraban señales del origen del terror de la niña.

Les pedí a los padres verlos de nuevo solos y ahí exploré mejor la biografía de ambos. Los invité a hablar de cosas que pensasen que podrían tener relación con el tema que nos ocupaba. El padre, con dificultad, explicó que su padre lo maltrataba física y psicológicamente cuando era pequeño. Expuso diferentes momentos que le resultaron penosos de contar. La madre de la niña se sorprendió de la intensidad del sufrimiento de su marido, porque nunca lo había contado así, aunque ella sabía que su suegro era una persona rígida. El hombre habló del miedo y el terror que le suponía no saber qué pasaría cuando llegase su padre por la noche, porque su madre lo amenazaba con contarle lo mal que se había portado, lo cual aumentaba su desamparo.

Estuvo distanciado del padre en su juventud, pero a partir de que nació la niña se veían de tanto en tanto porque, al fin y al cabo, decía, era su abuelo.

Le pregunté si había compartido algo de esto con su hija. Me dijo que no. Para protegerla. Le propuse qué le parecería contarle a la niña, de manera cuidadosa, algo de este sufrimiento que él había tenido de niño, cuando era como ella. Me dijo que lo había pensado, pero no sabía cómo hacerlo. Les sugerí que podían hacerlo los tres y me pidieron poder tener esta conversación en una sesión conmigo.

En el siguiente encuentro vinieron los tres. La niña, perspicaz, estaba un poco reacia y le dije que habíamos estado hablando de cuando sus padres eran niños, especialmente de la infancia de su padre.

Este tomó la palabra y enseguida rompió a llorar. Entre sollozos, le contó algunos momentos de sufrimiento de su infancia en la relación con el abuelo.

La niña se puso muy nerviosa, como asustada, y me miraba con enfado y rabia. En un momento que comenté algo, me gritó, como en trance: «¡¡¡Para, para!!! ¡¡Para de hacerle esto a mi padre!! ¡¡Déjalo!! ¡¡Déjalo en paz!! ¡¡No le hagas esto!!». Me lo decía como si fuese yo la que en aquel momento estuviera maltratando a su padre. Como si yo fuese el abuelo. Al final de la sesión se fue enfadada conmigo y no quiso despedirse.

Al cabo de dos semanas, los volví a ver a los tres y habían podido hablar algo más del tema. Pero a partir de aquí, la niña no tuvo más terrores nocturnos. Unos meses más tarde tuve la última entrevista con los padres y finalizamos el trabajo.

Siguiendo la línea de transmisión transgeneracional, la niña estaba expresando con sus terrores nocturnos el miedo, el horror y la humillación que había sufrido su padre. Estaba dando voz a un dolor silenciado y atrapado en él. Cuando lo pudo expresar y dar sentido, desapareció el síntoma y se abrió la posibilidad de comunicación del padre con su propio niño atrapado en experiencias traumáticas, que podrían posteriormente encontrar transformaciones.

Me hacías pensar en las Madres de Mayo de Argentina. Cada jueves hacían una manifestación en la plaza. Decían los nombres de los desaparecidos y todas respondían «PRESENTE, PRESENTE, PRE-

SENTE» mientras daban vueltas en círculo. Hace cuarenta y tantos años… cada jueves.

Claro. Les ha pasado lo peor: desaparecidos. Porque si están muertos, es elaborable. Desaparecidos es inelaborable.

Si nos han matado a un ser querido podremos ir a la tumba y llorarlo ahí. Pero si está desaparecido, no sabemos si está vivo o muerto o, mejor dicho, no está ni vivo ni muerto. Cuando afirman PRESENTE, es un modo de dar vida, presencia al que no está. Ninguna figura legal ha notificado su muerte y está y no está, ha quedado en un limbo. Por eso, para no enloquecer, hay que decir «¡PRESENTE!».

GRUPO / KRUPPA

L- Mi tutora de prácticas de psicología me invitó a asistir a una supervisión de casos en el centro de salud mental conducida por una psiquiatra psicoanalista «especialista en grupos». Así fue como me presentó a Àngels y así fue como la conocí. Después de muchos años aprendiendo de su experiencia, he podido constatar como los grupos humanos son uno de los ejes centrales y fundamentales de su trabajo. Así pues, pensamos que era imprescindible dedicar el último capítulo de la primera dimensión a la reflexión general sobre el grupo e incluir, también, fragmentos explicativos del modo en que W. R. Bion piensa los funcionamientos básicos grupales.

L- **Cada vez que te dispones a hablar de grupos en seminarios, conferencias y formaciones, acostumbras a emplear los primeros minutos introductorios para ir a los orígenes.**

À- El grupo existe desde el origen de la humanidad, pero es un hecho curioso que la palabra «grupo», como tal, como abstracción, no se puso en uso general hasta el Renacimiento. Hasta entonces se nombraba las familias, los gremios, el ágora, la Junta, la Corte…, pero la abstracción del concepto «grupo» no se usaba o no existía como tal.

Buscando la raíz indoeuropea de la palabra encontré varias posibilidades de interpretación sobre su origen. La que me pareció más sugerente es la que deriva del germánico *kruppa*, que significa 'masa redondeada'. Se decía que, en la prehistoria, en el ágape común, cada miembro de la tribu tomaba una porción de la masa situada en el centro del lugar de encuentro y la redondeaba con sus manos, antes de comerla.

Me sugiere que en la idea de «grupo» está contenido un sentido de lo compartido, de lo común, del sentido de pertenencia, asociado a lo redondo, circular.

Por lo tanto, en este capítulo nos sentaremos en círculo, tomaremos un puñado de la masa de teorías sobre los grupos y la trabajaremos, la redondearemos y la pensaremos en grupo y para el grupo.

¡Eso es!

¿Cuándo empieza la noción de este concepto en los seres humanos?

En la situación prenatal estamos solos (si no tenemos un mellizo o un gemelo) y habitamos en un medio acuático, desarrollándonos en nuestra prehistoria. Esa soledad está presidida por un presentimiento de que hay algo más ahí fuera. Presiento a los otros por la vibración y el sonido. Pero será la salida al medio aéreo, en el nacimiento, la que me permitirá ingresar plenamente en el grupo.

Como hemos hablado desde la idea de Unidad Originaria, nuestra preconcepción es ya grupal. A tres. Inmediatamente, esta preconcepción a tres se amplía porque está dentro de otros grupos de pertenencia. Estos contextualizan al recién llegado, lo amparan, le dan sentido y abren nuevas esferas de relación, que van creando entre sí nuevas relaciones con otros grupos.

Por lo tanto, el cachorro humano nace en un grupo y su humanidad se fundamenta en la pertenencia al grupo. Es nuestra matriz de crecimiento extrauterino.

¿Hasta qué punto somos conscientes de la idea de pertenencia al grupo?

Como hemos explicado en el capítulo de «Separación» hay un trabajo que realiza el bebé para representar al ausente: la madre o el padre, cuando no están. Este trabajo de representación permite la creación de su mundo interno. Estará habitado por multitud de pequeños relatos e historias de relación entre unos y otros, en escenarios, lugares y hábitats distintos.

Es de una complejidad enorme. Piensa en los grupos que tienes más cerca. Por lo menos son diez. Familia de origen, familia extensa del padre, familia extensa de la madre, familia de tu pareja, tu propia familia, compañeros de la escuela primaria, compañeros de estudios secundarios o universidad, de tu equipo de vóley, colegas, compañeros de trabajo, comunidad de vecinos, y seguro que hay unos cuantos más. Piensa en todas las personas que los constituyen y las relaciones que tienes con cada uno. Ahora piensa en las relaciones que cada uno de ellos tienen con los otros miembros. Todas estas combinaciones, que son una construcción particular de cada uno, están desplegadas en tu mundo interno, que no es lo mismo que la realidad del mundo externo.

Del mismo modo que hemos diferenciado anteriormente entre familia interna y externa. No necesariamente tu representación de los miembros de un grupo y sus relaciones coincidirá con la representación que haga otro miembro de ese mismo grupo. Esta construcción de realidad interna, mundo interno, es una parte muy importante y básica del desarrollo humano.

Las personas creamos en nuestra mente, desde la salud y la capacidad de relación, un dispositivo con un procesador potente, para el desarrollo de «lo grupal».

Cada miembro tiene en su mente este dispositivo más o menos desplegado. Incluye elementos de detección, a modo de radar, de la actitud, movimiento y expresión corporal de todos y cada uno de los miembros. También la capacidad de captar el clima emocional de ese colectivo, las claves, las reglas del juego y la tensión o distensión.

Este dispositivo para la pertenencia y el saber estar en el grupo, muchas veces no se puede desplegar adecuadamente.

Yo lo represento así:

El despliegue del espacio de representación, que en términos informáticos diríamos que ocupa muchas gigas, puede verse perturbado o restringido. Se podría producir un procesamiento del dos (tú y yo), pero tener dificultades con el tres (yo, tú, él o ella). Ser tres implica quedar fuera de la relación entre los otros dos y esto puede entrañar dificultad. En lugar de sentirse como una liberación, se procesa como una exclusión. Las dificultades de procesamiento del tres llevarán a construir un dispositivo deficiente para la ampliación al cuatro, al cinco y al n.

Estas dificultades pueden ser capitales para su desarrollo social, primero en la escuela y luego en los grupos que tendrá que compartir.

Muchos de los pacientes que trato se quedan en casa, aislados, por las dificultades que sienten en el manejo de sus relaciones grupales. Sienten que no tienen su sitio en el grupo y lo viven como hostil y peligroso. Este sería el inicio de disfunciones grupales que podrían conducir al *bullying* y a otras dificultades relacionales.

Me pregunto cómo empezaste a pensar que el grupo tenía un gran potencial de aprendizaje y terapéutico.

Pienso que a nivel inconsciente todos captamos la fuerza y la potencia del grupo desde nuestra infancia. Todos hemos vivido la experiencia de lo que significa sentirse en un grupo de pertenencia. Sentirte que **eres** de ese grupo crea una emoción compartida fuerte.

Como cuando la familia está reunida y hay un buen clima emocional o cuando se organiza un reencuentro con los compañeros de escuela, antiguos colegas de un trabajo o del equipo de básquet. Estas son sensaciones que captamos desde niños y, a nivel inconsciente, las vamos incorporando. Es un entrenamiento. Vamos aprendiendo a saber cómo estar en nuestros grupos.

Cuando estaba de médico residente de psiquiatría en el Hospital de la Santa Creu i Sant Pau, inicié mi experiencia grupal como observadora de un grupo de pacientes ingresados por un trastorno grave al que se añadía un problema importante de alcoholismo. El grupo era conducido por dos colegas, Ricardo Ramos[30] y Jordi Marfà.

Más adelante fui afianzando la importancia del trabajo terapéutico en grupo cuando empecé a trabajar en un centro de salud mental y adicciones con María Martínez[31] y otros compañeros en Sabadell. Después, en el Centro de Salud Mental de Sant Andreu, seguí con este trabajo. Desde entonces, he trabajado siempre en grupos terapéuticos, tanto para el tratamiento de personas con problemas de ansiedad o depresión, como para personas con trastornos mentales graves. Pueden ser grupos de jóvenes, grupos de familiares y grupos multifamiliares.

Yo te conocí precisamente en una supervisión de trabajo grupal con el equipo de Sant Pere Claver[32]. No entendía que el grupo fuera tan importante. Nunca había imaginado que el trabajo grupal tenía

---

30 Psiquiatra. Profesor de la escuela de terapia familiar del hospital de Sant Pau.
31 Psicóloga y psicoterapeuta. Miembro fundador del Grup Alfa.
32 Centro de Salud Mental de Adultos en Sants- Montjuïc. Sant Pere Claver Fundació Sanitària.

esta capacidad de elaboración. Cuesta mucho entender que hay un pensamiento grupal, que trasciende al individual de cada uno, con el que se puede trabajar.

A mí también me pasó. Cuando estaba en formación en la clínica mental, el Dr. Joan Palet[33] nos propuso hacer un grupo a los médicos residentes. Palet decía que él era adicto a los grupos y necesitaba trabajar así. En las sesiones, él podía hacer un enunciado como «el grupo piensa…» o «el grupo siente…». Yo le preguntaba sobre esta cuestión porque se me hacía muy raro que tratase al grupo como una entidad pensante o sintiente y me costó mucho poder entender algo de todo esto.

El grupo no es la suma de los individuos que lo componen, sino que tiene una entidad que le trasciende. Cuando estamos en grupo se dan funcionamientos mentales distintos, que son grupales. ¡Me ha costado años y aún no lo entiendo del todo!

Captar esta dimensión de lo grupal cambia la manera de ver las cosas. ¿Cómo podemos transmitirlo? Cuesta mucho entender lo que sucede en el grupo si no tienes experiencia. Me recuerda cuando dices «Aquello que no tiene representación mental no se ve».

Bueno, parece que esto explicaría fenómenos como la falta de reacción de los indígenas americanos a la llegada de los colonizadores europeos. No podían entender una invasión por el mar porque nunca se había producido. También, en la Segunda Guerra Mundial, en Japón, no se pudo establecer una relación entre los bombardeos de Hiroshima y Nagasaki y el efecto de la radioactividad. Muchas personas fueron muriendo durante meses y años de cánceres rápidos y pasó mucho tiempo, años, hasta que se estableció una relación directa entre la radioactividad y el cáncer. Se necesitó mucho tiempo para identificar y entender qué había pasado. No se conocía, por tanto, no se veía. Lo que no se sabe no se ve.

Me di cuenta conscientemente de la fuerza e importancia de los grupos como instrumentos terapéuticos leyendo a W. R. Bion, en un seminario organizado por J. O. Esteve[34]. Nuestro maestro era un psicoanalista chileno y galés, llamado Jorge Thomas[35].

---

33 Psiquiatra que impulsó de manera pionera en Barcelona los tratamientos de grupo.
34 Psicoanalista de la Sociedad Española de Psicoanálisis.
35 Psicoanalista de la Sociedad Británica de Psicoanálisis. Durante los años 90 ejerció una gran influencia con su labor docente en Barcelona.

¿Podrías explicar algunas aportaciones fundamentales de Bion?

Wilfred Ruprecht Bion (Mathura, 1897 – Oxford, 1979), nacido en la India fue médico psiquiatra y psicoanalista. Entre muchas de sus contribuciones al psicoanálisis, creó una teorización sobre el funcionamiento de los grupos humanos. Vivió como soldado la Primera Guerra Mundial y como oficial médico en la segunda.

Durante la segunda guerra estuvo en el Hospital de Northfield, Inglaterra, atendiendo a los soldados con neurosis traumática, que habían sido dados de baja del frente. Allí puso en marcha un espacio de reunión para ellos. Más adelante escribió unos artículos sobre esta experiencia y, acabada la guerra, fue invitado por la Clínica Tavistock de Londres para poner en marcha una investigación de los funcionamientos grupales.

De niño, Bion, hijo de colonos británicos en la India, fue enviado con ocho años a un internado inglés, lejos de su familia. En esta experiencia, que él explica en un libro autobiográfico, cuenta que también jugaba en equipos de *rugby* y *waterpolo*. Quiero decir con esto que la vida en grupo para él fue vital desde muy pequeño.

En 1961 publicó el libro *Experiencias en grupo y otros papeles,* donde explica que los grupos humanos se organizan desde constelaciones emocionales inconscientes que llamó «basic assumptions», que fue traducido como «supuestos básicos».

¿En qué consisten los «supuestos básicos»?

W. R. Bion distingue tres supuestos básicos y deja abierta la posibilidad de que se puedan describir más. Precisamente, ahora estoy estudiando otros dos posibles supuestos.

Estos tres supuestos son:

SB de dependencia
SB de ataque/fuga
SB de apareamiento

A cada grupo de supuesto básico le corresponderá un tipo de líder.

Necesitaré ahora hacer una pequeña pausa para crear un escenario que nos ayude a comprender mejor estos conceptos:

Vayamos, como hemos hecho con el bebé, a los orígenes, a la prehistoria. Para comprender mejor la organización arcaica de un grupo necesito imaginar un espacio, una cueva, donde se encuentran reunidos en círculo un grupo de homínidos o de humanos muy primitivos hace un millón de años.

El supuesto básico de dependencia sería el funcionamiento emocional del grupo a partir del cual la pertenencia al mismo proporciona nutrición, compañía, identidad y amparo frente al mundo externo. Asegura la supervivencia de los miembros, la crianza de los cachorros, el descanso y la compañía.

El supuesto básico de ataque/fuga sería el clima emocional que se fragua dentro del grupo cuando aparece una amenaza. Podría ser un depredador que ronda por fuera u otro grupo enemigo. En ese momento, hay que asegurar la defensa grupal frente a la amenaza exterior. La estrategia sería ataque o fuga según se midan las fuerzas y el momento. Cuando el grupo siente que la amenaza procede de un miembro del propio grupo, habrá que proceder a la expulsión o al sacrificio del enemigo interno.

El supuesto básico de apareamiento sería la necesidad de asegurar la pervivencia del grupo en el futuro, de manera que emergerá en el grupo una relación a dos, consentida por el resto de los miembros. Esta pareja proveerá de ideas nuevas o nuevos cachorros para salvar el grupo y mantenerlo vivo.

Estas estructuras emocionales arcaicas estarían funcionando permanentemente y sobre ellas, el grupo crea otra estructura organizativa que Bion denomina «grupo de trabajo» o «grupo sofisticado».

El grupo de trabajo es una estructura más desarrollada, que es la que tiene encargada la tarea. Podemos pensar la tarea como la caza del mamut, la recogida de leña, la cría de los cachorros humanos o el abastecimiento de alimento.

Pensado desde ahora sería el mantenimiento de las ventas del equipo de *marketing* de una corporación, el programa educativo de una escuela o la promulgación de una ley en el Parlamento. Cualquier tarea que emprendemos diariamente y que requiere organización, toma de decisiones, priorización, anticipación y planificación.

El grupo de trabajo utilizará criterios «científicos» según las palabras de Bion. Usará su experiencia y usará también premisas de espacio/tiempo en la organización del trabajo, así como previsión, cálculo o anticipación. Encargará el liderazgo de la tarea a aquellos miembros más adecuados en cada momento, según lo que se necesite hacer. Cada miembro del grupo será reconocido en su singularidad.

¿Qué es lo que te ha aportado Bion con su teoría de grupos?

Esta visión de la organización emocional arcaica de los grupos explica, en parte, las dificultades que tenemos los humanos para llevar adelante los funcionamientos grupales.

Aunque Bion no lo explica así, sus observaciones posteriores respecto a la relación que existe entre los funcionamientos corporales, la psique individual y el grupo, deja entrever una cuestión. Parece que la organización del «cuerpo grupal» sigue de una manera cercana la organización neuroendocrina corporal humana.

Los supuestos ataque/fuga y dependencia siguen de cerca la organización del sistema nervioso autónomo, o sistema nervioso visceral, que es el encargado de regular los órganos y las vísceras internas. La frecuencia cardíaca, la tensión arterial, la frecuencia respiratoria, la movilidad intestinal y gástrica, la micción y muchos otros elementos.

Se distingue entre sistema simpático, que estaría encargado de activar el sistema de alerta frente a un peligro o amenaza, y el sistema parasimpático, que va a ir en sentido contrario, e invita al descanso, sueño y desconexión parcial de los estímulos externos.

Supongamos una situación de activación del sistema de alerta. Estamos reunidos en una habitación para hacer un seminario sobre ecología y medio ambiente. Somos un grupo de diez o quince personas en un clima distendido e interesados por el tema. De repente, se abre la puerta y entra un hombre amenazando con un arma. En ese momento, todos los miembros del grupo, de manera unánime y anónima, activan su reacción de alerta. El sistema simpático nos hará dar un salto de la silla y ponernos a resguardo, se dilatarán nuestras pupilas, el corazón latirá rápido y con más fuerza, se dilatarán los bronquios, por si hay que echar a correr y la adrenalina, procedente de las glándulas suprarrenales, inundará nuestro torrente sanguíneo. O nos mantendremos quietos, con toda la activación, preparados para el ataque o la defensa. Todo este sistema se activa en segundos.

Dentro de este supuesto, será muy diferente si el peligro está focalizado fuera del grupo, como en el ejemplo anterior, que si la sospecha de amenaza recae sobre uno o más miembros del propio grupo. Esta es quizá la situación que crea ansiedades paranoides más intensas, y se «resuelve» con lo que Bion denomina «chivo emisario» o «chivo expiatorio». De manera que el miembro sospechoso del grupo será condenado a la expulsión o al sacrificio.

La literatura, los relatos bíblicos y de otras religiones y también los mitos están llenos de estas narrativas. Lo que nos resulta más inquietante, a poco que nos paremos a pensar, es que estos funcionamientos son completamente actuales.

En el caso del supuesto básico de dependencia, estamos más cerca de la activación del sistema parasimpático. Este invita al descanso, a dormir, a soñar, a la alimentación compartida y al ágape común. Hay una confianza básica, en la que uno se encuentra seguro dentro de su grupo. Este supuesto incluye o corre paralelo a este sistema corporal, también arcaico, como se da en los lobos, los simios, los bancos de peces o las bandadas de pájaros. También sucede de forma unánime y anónima. Todos tenemos la experiencia de llegar al grupo familiar o a un encuentro de amigos. Hemos podido vivir en este clima de confianza.

En el supuesto de apareamiento, la idea es que todo el grupo participa de la expectativa de que una pareja, dos miembros del grupo, tengan un «aparte». Sea una conversación, una relación de la que puedan sobrevenir posibilidades nuevas, sea un nuevo cachorro humano o sean ideas nuevas que nos rescaten de las dificultades, de la aflicción y de la pérdida. En este supuesto, Bion prefigura lo que denomina «esperanza mesiánica», que nos salvará. El clima emocional del grupo tenderá a una cierta erotización, al humor, a las risas y a la confidencia. El grupo, inconscientemente, permite y potencia este funcionamiento. La sexualidad y el funcionamiento corporal neuroendocrino regirían también este supuesto básico compartido. Sería la búsqueda de algo nuevo, un miembro nuevo, una idea nueva, siempre con la esperanza prometedora de «lo que está por venir».

Todo lo que he descrito se da en un momento determinado en el grupo. Luego aparece otro supuesto. Son secuenciales, nunca simultáneos.

¿Cada supuesto tiene un líder que lo sustenta? ¿O cómo se organiza?

Cada uno de estos supuestos necesita un tipo de liderazgo diferente. El líder espontáneo de supuesto básico ataque/fuga tiene unas características bien diferentes del que liderará el supuesto básico de dependencia.

El primero estaría más en la línea de una personalidad más paranoide, con capacidad de acción rápida para el ataque o la fuga, presto a tomar el mando. El líder del SB de dependencia tendría una marcada personalidad capaz de proveer las necesidades de sus miembros, sean de comer, conversar, aprender, jugar o descansar. El liderazgo espontáneo del SB de apareamiento tendría que ver con la afinidad temporal de dos miembros (sea un hombre y una mujer, dos mujeres o dos hombres) para crear posibilidades nuevas para el grupo.

No es fácil resumir algunas de las consideraciones que se derivan de estos planteamientos. Una idea es que los humanos venimos dotados de serie con una capacidad de resonar a estos funcionamientos grupales básicos. No todos de la misma manera ni con la misma intensidad. Por esta razón, Bion, utiliza el término «valencia», que toma de la química.

Todos nosotros venimos dotados de una capacidad combinatoria con los SB, pero hay personas con una valencia más alta para el SB de ataque y fuga que para el SB de dependencia o al revés. Hay personas que se apuntan fácilmente a la revuelta, otras al aparte confidencial y otras a la restauración.

Esta mirada sobre los funcionamientos más primitivos del grupo creo que es imprescindible. Imprescindible para saber vivir en grupo, para comprender sus funcionamientos emocionales y los conflictos que se crean, que en muchas ocasiones son devastadores.

Bion se muestra optimista, a pesar de todo, respecto a la capacidad y la fuerza del grupo de trabajo, que sería capaz de soportar los embates de los funcionamientos primitivos.

Él dice que los humanos sobrevivimos gracias a la capacidad de trabajar de los grupos ante la tarea. Yo imagino el grupo de trabajo como una embarcación sobre un mar en movimiento, a veces tempestuoso, con las corrientes emocionales de los SB, pero que es capaz de llevarnos a puerto. Y lo hace porque el grupo ha desarrollado capacidades cooperativas y organizativas grandes para acometer una alta complejidad.

Será necesario que el lugar del liderazgo lo ocupe la tarea. La tarea es el trabajo que en cada momento el grupo ha de realizar para llevar adelante el cometido que le compromete. Habrá líderes del grupo de trabajo que tendrán características distintas de las que hemos descrito en el funcionamiento de SB.

Si hay que acometer la defensa de un grupo frente a un ataque, será necesario que el líder tenga, desde la tarea y en funcionamiento de grupo de trabajo, capacidad de acción y actitud paranoide. También será necesario que posea un buen discernimiento de lo que se requiere en un momento determinado, que pueda promover confianza y credibilidad en su grupo y que este le otorgue autoridad. Que sepa administrar liderazgos distintos según la tarea, los talentos y aptitudes de los diferentes miembros. Unos y otros tienen que organizar estrategias y tácticas, ser capaces de priorizar y tomar decisiones. Y, muy importante, sostener la moral del grupo.

Como queda claro, es preciso mucho más talento en el líder de la tarea que en la emergencia espontánea del líder de SB.

Es necesario que el que lidera el grupo sea consciente de las corrientes emocionales submarinas y sepa llevar la embarcación a buen puerto, junto con las personas adecuadas para cada tarea.

La organización, las coordenadas espacio/tiempo, el método científico de conocimiento de la realidad, la capacidad cooperativa, el respeto por la singularidad de cada miembro y aprender de la experiencia son algunas características de este funcionamiento como grupo de trabajo.

Me parece importante identificar que cuando el grupo de trabajo flaquea y cunde el desánimo, el conflicto o la frivolización, dificultando la marcha del trabajo, se trata de una comunicación de malestares básicos que será necesario atender.

¿Sería posible que el liderazgo del grupo de trabajo coincidiese con el de supuesto básico?

Bion, para ejemplificar el tema de los SB, describe cómo se han creado instituciones, corporaciones, multinacionales y pone ejemplos que nos ayudan a pensar en esta cuestión.

Plantea lo que denomina «grupos especializados de trabajo», para referirse a las características de determinados grupos que se construyen a partir de un SB dominante:

La Iglesia sería representante del SB de dependencia y la deidad sería la que nos proporcionaría todo aquello que necesitamos gracias a su omnipotencia y omnisciencia. La organización se creará sobre una estructura jerárquica de representación de la deidad.

El Ejército sería el representante del grupo especializado de trabajo del SB ataque/fuga, con una organización preparada para la defensa o el ataque y con una estructura muy jerarquizada.

La aristocracia, el tercer grupo especializado de trabajo que antes eran las monarquías y la nobleza, después Hollywood y ahora serían también las *celebrities*, como representantes del supuesto de apareamiento. Con un interés importante en las vicisitudes de emparejamiento y reproductivas, el número de hijos, cómo se llaman o qué hacen. Acaparan un lugar importante en los medios de comunicación y en el interés público.

Estos son algunos ejemplos para ilustrar el funcionamiento básico emocional de los grupos a gran escala.

Los conflictos étnicos, raciales, religiosos, las guerras, los genocidios y el expolio de la población a manos de los depredadores de las élites económicas son algunos ejemplos que nos deben ayudar a pensar con estas claves los funcionamientos de los grupos humanos.

Aclarar estos movimientos ayuda a pensar.

Yo creo que sí porque es difícil entender cómo funcionan los grupos humanos. Hemos de conocer y entender mejor la capacidad destructiva que poseen los grupos en su disfuncionamiento. Comprender los conflictos sociales como las guerras, que solo en el siglo XX mataron a más de cien millones de personas. Tenemos que pensarlo para enfrentar mejor los conflictos étnicos, la xenofobia, el estigma y muchas otras manifestaciones de las disfunciones grupales.

Si quieres trabajar en grupos, has de conocer algunas de estas ideas para resistir los embates de la emocionalidad grupal.

En el grupo familiar, ¿también estarían operando estos supuestos? ¿Cuál sería la tarea del grupo familiar?

La familia es un grupo de trabajo especializado en la protección y el crecimiento de todos sus miembros. No solo de los bebés, o de los hijos, sino de todos sus miembros. Naturalmente, como en cualquier otro grupo, se produce la emergencia de estos supuestos.

«Cualquier problema lo resolverá el padre. Él lo sabe todo. No te preocupes». «La mamá proveerá» (dependencia). «Las tías nos quieren robar la herencia del abuelo. Hay que poner una denuncia» (ataque/fuga). «Mi hija está embarazada y este nieto unirá de nuevo toda la familia» (apareamiento).

Y en los grupos terapéuticos, ¿cuál sería la tarea?

La tarea sería la constitución de un grupo de trabajo que aportase respeto, intimidad, comunicación e intercambio entre todos y cada uno de los miembros. El conocimiento de los propios funcionamientos mentales y la observación de la manera en que cada uno se expresa y relaciona en el grupo terapéutico. Es especialmente importante que este conocimiento permita una mayor capacidad para la relación que cada persona tiene con sus grupos externos, y que muy a menudo está alterada.

Imagino que hay muchos grupos que pueden resultar terapéuticos, sin que esa sea su finalidad.

Todos los grupos son potencialmente terapéuticos. Pero también potencialmente destructivos. Los grupos han existido siempre. Los humanos nos hemos reunido para compartir, disfrutar de un ágape común, tocar música, cantar y bailar. Nos reunimos para aprender. Nos reunimos para acompañar en los duelos y, sobre todo, nos reunimos para resolver cuestiones de la comunidad.

Esta existencia arcaica del funcionamiento grupal, hasta mediados del siglo XX, no se pudo pensar como una herramienta terapéutica. Jorge Thomas decía: «Los grupos matan», es decir, que la misma fuerza que tienen para promover amparo y crecimiento, puede utilizarse para causar daño sobre las personas, hasta el punto de que nos pueden matar.

Cuando decía esta aseveración extrema respecto a la potencialidad del grupo, no solo se refería al clima hostil que se puede crear hacia uno o varios miembros y la persecución que puede poner en marcha, sino a otro fenómeno, mucho menos evidente. Pero no por menos evidente es menos dañino.

Se refería a la capacidad que tiene el grupo para enfermarnos psíquica o somáticamente. Podemos decir que el grupo podría enloquecer o deprimir y crear unas condiciones que puedan enfermarte. Como una bajada de inmunidad que puede manifestarse como un cáncer o una infección, o una hipertensión, o una arritmia cardíaca. Cada uno puede enfermar según sus puntos más débiles.

Los primeros usos terapéuticos de grupo se sitúan a los inicios del siglo XX con Joseph Pratt[36], médico tisiólogo, en su balneario para enfermos tuberculosos. Propuso hacer grupos para hablar de las medidas higiénicas en la prevención del contagio, y se dio cuenta de que lo que más les interesaba a los y las pacientes era hablar de su situación, de cómo se sentían y escuchar a los otros. Se percató de que se daba un fe-

---

36 **Joseph Hersey Pratt** (1872-1956). Médico neumólogo que trabajó con pacientes tuberculosos y se convirtió en un referente histórico en el beneficio de los tratamientos grupales sobre la salud física de los pacientes.

nómeno grupal de acompañamiento e identificación, que permitía mejores evoluciones que las de otros pacientes que no tenían ese espacio.

Esto ocurría sobre 1905 y, a partir de ahí, se suceden muchas otras experiencias que van poniendo las bases a la idea de grupo terapéutico: Jane Addams, trabajadora social, en la construcción de espacios-casa para inmigrantes, niños, mujeres y hombres sin recursos. También Edward Lazell, psiquiatra, trabajando con soldados mutilados de la Gran Guerra y más tarde las reuniones de Alcohólicos Anónimos, que son grupos de carácter religioso y de ayuda mutua.

Todo este movimiento se pone en marcha entre las dos guerras y nos lleva a las experiencias de Northfield, durante la Segunda Guerra Mundial. Allí Bion y Foulkes[37] hacen desarrollos distintos sobre los funcionamientos grupales y su aplicación a los grupos terapéuticos.

¿Qué trabajas actualmente en tus grupos terapéuticos?

En primer lugar, se plantea el espacio como un lugar para poder conversar de las cosas de una manera espontánea. Las reglas del juego son el respeto y la confidencialidad. La tarea es poder pensar juntos y crear pensamiento nuevo.

Trato de llevar a los miembros del grupo a una tarea de observar, escuchar, hablar y describir sus experiencias, sus ocurrencias, sus recuerdos, sus sueños, o las cosas que les suscita el momento actual.

Pongo atención en el modo de describir cuál es su momento, cuál es su sufrimiento. Trato que el grupo sea un espacio de intimidad y, a momentos, un espacio de conflicto y de resolución de las diferencias, cuando estas se presentan. Que cada uno pueda percatarse de las diversas sensibilidades, de la manera en que cada uno se expresa y cómo aprender de la experiencia. Promover autoconocimiento y capacidad de observación para conocer las diferentes y múltiples maneras en que los humanos nos expresamos en grupo. Y también de qué modo nos acercamos a pensar nuestro sufrimiento, alegría, dolor, desánimo, cólera, rabia, o celos.

Iremos tejiendo, de esta manera, pensamiento nuevo acerca de cada cosa que se plantea, en lugar de repetir siempre el mismo modo de pensarlo. Se trata de crear nuevas narrativas para las cosas que nos suceden.

---

37 **Siegfried Heinrich Foulkes** (1898-1976). Fundador de la Sociedad Internacional de Grupo Análisis. Destacamos, Foulkes, S. H.; E. J. Anthony (1957). *Psicoterapia de grupo. El enfoque psicoanalítico.* (Cegaop Press, 2007).

Es todo un reto ver cómo la emergencia de una comunicación por parte de un miembro del grupo se pone en común y tratamos de pensarla juntos con una atención fina y observadora.

Lo que me sorprende más es que una reunión con un grupo de amigos pueda ser un espacio reparador que resuene durante días. A veces espero hablar las cosas en grupo para poder metabolizarlas mejor.

Hay muchas cosas que no podemos digerir solos, ni con otra persona. Necesitamos aparatos mentales ampliados que son los grupos, como estómagos para digerir según qué experiencias. El *aparato digestivo* grupal permite la transformación emocional de según qué contenidos. Nos ayuda a elaborar experiencias que, si no se comparten, son imposibles de soportar.

Lees tú solo un periódico y, ante algunas noticias trágicas, sientes que quedas impactado por el dolor, la indignación o la impotencia. Necesitas comentarlo con amigos, o colegas afines para amplificar la resonancia emocional y no quedar abrumado. Si no puedo hacerlo, se me hace muy difícil soportar tanto dolor y tanto horror.

Para tratar cuestiones como hechos históricos graves, las guerras, el nazismo, catástrofes o, por otro lado, proezas y maravillas, necesitamos del grupo.

Fíjate en la pintura, cuando se representan imágenes de nacimientos, muertes, milagros, enfermedades, siempre hay unos cuantos personajes rodeando la zona de tránsito. El grupo rodea al que está muriendo o al que acaba de nacer.

Los grupos juegan un papel fundamental en nuestro día a día, de la misma forma que en la historia de la humanidad desde la prehistoria.

SEGUNDA DIMENSIÓN: BIG DATA

À- Hace unos cinco años participé en unas jornadas de formación para profesionales del sistema sanitario. Estuvimos trabajando sobre la tecnología informática en salud y apareció el tema del Big Data aplicado a los estudios genéticos.

La definición de Big Data responde al nombre que reciben el conjunto de datos, procedimientos y aplicaciones informáticas que, por su volumen, su diferente naturaleza y la velocidad a la que han de ser procesadas, sobrepasan la capacidad de los sistemas informáticos habituales. Este procesamiento de datos se utiliza para detectar patrones, pudiendo hacer así predicciones válidas para la toma de decisiones.

En el caso que estábamos trabajando, se utilizaba este concepto para hablar de la cantidad de información de estudios genéticos, que condensan datos de familiares acerca de las enfermedades en la familia y elaboran previsiones sobre los trastornos que el paciente puede padecer.

Estuvimos comentando las características de este sistema y me vino una ocurrencia a la cabeza. Pensé que este gran volumen de almacenamiento de datos lo llevamos incorporado en nuestro sistema mente-cuerpo.

Fue entonces cuando desarrollé la idea de que llevamos incorporados, de serie, tres (o más) dispositivos prodigiosos en nuestro cuerpo: «realidad virtual», «máquina del tiempo» y «Big Data». Las dos primeras han estado recogidas y tratadas en la primera dimensión. Vamos ahora a adentrarnos en esta tercera fuente de conocimiento:

El Big Data podría ser, metafóricamente, el equivalente de lo que Freud describió como el inconsciente. El inconsciente sería este ultra-macroconjunto de datos que llevamos incorporados cada uno de nosotros. Incluiría todas las experiencias vividas desde el inicio. Desde que somos una célula y a lo largo de toda nuestra existencia.

Aún más: habría un Big Data colectivo que correspondería a la transmisión transgeneracional en las familias y la de los sucesos colectivos que denominamos memoria histórica, del que hemos hablado también en capítulos anteriores.

Realmente parece increíble. Yo no me lo podía creer.

Afortunadamente, en el inconsciente como en el Big Data, hay un tipo de almacenamiento/registro de los datos que selecciona aquello que es de interés en cada momento.

Por ejemplo, ahora mismo estoy oyendo muchos sonidos. El canto de los pájaros, el ruido de los coches, el ascensor. Mi mirada abarca un espacio en el que veo muchas cosas. El escritorio con papeles, libros, el polvo de la pantalla del ordenador. También huelo diferentes aromas. El café que se está haciendo, el guiso de la vecina del piso de abajo y una larguísima lista de sensaciones y percepciones que hago conscientes o no, según mi necesidad o interés de este momento.

Es decir, capto muchísimos datos sensoriales del exterior y de mi propio cuerpo. Tengo sueño, tengo hambre, tengo ganas de orinar, o siento que tengo una cierta contractura en el cuello. La mayor parte de todo lo que capto no lo hago consciente, especialmente si estoy focalizando mi atención en un asunto. Estos datos quedan almacenados a un nivel que llamamos inconsciente (en este caso sería preconsciente), a la espera de ser atendidos o desechados.

Pero ¿cómo se almacena, cómo se archiva, cómo se procesa, cómo se recupera, cómo se desecha, cómo se organiza…?

Una parte de este inconsciente estará en el cuerpo, como una memoria corporal, y otra parte estará en un dispositivo «nube de datos», que se parece a lo que denominamos Big Data.

Freud, en una primera descripción, habló de Consciente/Preconsciente/Inconsciente. Muchos años más tarde, añadió tres organizaciones internas que también gobiernan nuestra vida psíquica: el Yo, el Ello y el Super Yo.

El Yo, como organización que está al servicio de propiciar funcionamientos favorables, ejerce de filtro en la frontera consciente/inconsciente, tratando de regular este paso, según los requerimientos o las necesidades de cada momento.

Por ejemplo, vivo una experiencia, la grabo en mi memoria y, más tarde, la evoco en el recuerdo. El recuerdo no es exacto. Hay una distorsión de la realidad. Sobre los hechos sucedidos, se superponen otros elementos. Pongo más atención en aquello que me afecta, enfatizo unas cosas por encima de otras, y borro fragmentos que no me interesan. El Yo hace un trabajo de selección de los datos de mi Big Data y elabora un recuerdo que, a la vez, también será almacenado en mi Big Data.

Si mantengo una conversación con un amigo y me dice: «Iba a venir a verte, pero al final no pude», según el tono de voz, la relación previa, mi momento y mi sensibilidad, oiré, guardaré y recordaré una expresión de afecto y dificultad o una excusa para justificarse.

Pensemos en la novela negra o en las series policíacas. Por ejemplo, ha habido un accidente de tráfico y los servicios de investigación interrogan a un testigo:

Policía: ¿Qué hacía usted en el momento de los hechos?

Testigo: Paseaba al perro, oí un ruido… como de frenos, levanté la vista y vi como los dos coches chocaban. Corrí hasta allí a ver qué había pasado y ayudé a la chica del coche blanco a salir, porque estaba atrapada dentro.

Este es el primer recuerdo del testigo. Corresponde a una primera selección que ha hecho de los datos que ha almacenado.

Policía: ¿Podría intentar darnos más detalles? Procure ser lo más preciso que pueda. Cualquier cosa que recuerde nos puede ayudar. Tómese su tiempo.

Testigo: Recuerdo que hacía frío, iba muy abrigado y había un poco de niebla… Ahora que pienso… ¡¡¡Vi una luz roja!!! ¡La chica venía por la izquierda y el otro coche se debió saltar el semáforo! ¡Ahora lo recuerdo! Cuando fui a buscar a la chica, oí unos pasos… Ella estaba muy débil y señalaba al del coche azul. Creo que me quería decir algo…

El testigo procura rescatar información, más allá del primer recuerdo, y poco a poco va evocando imágenes, sonidos, impresiones que han quedado en su preconsciente.

Dependiendo del momento, haremos una construcción u otra, que puede ser ligeramente distinta, pero clave para el discernimiento de los hechos. La composición del recuerdo del accidente será diferente si ha muerto alguien, si no ha habido daños de gravedad, si el testigo había sufrido un accidente con anterioridad, si conoce a los accidentados y muchas otras variables.

Hasta aquí he hablado de temas que pueden tener que ver con experiencias que van al preconsciente y luego se almacenan en el inconsciente. Pero hay experiencias que tienen un carácter traumático, que no podemos recuperar en el recuerdo y que aparecen de modo encubierto como síntomas.

Estamos permanentemente habitando este Big Data personal y tratando de administrarlo de un modo saludable. En esta dimensión nos adentraremos en él.

L- La infinidad de información que podemos llegar a procesar y almacenar nos pareció fascinante y creímos interesante hacer un viaje por las ideas que fundamentan y nutren el **Big Data** del libro.

Como es evidente, los datos que transmitimos aquí han sufrido un filtrado importante y unos procesos muy complejos de conexión de ideas procedentes de diversas disciplinas. Pero en el fondo hay un sustrato desde donde enraízan muchos de los conceptos aquí expuestos, que provienen del psicoanálisis.

Fue, precisamente, Sigmund Freud quien abrió las puertas de este gran dispositivo de almacenaje y registro, que él llamó «inconsciente». Sus descubrimientos y trabajos nos han servido de guía y de luz para explorar las entrañas de este espacio de la mente tan complejo. Es por eso que, en esta dimensión, viajaremos a finales del siglo XIX para presenciar el nacimiento del *Psicoanálisis*.

Después de navegar por los descubrimientos de Freud, nos detendremos en un lugar muy importante: la membrana, el espacio divisorio entre *Consciente e Inconsciente*. Investigaremos cómo funciona y el porqué de su existencia.

Estudiaremos una metodología de procesamiento de datos que nos ha permitido fabricar pensamiento e ideas nuevas: la observación. Concretamente el *Método de observación de bebés*.

Y, finalmente, entraremos en el Big Data más grande que tenemos: nuestro cuerpo en su totalidad. Abriremos una puerta a un nuevo terreno de conocimiento, venido desde oriente: *El Seitai*. Fluiremos con sus enseñanzas del movimiento espontáneo para poder hacernos cargo de nuestro cuerpo vivo, vibrante y pensante.

Después de este recorrido por estos grandes almacenes de datos de nuestra mente, nos atreveremos a acercarnos a la tercera dimensión: *Los agujeros negros*.

EL PSICOANÁLISIS

L- Después de estos capítulos introductorios sobre la llegada del bebé a la historia, hacemos una inmersión teórica que nos ayude a comprender mejor la base de las relaciones que establecemos los humanos.

Siguiendo el título de la dimensión, haremos un recorrido por la obra de Freud que nos ayude a relacionar los conceptos mente / psicoanálisis / Big Data. Dada la formación de Àngels como psicoanalista nos adentraremos en este marco teórico para comprenderlo mejor. Se trataría de hacer un pequeño esbozo sobre su visión de los principios del psicoanálisis, sin ánimo exhaustivo.

Os animamos a que os atreváis. Muchos conceptos os sonarán y trataremos de explicarlo como si fuésemos de paseo por la Viena de Freud. Dejaos llevar por este viaje por el tiempo y el inconsciente.

L- **Para aquellas personas que no estamos especializadas en la materia, el psicoanálisis se convierte en un campo que genera curiosidad y, al mismo tiempo, despierta muchas dudas. ¿Complejo de Edipo? ¿Fase anal? ¿Todo empieza en la infancia? ¿Todo tiene que ver con la sexualidad? A veces puede quedar como algo extraño y alejado con lo que nos cuesta conectar.**

À- Para acercarnos al psicoanálisis, hay que ir a sus inicios, contextualizar dónde, cómo y cuándo emergió y tener en cuenta que ha habido una larga y fértil evolución hasta hoy, desde los descubrimientos de Freud.

Sigmund Freud nació en Friburgo (Moravia, actual República Checa) en 1856, dentro de lo que fue el Imperio austrohúngaro unos años después. Fue el primer hijo del segundo matrimonio de su padre después de enviudar. Del primer matrimonio de su padre tenía dos hermanos mayores y, detrás de él, nacieron siete hermanos. El hermano que lo seguía murió en la primera infancia. A los tres años, su familia emigró a Viena donde creció y vivió hasta un año antes de su muerte en 1939. Murió en Londres, donde tuvo que refugiarse perseguido por el régimen nazi.

En el contexto general, nos encontramos a finales del siglo XIX en plena revolución industrial y con descubrimientos importantes sobre magnetismo y electromagnetismo como fuerzas no visibles que están en juego y operan sobre la realidad. La hipnosis está promoviendo posibilidades terapéuticas y al mismo tiempo hay una verdadera revolución en esta época de finales del siglo XIX y principios del XX: El cinematógrafo, el gramófono, el teléfono y el automóvil son algunos ejemplos.

En medio de todos estos cambios, situamos la figura del Dr. Sigmund Freud, neurólogo.

Freud había iniciado su consulta con pacientes con dificultades emocionales que implicaban mucha participación corporal. Cuadros abigarrados, que ahora llamaríamos fibromialgia, estados disociativos, parálisis histéricas, cuadros convulsivos o pérdidas de conciencia.

Las dificultades en hacer frente a los desafíos que suponía ayudar a sus pacientes lo llevaron a viajar mediante una beca a la Clínica Salpetrière de París, para asistir a las lecciones magistrales del Dr. Jean-Martin Charcot[38].

Charcot era neurólogo, profesor de Anatomía Patológica y catedrático en Enfermedades del «Sistema Nervioso».

Allí se le desveló un misterio. Charcot se encontraba delante de un grupo expectante de médicos, estudiantes y científicos en una sesión clínica. Hacía pasar a una paciente con una parálisis total de una mano. Explicaba que esta parálisis llevaba meses de duración y no se podía explicar desde un punto de vista neurológico.

Iniciaba la sesión induciéndola a un estado de hipnosis y, en ese estado, sugería a la paciente, que cuando despertase podría mover la mano.

Ante la mirada atónita de los asistentes, una vez salida del trance hipnótico, la paciente podía mover la mano. La primera sorprendida era ella misma. El pintor Pierre André Brouillet plasmó la intensidad de esta experiencia en el cuadro *Lección clínica en la Salpetrière* en 1877.

Estas experiencias, vistas y vividas por Freud, le hicieron evidente que había otro estado de la mente, donde las cosas funcionaban de manera diferente y que operaban en paralelo al funcionamiento consciente.

Aquel encuentro con Charcot, trabajando varios meses con él y asistiendo a sus sesiones clínicas, llamó poderosamente la atención de Freud y fue fundamental, pues lo llevó a la exploración de aquel estado de la mente y a la descripción de lo que llamó «inconsciente».

---

38 **Jean-Martin Charcot** (1825-1893). Se le considera fundador de la neurología moderna junto a G. Duchenne.

Por supuesto que las parálisis histéricas no se curaban con la hipnosis. El efecto duraba un tiempo. Pero se abría una puerta de investigación de un lugar que aún hoy día conocemos poco y en el que habitamos.

Es sorprendente que Freud se dedicara a estudiarlo desde la perspectiva científica, ya que, tratándose de la hipnosis, podía haber ido hacia una mirada más mágica o religiosa.

Sí, pero Freud era neurólogo y usó el método deductivo-científico de una manera radical, tratando de dar respuesta a los interrogantes que estos fenómenos abrían.

Estudió cómo las experiencias traumáticas —inicialmente se centró sobre todo en las sexuales, que no se han podido elaborar, pensar o comunicar—, quedan alojadas en el inconsciente. Teorizó cómo esta experiencia, atrapada en un tiempo detenido, pugna por expresarse y ser reconocida. Y cómo se manifiesta a través de los síntomas, tales como parálisis, dolores, ansiedad, fobias, contracturas y otras manifestaciones.

El inconsciente profundo es inaccesible de forma directa, por tanto, Freud investigó las vías de expresión sintomática para poder acceder a él. Y no solo encontró síntomas, sino que amplió las posibilidades de acceso al inconsciente, a través de los actos fallidos, *lapsus linguae*, el humor y sobre todo los sueños, a los que llamó la vía regia al inconsciente. Nadie más que él hasta entonces había hecho este trabajo.

En la antigüedad ya había interés por el significado de los sueños. Se conservan escritos sobre Oniromancia desde hace 3800 años. Pero nunca tomaron la sistematización con la cual Freud obtuvo un acceso y un sentido que lo llevaron a lo que llamó «inconsciente».

¿Todos estos descubrimientos los hacía en el trabajo con sus pacientes?

Los hacía con sus pacientes, pero, especialmente, trabajando con él mismo. La muerte de su padre propició una situación personal para Freud, que lo impulsó a empezar su autoanálisis, a través de la exploración y estudio sistemático de sus sueños. De esta forma recuperaba y descubría su realidad interna a través de los sueños y de los recuerdos infantiles, que estos suscitaban.

Por otro lado, en el trabajo con sus pacientes iba descubriendo la relación de los traumatismos sexuales con la patología.

Al mismo tiempo, descubría la organización de la sexualidad infantil. Estos trabajos fueron recibidos con muestras de escándalo dentro del contexto social y cultural de la época y dentro de las organizaciones médicas. Resultaba impensable dar tanta importancia a la sexualidad en una sociedad con una represión importante y donde era inconcebible que los niños pudiesen tener una sexualidad activa.

Me imagino que el «Complejo de Edipo» fue uno de los escándalos. ¿Cómo llegó a esta teoría?

El padre de Sigmund Freud era de familia judía, vendedor de lanas, y como hemos mencionado antes tuvo diez hijos, dos de su primer matrimonio. Tras enviudar volvió a casarse con Amalia, mucho más joven que él. De este segundo matrimonio, nacieron ocho hijos, de los que Sigmund era el mayor.

En su autoanálisis, después de la muerte del padre, Freud se descubre como un niño que tenía un lazo afectivo muy importante con su madre, intenso y con un gran deseo de exclusividad.

Descubre también sentimientos de hostilidad fuerte hacia el padre, propiciado por su deseo de ser el centro de atención de la madre.

Este trabajo de autoconocimiento, lo vincula Freud con el mito edípico. Freud era un hombre culto, conocía bien los clásicos griegos y le interesaba mucho la literatura. Con diecisiete años se empeñó en aprender castellano de forma autodidacta, junto con su amigo Eduard Silberstein y crearon la secreta Academia Castellana, donde tomaron los seudónimos de Escipión y Berganza, los nombres de los dos perros del *Coloquio de los perros,* de, como decía él, «el gran Cervantes», para poder leer en versión original *El Quijote.*

Encontró en la mitología una base narrativa de lo que es colectivo y universal.

Vamos al mito de Edipo Rey de Sófocles. Es importante que podamos detenernos un momento para hacer un pequeño esbozo a los acontecimientos previos de los hechos narrados, remarcando algunas situaciones que me parecen relevantes. Aquí añado algunos aspectos recogidos de otras versiones clásicas del mito:

Layo, el padre de Edipo, en su juventud raptó al príncipe Crisipo para tener una aventura amorosa. El padre del príncipe, el rey Pélope de Pisa, al saberlo se indignó y pidió ayuda a Hera, la esposa de Zeus, que le prometió hacer justicia.

Tiempo después, Layo consulta al Oráculo y este le advierte del peligro que le amenaza: cuando tenga un hijo, este lo matará.

Años más tarde Layo se convierte en el rey de Tebas, se desposa con Yocasta y atemorizado por las advertencias del Oráculo, rechaza la posibilidad de tener hijos. Yocasta, que sí desea tener descendencia, una noche embriaga a Layo y mantienen una relación sexual quedando embarazada de un niño.

Al nacer, Layo decide que hay que matarlo. Yocasta da su consentimiento y llaman a un criado para que se lleve al bosque al recién nacido y lo mate. El criado, apiadándose del niño, en lugar de matarlo lo cuelga de los pies en la rama de un árbol y lo abandona.

Un pastor de Corinto pasa por el bosque y, al ver al bebé, lo rescata y lo lleva a sus reyes, que no han podido tener descendencia. Le dan como nombre Edipo, que significa «el de los pies hinchados».

Edipo se cría con los reyes en Corinto, ignorante de los hechos relativos a su nacimiento. Pasan los años y, siendo un joven, consulta al Oráculo y este profetiza que ocurrirán desgracias. Matará a su padre y engendrará hijos con su madre.

Horrorizado, y queriendo proteger a sus padres de aquella funesta profecía, decide salir de Corinto y emprender el camino hacia Tebas.

Sale de Corinto y en el camino se enfrenta a un hombre que con su carruaje le impide el paso. Ambos, decididos a seguir su camino, luchan a muerte y Edipo vence, ignorante de que el hombre al que ha matado es Layo, rey de Tebas.

A la entrada a la ciudad de Tebas encuentra un nuevo obstáculo. La Esfinge, monstruo con cuerpo de león y rostro de mujer, que lo somete a un enigma. Si no lo sabe responder, lo matará, como hacía a todos los jóvenes que pretendían entrar en la ciudad.

Edipo se enfrenta al enigma mortal que le plantea la esfinge:

«¿Qué animal es el que camina con cuatro patas por la mañana, con dos patas al mediodía y con tres por la tarde?».

Edipo respondió: «El hombre».

La Esfinge rugiendo, frente a la respuesta de Edipo, se precipitó por un barranco. De esta manera, Edipo salvó su vida y liberó la ciudad del monstruo.

Este hecho propició que fuese recibido como un héroe y se le otorgara la recompensa de desposarse con la reina de Tebas, Yocasta, que había enviudado recientemente de su esposo Layo. Con su esposa tuvieron cuatro hijos.

En realidad, Edipo Rey de Sófocles se inicia cuando, muchos años después, la peste se abate sobre Tebas y Edipo, que es el rey, solicita a

Creonte ayuda para combatir las plagas y la muerte de muchos tebanos. Creonte llama a Tiresias, un adivino ciego que revela todos los acontecimientos anteriores a la muerte de Layo y también el incesto entre Edipo y Yocasta. La tragedia está anunciada: Yocasta se ahorca y Edipo, desde la desesperación, se ciega con la aguja que sostiene las ropas de su madre. Estos hechos son el prólogo del exilio de Edipo.

Sigmund Freud afirma radicalmente que el mito que escribió Sófocles habita en todos los seres humanos. Es un mito universal, que de modo inconsciente está en todos nosotros.

¿Entonces Freud buscó en el mito una razón para pensar la sexualidad humana?

Sí, el mito y su autoanálisis le permitieron ponerse en contacto con una serie de ideas.

En el niño, se mueven sentimientos encontrados. Por un lado, el deseo de ser el único objeto de atención y deseo de la madre y el temor a ser castigado por el padre, y por otro, el amor por el padre. El dilema está entre si hay que matar al padre y sucumbir al deseo exponiéndose así al castigo de la castración, o acatar la prohibición del incesto, la ley del padre y renunciar al deseo de aparejarse con la madre, procurándose otras salidas.

La opción que promueve crecimiento sería la renuncia a la aspiración hacia la madre y la identificación con el padre. Es una renuncia temporal para después buscar otra mujer, que no sea la madre, con la que poder tener sus propios hijos.

Freud explica que hay dos razones para que el niño renuncie a sus aspiraciones hacia la madre. Por una parte, por el temor al castigo paterno que denomina ansiedad de castración y, por otro lado, por el amor hacia su padre. Esta renuncia la denomina superación del complejo de Edipo y comporta la capacidad de identificarse con el padre.

Respecto a la niña, propone otro desarrollo:

La niña compite con la madre para emparejarse con el padre. De hecho, en el juego infantil, muchas niñas dicen que se casarán con su padre. Pero, según Freud, la relación privilegiada inicial con la madre protege el vínculo. De manera que no tiene la rotundidad de la hostilidad del niño con el padre. En la niña hay más ambivalencia y se preserva el vínculo mejor, porque el amor hacia la madre se ha instalado de manera muy precoz.

Con la niña no le servía la teoría de la castración simbólica porque, según él, las niñas ya han experimentado la ausencia de pene como una castración y propuso una manera de pensarlo, que no le satisfizo. Llamó «envidia del pene» al sentimiento de las niñas sobre la diferencia genital con los niños. «Pene» sería pensado como símbolo de poder.

El amor por la madre determinará la renuncia al padre, junto con la promesa de que tendrá bebés con otro hombre que la restituirá de la pérdida del pene. Los hijos le restituirán aquello de lo que ha sido privada. Hay un elemento de identificación con la madre, en tanto que «Yo seré capaz, también, de tener bebés».

Hasta aquí y muy esquemáticamente, sería un intento de describir cómo piensa Freud el Edipo en los niños.

Yo no trabajo con estos parámetros, pero me parece importante conocer profundamente esta aportación porque hay algo esencial que nos atañe.

Supongo que lo hemos de entender como un sentimiento inconsciente y que Freud se cogía a los símbolos para explicar algo que está operando en nosotros, sin que lo percibamos. Si lo tomamos al pie de la letra, genera un cierto rechazo.

Ahora podríamos pensarlo de otras maneras, pero me parece importante la formulación freudiana y sé que nos cuesta aceptarla. Pero hemos de ser capaces de acercarnos a lo más temible de los humanos.

La fantasía de matar al padre y emparejarse con la madre, o al revés en la niña, es inconsciente. Ni tan solo está formulado así, pero desde la concepción freudiana forma parte del inconsciente.

No podemos pensar la realidad solo como aquello externo que podemos ver y tocar. La fantasía es la realidad del mundo interno, que también es real. Nos condiciona, lo habitamos, vivimos, disfrutamos y padecemos.

Es importante esta diferencia entre realidad interna y externa porque nos cuesta aceptar que lo que pensamos y sentimos es real. Es otra realidad, diferente de la externa, pero he de saber reconocerla como mi realidad interna. Cuando alguien te dice: «¿Esto qué te sugiere?» está presuponiendo que yo tengo un mundo interno donde se procesan las cosas de manera singular y distinta.

Por tanto, según el psicoanálisis, ¿la relación a tres del complejo de Edipo es la base de cómo se procesan las relaciones posteriores?

Freud lo explica como organizador del crecimiento y la sexualidad. Un organizador individual, familiar y social.

El incesto está prohibido. Esta ley es un gran organizador. Cada cachorro humano, cada niño, cada individuo, aprenderá a organizar su pulsión desde esta primera norma.

Freud habla del triángulo edípico donde el padre, la madre y el hijo se sitúan en los vértices. Desde la Observación de Bebés se habla de la Unidad Originaria, representada por un círculo. Desde la perspectiva edípica se plantea una situación de conflicto, «O tú o yo», mientras que desde la Unidad Originaria se plantea también como una situación de armonía, «Tú me das lugar a mí, y yo te doy lugar a ti».

Según mi punto de vista, es necesario tener en cuenta ambos planteamientos. No se puede dar una relación familiar saludable si no puede albergar conflicto, discrepancia, diferenciación, ni si no pueden darse momentos de armonía.

Por otra parte, tanto la relación triangular, como la circular, serían el núcleo de la preconcepción del bebé, tal y como hemos descrito en el capítulo de «La unidad originaria». Se crearán muchas relaciones nuevas, que nos ayudarán a salir del tres. Los hermanos, los abuelos, los tíos y los primos son relaciones importantes, que aumentan la complejidad relacional y nos ofrecen otras posibilidades que nos alivian. Freud trata muy poco estos otros vínculos.

La relación fraterna es muy importante a nivel humano y social. Suaviza, amplia dando más espacio que la relación con los padres. Será la base de la cooperación, de la relación entre iguales y de la fraternidad humana. A los niños que tienen hermanos les es más fácil, en general, la resolución de la situación edípica.

Todos estos espacios, deseos y fantasías forman parte del inconsciente. ¿Cómo lo podemos imaginar? ¿Cómo lo estructuró Freud?

Desde mi punto de vista, la aportación más trascendente de la obra de Freud es el concepto y la visión de inconsciente.

Para tratar de hacer inteligible su obra, es importante verla en perspectiva. A lo largo de los años, va construyendo estructuras teóricas que le permiten una comprensión de la complejidad de la mente y del procesamiento de las emociones. Necesita hacer frente a los desafíos que le suponen el sufrimiento y las dificultades que le plantean sus pacientes. En toda su obra sigue de cerca cada comunicación, el modo, el momento, la asociación, el tono de voz y la forma dialógica en que se establece la relación paciente-analista. Sus pacientes le comunican, a través de lo que llamó «asociación libre», el discurrir de su pensamiento, sus ocurrencias, sus asociaciones inesperadas, sus recuerdos y sus sueños.

Todo esto, que él sigue muy de cerca, va a permitir esta construcción monumental de la mente humana. *A posteriori*, él mismo y después los estudiosos de la obra de Freud han ido categorizando diferentes dimensiones, que iremos describiendo a continuación.

¿Cómo es esta sistematización posterior que se ha hecho de sus descubrimientos?

La obra de Freud es muy extensa, y trataré de hacer un destilado de algunas ideas que me parecen fundamentales, para el propósito de este trabajo de divulgación.

En sus primeros trabajos, *Estudios sobre la Histeria* (1895) y *La interpretación de los sueños* (1900) trata de ubicar el lugar, el espacio y el modo desde donde se procesan las emociones.

Estas descripciones formarán parte de lo que posteriormente se llamó la «dimensión estructural» y que en su primer momento él llamó «tópica». De topos-lugar.

CONSCIENTE-PRECONSCIENTE-INCONSCIENTE.

Se trata de tres espacios diferentes, cada uno con sus características y del modo en que se relacionan entre sí.

Antes hemos hablado de las experiencias de Freud en París con Charcot y el impacto que le supuso la vivencia de ver como una paciente con una parálisis histérica respondía temporalmente a la hipnosis y a la sugestión poshipnótica. Frente a este hecho, Freud necesita pensar en diferentes espacios y modos de procesamiento de aquello que hemos vivido.

Describe cómo la experiencia vivida en un espacio/tiempo consciente se olvida, quedando almacenada o archivada en un espacio/tiempo inconsciente. Esta puede ser que no tenga nunca más acceso a la conciencia, pero formará parte del sujeto.

El descubrimiento freudiano consiste en dar sentido a las comunicaciones provenientes del inconsciente a través de síntomas como parálisis, ansiedad, fobias, obsesiones y también a través de los sueños, actos fallidos, olvidos, humor y *lapsus linguae*. Estos serían los caminos de acceso al inconsciente.

Casi veinticinco años más tarde, en 1923 en *El yo y el ello*, desarrolla lo que llamará la «segunda tópica».

YO-ELLO-SUPERYO

Son organizaciones psíquicas que se encuentran ubicadas en la primera tópica. En parte conscientes y en parte inconscientes. Según Freud, estas instancias se encargan de la organización de la mente.

El **Superyo** es el depositario de los valores, de la herencia transgeneracional, de la ley, la norma, la censura, las lealtades, las prohibiciones. Tendría una dimensión que rige la vida en la comunidad, el mundo social y lo colectivo.

El **Ello** es la organización que representa el deseo, la pulsión, el instinto. Es el motor interno del ser humano y está vinculado estrechamente con el cuerpo y la sensorialidad.

El **Yo** es la instancia original, singular, que determina la personalidad del sujeto y su modo de mediar entre las fuerzas provenientes del Ello y las del Superyo. Pero no solo eso. Trata de mediar entre realidad interna y realidad externa. Su atributo principal es la conciencia: presta atención, observa, discierne, aplica juicio crítico, aprende de la experiencia, toma decisiones y prepara para la acción. La organiza y la sostiene. El Yo está tratando de hacer compatibles las normas, la ley, los valores con los deseos y las pulsiones corporales, poniendo condiciones y tiempos para esta conciliación. Por tanto, está atendiendo y respetando las necesidades del Ello, y las que se derivan del Superyo, así como de la relación con lo colectivo, los otros, y de la acción hacia el exterior.

Tanto la primera como la segunda tópica corresponden a lo que se ha llamado **«dimensión estructural»**.

Es decir, que, según Freud, el inconsciente está instalado en estas dos tópicas.

Sí, pero ahí no acaba la cosa.

Freud se da cuenta de que, en esta tarea mediadora entre el Ello y el Superyo, el Yo ha de mantener separadas y olvidadas determinadas experiencias en conflicto, es decir, fuera de la conciencia para el posible manejo. Para ello cuenta con una serie de dispositivos que se ponen en marcha para estos trabajos. Los llama «defensas» y se pone a investigar de qué modo actúan, cuándo y cómo lo hacen. Ahí se abre otro pilar fundamental en la obra de Freud, la **«dimensión dinámica»**.

Partiendo de las comunicaciones de sus pacientes, Freud describe los modos en que el Yo activa defensas ante el dolor, la desorganización, el desánimo, y funcionan como organizadores o procesadores de la emocionalidad. Sirven para apartar contenidos mentales, modular intensidad y soportar el malestar. También para minimizar daños en los impactos traumáticos.

Los siete mecanismos de defensa de la dimensión dinámica son: la escisión, la disociación, la proyección, la introyección, la represión, la negación y la sublimación.

La escisión consiste en separar, la disociación en mantener separado, la proyección en poner fuera, la introyección en incorporar, la represión en olvidar, la negación en cegar la realidad de los hechos y la sublimación en trasladar a otro objetivo mi deseo. Estos son los mecanismos de defensa para operar con los contenidos mentales i emocionales.

Un ejemplo común de la proyección sería la atribución a otro de emociones, pensamientos o expectativas de uno mismo, que no podemos manejar como propios. Como el dolor o el enfado. Si me siento desvalorizado por mí mismo, es fácil que lo ponga en los otros y que mi pensamiento sea «Todos están pensando que soy ridículo». Le coloco a los otros un pensamiento propio que me crea sufrimiento.

En la proyección no solo me desprendo de malestar, puedo también atribuir a otros expectativas o capacidades propias que no soy capaz de sostener.

O en la disociación y la negación se generan afirmaciones como «No tiene nada que ver la muerte de mi padre con mi depresión».

Cada uno de estos mecanismos de defensa son descritos por Freud de forma precisa y pormenorizada en innumerables ejemplos clínicos.

Durante la descripción de las ansiedades y las defensas del Yo, Freud se plantea cómo y cuándo se desarrolla esta estructura yoica. Entonces investiga los tiempos de instalación de estos procesadores mentales a lo largo del desarrollo del bebé, el niño y el adulto.

Este trabajo constituye lo que se ha llamado la «**dimensión genética**» o «**evolutiva**».

¿Cómo sería esta dimensión?

Freud se da cuenta de que en los bebés y niños pequeños hay un foco de interés libidinal, que se va desplazando a diversos lugares de fijación, siguiendo el cuerpo y los orificios que lo ponen en contacto con el exterior. Aquí entiende la fijación libidinal en tanto que pulsiones amorosas y agresivas.

Esta dimensión genética o evolutiva sigue los momentos organizativos de la libido y distingue cinco fases: fase oral, fase anal, fase fálica o también llamada uretral, fase de latencia y fase genital.

Todo vínculo tendrá dos pulsiones: libidinal y agresiva.

En la fase oral el bebé tendrá un primer interés que va del nacimiento hasta los 18/24 meses, donde la fijación libidinal y el interés predominante está en la boca. En la relación con el pecho es la madre el objeto de gratificación oral. Y también como espacio de reconocimiento de la realidad. Todo va a la boca. Todo hay que probarlo.

La relación con el pecho es de carácter contenedor, gratificante, amoroso, creador de un vínculo poderoso. En este tiempo el bebé también necesitará comprobarse a sí mismo como alguien con mayor autonomía y ahí el destete será un momento importante. La pulsión agresiva, en esta fase llamada sádico-oral, consiste en manifestar también lo agresivo: morder, chupar, masticar y expulsar, como manifestación de malestar.

Siguiendo en su exploración clínica, en las manifestaciones de encopresis o estreñimiento, cobra importancia la exploración de la zona anal. Ahí, en una fase sobre los dos años, descubre que el niño está interesado por cuestiones relativas a control y acumulación. También la necesidad de control esfinteriano y de poder decir que no a los requerimientos parentales. La terquedad y la obstinación pueden ser manifestaciones psíquicas de esta fijación.

El niño descubre su capacidad de retener o dejar ir. Decir que no. Hacer esperar. Es capaz de incrementar su autonomía y de poder regular desde él algunas cosas. También aquí entran en juego las pulsiones agresivas de control sobre el objeto.

La fase fálica o uretral, relacionada con una sexualidad genital muy primaria, tiene que ver con la micción, la potencia, la competencia, la ambición y la diferencia entre niños y niñas. Según la descripción freudiana se daría sobre los tres años. Habría un componente agresivo de afirmación sobre el otro desde la propia potencia.

Luego vendría la fase de latencia, sobre los siete años, en la que la vida pulsional se centra en el placer de aprender, de dibujar, leer y el progreso en las habilidades manipulativas. Los requerimientos corporales se organizan centrándose en estos aprendizajes.

Finalmente, en la pubertad y desde los requerimientos hormonales, se centra de nuevo la atención en la sexualidad genital, con toda su complejidad y la necesidad de elección de un objeto/sujeto. También se moviliza la creatividad y la necesidad de innovación y lo agresivo vinculado a la sexualidad genital.

En el adulto se mantienen todos estos focos de interés. Muchos encuentran su expresión a través de la sublimación en el arte, en la cultura, en las distintas profesiones y tradiciones y también en la gratificación de la sexualidad adulta.

Entonces tendríamos dimensión estructural, genética/evolutiva…
¡Espera! Aún hay otras dos.

Toda esta complejidad en relación a la organización de las pulsiones libidinales y agresivas hace pensar a Freud en los principios rectores y la fuerzas organizadoras que están en juego para la sostenibilidad del sistema.

La sostenibilidad serviría para evitar, o bien, una retracción limitante o una expansión insostenible que finalmente llevase a un colapso. A esta le llamó **«dimensión económica»**, en relación a la economía emocional que opera durante toda la vida.

Esta dimensión plantea la existencia de dos organizadores básicos que Freud denomina «pulsión de vida» y «pulsión de muerte». La primera la describe como la capacidad del sistema para contener la tensión y el movimiento, que son inherentes a la vida. La segunda, a la que también llama «principio de Nirvana» tendería a conducir a un estado de no tensión. Esta dimensión es quizá la que más se ha cuestionado.

Freud intenta comprender a través de estas pulsiones cuestiones tan difíciles como el suicidio, o las inercias que nos llevan a instalarnos en situaciones desvitalizadoras.

Más adelante, describe dos principios más que aportan mayor comprensión a esta dimensión.

Los llama «principio de placer» y «principio de realidad». Cada uno de ellos tendría una finalidad distinta. El primero procura una obtención de placer y una descarga de tensión y el segundo nos llevaría a hacernos conscientes de las limitaciones que impone la realidad externa. Este ir y venir entre las limitaciones del principio de realidad y las posibilidades del principio de placer abren la dimensión colectiva y por tanto establecen las normas o las reglas del juego social. De este modo tratamos de encontrar el momento oportuno para cada cosa.

Explica que la salida airosa y económica no sería la lucha entre estos principios, sino su armonización. Por ejemplo, «jugando, aprendo». O «he de trabajar muchas horas para ganarme la vida. Pero me lo paso bien, porque hago un trabajo que me gusta».

En la disfunción se vivirían como opuestos. «No puedo jugar si tengo que aprender» o «no puedo aprender si juego».

Has dicho que quedaban dos, ¿cuál es la que falta?

La sexualidad es el motor de la vida, pero hay otro motor que no cesa desde que nacemos hasta que morimos. Es el deseo de saber, de aprender, la capacidad de asombro ante el misterio y lo desconocido. Este motor tiene quizá más fuerza que la pulsión sexual. Freud lo llamó **«pulsión epistemológica»**.

La necesidad de conocer ya se observa en el bebé. Para él es vital tratar de conocer a través de todos los sentidos. Aprende reconociendo a través de la boca, el gusto, la dureza y la consistencia. A través de los ojos, las formas, los colores, el espacio, la luminosidad… A través del oído, los sonidos, las voces, la música… los olores animales, vegetales y otros cientos y a través del tacto de las manos la suavidad, la aspereza, la dureza o la temperatura. Todo esto para conocer el mundo, conocer al otro y conocerse a él mismo. Esto está en marcha toda la vida.

Y como este trabajo es cada vez más complejo con la incorporación de conocimiento a través de la lectura, el arte, la cultura y la tradición, nos sirve para la construcción de un aparato mental que nos permite pensar por cuenta propia.

¿Te parece bien si recapitulamos un poco?

De acuerdo. Si hiciésemos un esquema de lo descrito, sería así:

Dimensión estructural

En esta dimensión Freud trata de ubicar, dar un lugar, una función, un sentido a las diversas estructuras que componen el aparato psíquico humano.

La primera tópica: consciente-preconsciente-inconsciente. Descrita en 1895 y desarrollada posteriormente.

La segunda tópica: Yo-Ello-Superyo. Formalizada en sus trabajos en 1923.

Dimensión dinámica

El Yo, en su mediación entre los requerimientos del Ello y los del Superyo y entre realidad interna y externa, se encuentra inmerso en una emocionalidad que trata de organizar utilizando mecanismos de defensa. Estos son escisión, disociación, proyección, introyección, represión, negación y sublimación.

Dimensión genética o evolutiva
Fase oral, fase anal, fase fálica o uretral, periodo de latencia y fase genital.

Dimensión económica
Pulsión de vida / pulsión de muerte.
Principio de placer / principio de realidad.

Dimensión epistemológica
Pulsión de conocimiento.

¿Y la fuente de todo este cuerpo teórico fue su autoanálisis y el trabajo con sus pacientes?

Exactamente. También hay que señalar que Freud era un hombre cultivado, con mucho interés por la literatura, el mundo antiguo, Grecia y Roma, y todas las disciplinas que lo ayudaban a pensar el ser humano.

Pero, básicamente, fue su capacidad de indagación respecto a lo que sus pacientes le comunicaban. Por ejemplo, el caso Dora. Este trabajo le permitió especialmente la investigación acerca de la naturaleza de la relación que se establecía entre la paciente y el analista. Fue un descubrimiento revelador para entender la base de las relaciones humanas y la relación terapéutica. Lo denominó «la transferencia».

El padre de Dora, expaciente de Freud, le derivó a su hija para tratar una prolongada afonía, a la que no habían encontrado causa somática aparente los médicos especialistas. Freud inició un tratamiento con Dora y al cabo de poco tiempo ella lo interrumpió abruptamente. Freud, reflexionando *a posteriori*, pudo ver que se había creado un tipo de vínculo con la joven que le había pasado desapercibido y que no había sabido comprender en su momento. Dora había establecido con él una relación conflictiva como la que tenía ella con su propio padre.

La experiencia relacional que hemos establecido en la infancia constituye un patrón y una manera de vincularse. Este patrón tendemos a repetirlo y se vuelve a editar en las relaciones posteriores, como un intento de modificar malentendidos o formas disfuncionales que nos han creado dificultades en el vínculo primero, para crear una nueva narrativa, propiciando un mayor encuentro con el otro.

Inicialmente Freud percibía como un inconveniente la emergencia de estos patrones relacionales previos con el terapeuta. Creía que dificultaba la marcha del trabajo analítico. Lo llamó «neurosis de transferencia». Consideraba que había que estar atento, interpretarla como tal y señalar la reedición de sentimientos tales como desconfianza, miedo, odio, amor, deseo, admiración o decepción, que podían poner en peligro el análisis.

Más adelante pudo ver que la transferencia es un fenómeno general. Y que las condiciones del análisis propician una regresión, donde las experiencias infantiles afloran en la relación terapéutica y se transfieren a la figura del analista.

A partir de ahí, el psicoanalista se hace consciente de que es necesario que sucedan estos fenómenos. Primero abonará el campo de la transferencia para que el paciente desarrolle un vínculo con el analista, donde se puedan hacer observables las experiencias emocionales infantiles del paciente en sus primeras relaciones. Después, el analista promueve la capacidad de observar y darse cuenta del tipo de vínculos que están en juego en las relaciones que establece, haciéndolos conscientes. Una vez el paciente los pueda detectar y reconocer, analista y paciente trabajan sobre ellos, los repiensan, los elaboran y crean nuevas posibilidades.

Con el tiempo, se fue viendo que la transferencia es un fenómeno universal que no se da solo en el análisis. Este descubrimiento nos ayuda a pensar cómo y cuánto es vigente la experiencia emocional infantil, cómo nos condiciona y cuánta fuerza tiene el inconsciente en la relación que establecemos con los otros siendo ya adultos.

Freud, en el trabajo exhaustivo con sus pacientes, pasó de entender la transferencia como un inconveniente a verla como el campo para el estudio de las relaciones del paciente, y a ser el elemento terapéutico principal para la transformación de la realidad interna. Si se puede comprender cómo se relaciona el paciente con el analista, puede transformar la manera de relacionarse con los otros.

¿Después vio la contratransferencia?

Sí. La contratransferencia sería la serie de emociones que la transferencia del paciente suscita en el inconsciente del analista. Freud vio que la transferencia era un fenómeno bidireccional. El analista ha de estar preparado, ha de hacer primero, en su formación, un análisis personal para conocerse. De este modo estará más libre para resonar a los fenómenos transferenciales de sus pacientes y no confundirse con sus propias experiencias infantiles.

Quizá podríamos entender mejor este tema con un ejemplo.

Había una paciente que traté durante un tiempo que me decía: «Dra. Vives, su tratamiento no me sirve de nada, absolutamente de nada. ¡No me ayuda para nada nada nada!». Y me lo iba repitiendo.

El primer impulso sería decirle: «Si no le sirve de nada, puede no venir más». Pero si haces más trabajo y estás atenta a tu contratransferencia, te percatas de que la paciente te coloca un desánimo fuerte y la necesidad de que tú te sientas inútil, decepcionante e irritada. No lo hace para hacerte daño, sino para ver qué haces tú con esto que ella te transmite. O te contraidentificas y te rebotas, interrumpiendo el tratamiento, o aguantas, trabajas y se puede transformar.

Te pone a prueba: «Si tú no puedes aguantar sentirte inútil, fracasada e incapaz, ¿cómo podrás ayudarme cuando yo me sienta así?».

Esta mujer se casó con un hombre que tenía una hija y me contaba que, desde siempre, había querido ganarse la estima y el afecto de la niña, pero que ella no la había querido nunca. Se sintió que, hiciese lo que hiciese, no la amaría y que la haría sentir que ella no era como la madre que esperaba.

Si haces uso de esta contratransferencia y te das cuenta de qué es lo que te hace sentir, puedes entender su desánimo y ver de qué manera acercarte desde la resonancia a su dolor, su impotencia y su rabia. De este modo, las dos juntas tratábamos de ver cómo poder transformar algo de este malestar y no darlo por imposible. Se trata de campos relacionales que tienen que ver con experiencias vividas, y, en este caso, se remontan ya al vínculo de la paciente con su propia madre. Había desde la infancia una relación de descalificación mutua entre madre e hija. Has de poder explorar toda esta complejidad y observar, entender y colocarte de manera que le permita salir de la compulsión a la repetición de la misma historia.

El psicoanálisis pone el foco de interés y estudio en las primeras relaciones. Me parece difícil entender que cosas que pasaron hace cuarenta años puedan afectar tan poderosamente el presente.

Siempre se trabaja con el presente. Necesitamos tener en cuenta que el inconsciente procesa el tiempo de manera diferente. En el consciente hace cuarenta años que sufrí una experiencia traumática, pero en el inconsciente me está pasando ahora. Esta es la cuestión.

Los pacientes dicen: «¡Buf! ¡Es que si me he de poner ahora a escarbar…!». No, no se trata de eso. No es ponerse a escarbar, es que aquella experiencia traumática que le pasó, AHORA le está haciendo la vida imposible. Hay algo del pasado que está expresando ahora sufrimiento. Si ahora hay algo del pasado que emerge, hay que prestar atención a aquello que no pudo ser atendido en su momento.

Las necesidades básicas, los deseos y las emociones de las personas se expresan mejor a través de lo que llamamos el «niño interior». La organización adulta de la personalidad atiende a los requerimientos externos, pero también se pone al servicio de este niño, prestando atención a sus necesidades básicas.

No vamos a escarbar. Si se oyen gritos (los síntomas, como comunicación), tendremos que decir: «¿Qué pasa?», «¿Quién grita ahí?» o «¿Quién llora?».

A veces pasa que durante veinte o treinta años todo funciona bien en una persona y cuando tiene un hijo, o sufre la muerte de alguien cercano, o se encuentra con una dificultad amorosa o laboral, aparece ansiedad. Y esta ansiedad no es una enemiga. Nos está diciendo: «Eh, para, escucha, necesito que prestes atención a mi malestar».

Tengo la impresión de que el hecho de ir a la infancia provoca una sensación de estar entrando en un tratamiento muy largo, pero entiendo que quizás, cuanto más profundo trabajes, la evolución será más rápida.

No es que VAMOS a la infancia. Es que SALE el niño o la niña. Si le dices a un paciente que preste atención a sus sueños, y te cuenta uno que ha tenido recientemente, cuando le preguntas qué le hace pensar, es muy fácil que lo asocie con un recuerdo infantil. Tampoco es necesario que haya una problemática muy grande en la infancia y que la tengamos que descubrir. No se trata de eso. Le abres la posibilidad, a través de sus asociaciones libres, de transitar por su biografía y aproximarse más a quién es él. Esto despliega espacio y tiempo en la mente de cada persona y la ayuda.

Lo que dices sobre la profundidad se muestra cuando este paciente te trae un sueño y a partir de ahí se va abriendo un universo de experiencias inmersas en él. Es decir, que el inconsciente trabaja con finura y precisión, condensando el sentido, dando idea de la profundidad a la que se puede acceder. Freud en su libro Análisis de los sueños nos lo va mostrando.

Por ejemplo, trabajando en un análisis, una paciente me describía con precisión su sueño: «Estaba en una casa, era como la de mi abuela, pero era diferente. Había unos dibujos en la pared de unos gatos». Solo empezando el relato, ella se detuvo y me explicó un recuerdo: «Iba todas las tardes al salir de la escuela a casa de mi abuela», y siguió con otra asociación: «Ahora me ha venido a la cabeza que mi abuela decía siempre: "El que sea para ti ni se casa ni se muere"».

En el trabajo terapéutico, la acompañaba a dar sentido presente al sueño que me traía. No nos íbamos atrás. Profundizábamos en lo que se expresaba en el presente. Había conocido un chico casado con el que se entendían muy bien, pero no sabía si seguir.

Hice mi análisis personal durante ocho años, haciendo cinco sesiones semanales, y si tuviera que decir en pocas palabras cuál ha sido la aportación más importante, diría que he vivido más años de los que tengo. Me ha dado espacio y tiempo. Que mi analista estuviese prestando atención fina a mis ocurrencias, recuerdos, momentos difíciles, a mi niña y que yo pudiese sentir que el que me escuchaba, no tenía prisa y respetaba mis tiempos, me permitió sentir que mi biografía, mi vida, se ensanchaba, adquiriendo profundidad y tomando sentido.

Te vas de la sesión con la sensación de que has vivido más, que tu vida se ha abierto, que toma tridimensionalidad, que entras en lugares nuevos, desconocidos y que recuperas recuerdos y se amplía tu vida. La vives desde diferentes vértices.

Todo el psicoanálisis sería una aproximación a conocer cómo somos y, por tanto, también, cómo son los otros. Freud desarrolla la base creando un aparato teórico para pensarnos, y este ha sido el punto de partida de mucho pensamiento posterior, que ha ampliado, precisado y reelaborado sus propuestas.

INCONSCIENTE Y CONSCIENTE

L- Hemos hecho un recorrido sobre los descubrimientos y las teorías de Freud que nos permite observar la existencia de la puerta de acceso al inconsciente, nuestro Big Data personal.

En este capítulo tomaremos aire en el sistema consciente para sumergirnos en el inconsciente. Nos plantearemos su naturaleza y reflexionaremos sobre esta membrana que separa un sistema del otro. Pensaremos acerca de su funcionamiento y navegaremos entre estos dos continentes llenos de contenido, para poder entender un poco más el sentido de su existencia y su funcionamiento.

L- **¿Por qué tenemos inconsciente? ¿Por qué existe esta división de mundos conviviendo en nosotros?**

À- Para no enloquecer.

Escucha ahora tus sentidos, presta atención.

Con la ventana abierta, puedes captar el sonido de los árboles, con sus ramas moviéndose al viento. El ruido alejado de algún coche, las palabras aisladas de alguna conversación de los vecinos, nuestras respiraciones, mi voz. Aún más, de momento solo hemos hablado del oído.

La luz que entra por la ventana, en un día de sol y a esta hora, el color de la pared, mi imagen, las letras escritas en todos los papeles que hay sobre la mesa de trabajo, la disposición de las sillas, el olor del guiso que sale de la ventana de otro vecino, el sabor del chicle que estás masticando, el tacto del pulgar sobre el índice mientras te frotas esos dos dedos, la presión de una pierna cruzada sobre la otra… y muchísimas cosas más.

Estás captando todo esto a la vez, pero haces un filtrado perceptivo del que se encarga el sistema reticular ascendente y descendente, según convenga estar más activada, en alerta, o más relajada hacia el sueño. Este solo es un nivel.

Ahora imagina todas las sensaciones, pensamientos, fragmentos de recuerdos, deseos y miedos que están en movimiento en tu mente en este preciso instante. Estás cansada, tienes un poco de calor y te hace mucha ilusión estar con quien comerás hoy al salir de aquí. También tienes hambre, no sabes si te dará tiempo a hacerlo todo, te viene a la cabeza una discusión que has tenido recientemente y también la emoción de un regalo que te han hecho hace unos días. De repente, sientes una punta de ansiedad por una prueba en el trabajo. Y así podría continuar con más requerimientos que te acechan.

Tú misma no podrías acabar de describir todas las cosas que te están pasando por la cabeza solo en un momento.

Frente a todo esto necesitamos un dispositivo que nos ayude a mantener la atención focalizada. Para el discernimiento de qué contenidos necesitamos mantener separados y accesibles y cuáles mantener totalmente inconscientes para protegernos de la dispersión.

En los trastornos por déficit de atención creo que hay una dificultad de mantenerse a salvo de esta dispersión, sintiéndose requerido por esta multitud de estímulos.

En una situación traumática, plagada de estímulos sensoriales y con el sistema de alerta activado, hay una sobrecarga brutal y precisamos de un procesamiento que nos permita no quedar saturados. Lo hacemos separando sensaciones, emociones, que se colocan en el plano inconsciente para poder seguir funcionando. En este sentido la división consciente-inconsciente se utilizaría para no quedar colapsados por los estímulos.

Continuamente estamos filtrando y pasando información al sistema inconsciente.

He usado la metáfora de la puerta para pensar el paso de consciente a inconsciente, pero no es muy adecuada. Se parecería más a una membrana celular que permite el paso en los dos sentidos, dentro y fuera, pero que selecciona cuidadosamente qué entra y qué sale.

Tenía un paciente que me ayudó a entender mejor esta cuestión de la barrera/censura entre consciente e inconsciente.

Se trataba de un chico que consultó por unas dificultades grandes en su vida cotidiana. Tenía un diagnóstico de TOC (trastorno obsesivo compulsivo) con una ideación obsesiva que le dificultaba enormemente su vida. Si iba a ir al gimnasio, antes de salir de casa, tenía que hacer un ritual de lavarse las manos muchas veces, comprobar que la llave del gas estaba cerrada, los grifos, la puerta… Si veía un número o una letra que le sugería una advertencia o un peligro, lo tenía que neutralizar con un ritual y se encontraba completamente inmovilizado por todo esto. A todas las cosas les atribuía un sentido y esta situación se le hacía completamente insoportable.

Lo que estuve trabajando con este chico era que su problema básico ahora no eran estos pensamientos intrusivos y el significado que podían tener, sino que su inconsciente estaba demasiado accesible. En lugar de quedar separados consciente e inconsciente, la membrana diferenciadora y filtradora se había estropeado y había que repararla. Es como si uno estuviese todo el tiempo en una situación de Zona Trans, ni consciente ni inconsciente, ni dormido ni despierto. El trabajo posterior fue la reparación de esta membrana.

Por otro lado, esta separación nos ayuda a soportar la ambivalencia. No puedo aguantar haber sentido que quería dañar a mi hermano. «Si lo quiero con locura, ¿cómo le voy a querer hacer daño? Esto aparece en los sueños o en las obras de teatro… ¡Pero no a mí!».

Quizá necesitaré muchos años para soportar mi ambivalencia y permitirme, en un momento, haber deseado su muerte. «¡Pero lo amo!».

¿Podemos desear la muerte de los que amamos? ¡Esta ambivalencia se hace difícil de pensar y asusta!

Tu padre está volviendo a casa y en un instante piensas: «¡A ver si morirá ahora en un accidente!». Por un momento visualizas su muerte, imaginas fragmentos de lo que será su funeral y la pérdida para todos. Esto que pensamos tiene que ver con un trabajo de anticipación de algo, que en un orden natural tendrá que pasar. Asistir a la muerte del padre. Lo visualizas, lo temes, te entristece, te asusta, pero también te preparas para algo que, yendo bien las cosas, tendrá que pasar. Lo trágico es que el padre asista al funeral del hijo.

Pero hay algo más que hemos de poder pensar. Que además de temer la muerte del otro, también la podemos desear. Cuando me daña, me siento engañada, traicionada, excluida. Ahí coexisten deseo y temor que, como casi siempre, van unidos. En un funcionamiento saludable esto nos sucede y sentimos que predomina el amor por el otro. Pero si no lo podemos separar y vivimos como intolerable haber podido pensar o sentir algo así, nos martirizamos, confundimos y enfermamos.

Por lo que dices, si somos conscientes de que somos un todo complejo, podemos aceptar este pensamiento dentro de esta totalidad, de otro modo, si lo amplificamos con temor, nos podemos sentir como un monstruo.

¡Claro! ¡Esta es la tragedia! Pensar que por sentir esto eres un monstruo, eres malo, te pasará una cosa horrible y que como castigo no podrás disfrutar de las cosas. Aún se acentúa más cuando otorgas un poder enorme al pensamiento: «Si pienso esto, sucederá». Ahí está en juego la omnipotencia y la omnisciencia del pensamiento infantil.

Una mujer que estuve tratando me decía: «¡Es que pienso unas cosas espantosas! ¡Soy horrible! Pienso que le daño a alguien, ¡que lo corto a trozos! ¡Cuando siento esta rabia, lo que me calma es pensar que lo corto a trozos!».

Si lo pudiese mantener más separado de su conciencia no se le haría tan insoportable. Yo le dije que quizá el cortarlo en pedazos pequeños era para hacerlo irreconocible y que no le crease tanto dolor. Me miró perpleja. Luego movió ligeramente la cabeza. Y seguimos trabajando.

O en el caso del chico diagnosticado de TOC, su problema, uno de ellos, era que era muy consciente de todos sus deseos violentos contra los padres y sus fantasías de hacer volar el edificio con todo el mundo dentro. El tema sería, primero, cómo poder diferenciar, separar y mantener inconscientes estos deseos. Segundo, poder hacer un trabajo con el modo en que él encaja la frustración de que el otro no es como yo espero, deseo y necesito. Y finalmente poder encontrar vías de transformación de su emocionalidad de una manera creativa, no destructiva.

¿Y cómo se puede dar esta vía?

Pudiendo crear pensamiento nuevo. La mujer del caso clínico me decía: «¿Cómo es que yo cortaría a trozos al otro?». Yo no captaba un sadismo ni un placer oculto en este pensamiento. El ensañamiento yo lo sentía más ligado a la necesidad de hacer irreconocible al otro, de romperlo y que sea solo un montón de trozos. A lo mejor el planteamiento no sería «Soy un monstruo perverso». Quizá sería «Con mi rabia quiero romper en trozos pequeños al otro porque, en este momento, no puedo soportarlo».

¿Esto sería una transformación de este contenido mental para hacerlo soportable?

Sí, para empezar. Para no pensarme como un monstruo y tratar de salvarme de este suplicio. Detrás de cada manifestación brutal hemos de tratar de rescatar nuestra humanidad. Si no eres capaz, este malestar no te deja vivir. Si no puedo pensarme de nuevo, me siento perversa y malvada.

No se trata de hacer la vista gorda, ser benevolente, o mirar a otro lado. Al contrario. Es mirar con más atención y precisión cada contenido. Este trabajo no es fácil y en medio de esta elaboración aparece el dolor, el llanto y la recuperación del amor hacia la otra persona. Hacernos conscientes de todo esto nos ayuda, preserva nuestra humanidad y nos permite acercarnos a los demás de otra manera. Con una mayor aceptación a la singularidad del otro.

¡Qué difícil convivir con todo lo que está en nosotros! Lo peor y lo mejor.

Sí, es difícil. Para eso tenemos estos dos sistemas que nos ayudan a vivir. Sófocles decía «La vida tiene cosas terribles, pero lo más terrible es el ser humano». Necesitamos pensarnos en lo terrible y destructivo y en lo hermoso y creativo. A lo largo de la historia el pensamiento primitivo, mágico y religioso ha intentado hacerse cargo de esto de una manera más o menos afortunada. Los diablos, demonios, fuerzas del mal, contrapuestas a los dioses y la bondad.

Los humanos somos capaces de crear producciones artísticas, pensamiento nuevo, conocimiento, sueños… Los sueños son producciones inconscientes en donde narramos una pequeña historia, que puede ser bella, atrevida, excitante o terrible y espantosa. Nosotros ponemos el escenario, los personajes y la narrativa. Pueden ser paradójicos, surrealistas y también contener humor. Todo esto es creatividad.

También podemos generar células cancerosas, podemos maltratarnos unos a otros, enfermarnos, matarnos, torturarnos… Todo esto somos capaces de hacer y la historia nos recuerda hechos trágicos y también prodigiosos.

Hemos de saber hacernos cargo de esta naturaleza y preservarnos de la capacidad de dañarnos y dañar a los otros.

Por tanto sería importante tener diferenciados estos dos espacios, consciente e inconsciente, pero con una cierta permeabilidad que nos permita captar que somos un «todo».

Sí, pero ¡cuidado! Para captar este «todo humano» se ha de hacer mucho trabajo. Si no, puedes enfermar. A lo largo de mi trabajo he tenido la oportunidad de tratar como pacientes a personas con una gran capacidad holística de captar el todo, pero esta sensibilidad o este talento los podía enfermar si no había una base sólida que los sostuviera.

La filosofía oriental pugna por salir de la dualidad cuerpo-mente, realidad-irrealidad, consciente-inconsciente y afirma que todo está unificado de alguna manera. Pero nosotros, para sostener la vida, necesitamos dotarnos de un aparato mental que nos permita comprenderla poco a poco.

Quizá Lao Tsé[39], el autor del Tao Te Ching o Heráclito podían sostener el todo, pero los mortales necesitamos dosificar el acceso a la realidad para poder soportarla.

¡La vida es muy fuerte! ¡Son muchas cosas! Construimos un aparato mental que nos permite ir accediendo paulatinamente al conocimiento. «Primero aprendo a hacer las os… redonditas…, las as… con un palito…, las is… con un puntito, después los números…».

El otro día le dije a mi nieto pequeño: «Guárdame la tortuga hasta que vuelva» y él asintiendo me dijo: «La *curcuga*». Fíjate cuántos intentos hacemos antes de decir una palabra. En el balbuceo vamos aprendiendo, luego seguimos haciendo aproximaciones.

Más adelante, aprenderemos cómo se escribe. Es un trabajazo. Después los números, las operaciones, la memorización, la categorización, «silla», «mesa»… Y aprenderemos a cultivar paciencia y perseverancia y gusto por aprender y mucho, mucho más.

Después el filósofo te dirá: «TODO es uno». Sí, de acuerdo, pero antes has tenido que aprender álgebra, geometría, lengua, física y mucho más.

Y saber esperar, soportar el dolor, la frustración, el malestar…

Cuando hayas aprendido todo esto y más, quizás podrás acompañar este filósofo diciendo: «Todo es uno».

---

39 **Lao-Tse**, probablemente vivió en el siglo IV a. C. Considerado uno de los filósofos más relevantes de la civilización china. Se cree que fue contemporáneo de Confucio.

OBSERVACIÓN DE BEBÉS

L- Seguimos en la dimensión Big Data. Hemos podido observar el descubrimiento de este gran almacén de datos en constante movimiento y algunas de sus particularidades.

En este momento se me plantea una reflexión: se puede estudiar el inconsciente y el consciente en personas adultas y en niños con capacidad de hablar, razonar, jugar, dibujar… Pero, ¿cómo se ha podido investigar el inicio del Big Data de cada uno? En la primera dimensión del libro («La máquina del tiempo») hemos estado hablando de los primeros movimientos del bebé, su organización y procesamiento del mundo que le rodea. Pero ¿cómo se ha estudiado? ¿Cómo accedemos al modo de procesar la información de un bebé?

En el siguiente capítulo, Àngels describe el viaje que se hizo para acceder a descubrimientos que abren la puerta a este universo de la mente humana en sus inicios.

L- **Siempre comentas que una de las fuentes de tu aprendizaje ha sido la observación. Concretamente, en tu formación como psicoanalista, hiciste el Seminario de Observación de Bebés y explicas que esta experiencia te ha sido muy útil en tu práctica. ¿Podrías explicar en qué consiste?**

À- Este método fue creado en 1949 por la psicoanalista polaca Esther Bick y ha tenido una expansión importante a nivel internacional. Posteriormente se ha trabajado con otros métodos de observación que incluyen cámaras y otros artefactos, pero yo me voy a ocupar del método Bick, de carácter naturalista.

Lo conocí en un seminario dirigido por Manuel Pérez Sánchez, que fue el psicoanalista que introdujo el método en España.

Esta psicóloga polaca hizo su formación en Viena, trabajó en un parvulario durante unos años e hizo su tesis doctoral sobre el comportamiento grupal de los niños pequeños. En 1938 huyó con su marido a Suiza, después de la anexión de Austria por los nazis. Posteriormente, en 1941 se trasladó a Manchester donde inició su análisis personal. Al final de la Segunda Guerra Mundial se estableció en Londres y puso en marcha un seminario de Observación de Bebés en la Clínica Tavistock.

En aquel momento estaba influida por la relevancia que los antropólogos, etólogos y sociólogos daban a la observación como elemento de trabajo en la investigación. Desde su formación psicoanalítica (estuvo analizada por M. Balint[40] y M. Klein) y avalada por su experiencia de trabajo con niños, propuso un nuevo método.

Concretamente, consistía en poner un observador en el medio natural del bebé: su casa, su familia…, interfiriendo lo menos posible en la dinámica del grupo familiar. Lo pensó como un entrenamiento necesario para los futuros terapeutas y analistas en su formación.

Esther Bick explicaba que normalmente los terapeutas tenemos un sesgo muy contaminante que es la clínica. Es decir, los profesionales vemos a los niños porque los traen a consulta por una dificultad, pero, respecto al crecimiento normal de un bebé en su medio, sabemos poco.

Por lo que explicas, parece que se trataba de un método revolucionario, teniendo en cuenta que Bick vivía en un momento en que los niños, históricamente, no habían sido objeto de interés.

Durante mucho tiempo, históricamente, los niños eran adultos a medio hacer y no recibían una atención especial. Tiempo atrás, cuando la criatura ya era capaz de andar y podía moverse, se la incorporaba a las tareas del grupo.

Posteriormente se pasó a la idea de protección de los niños y el reconocimiento a su vulnerabilidad. La Iglesia católica propuso que estos adquirían el «uso de razón» hacia los siete años y ya podían incorporarse desde la comunión a la comunidad. Si el niño hasta los siete años no tiene uso de razón, antes se supone que no lo podíamos considerar como un ser pensante.

La manera de concebir el mundo infantil es relativamente reciente en la historia humana. Si nos fijamos en la literatura universal, no aparecen los niños hasta el siglo XIX, cuando Dickens, Perrault y los hermanos Grimm los hacen protagonistas de sus relatos. Hasta este momento no había conciencia del protagonismo ni de la importancia de la infancia en nuestras vidas.

Bick acompañó nuestra atención al bebé y a esta primera etapa de desarrollo mental infantil con su método.

---

40 **Michael Balint** (1893-1970). Psiquiatra y psicoanalista. Destacamos su libro *La falta básica.* (Paidós, 1993).

En éste, descubrió que el bebé ya tiene una responsabilidad. Su actitud promueve respuesta del entorno y puede hacer uso de su discernimiento y de su criterio desde el inicio de su historia. Todo esto, naturalmente matizado, puede serle negado.

¿En qué consiste exactamente el método de Observación de Bebés?

Se solicita una entrevista a una pareja que esté esperando un bebé, y a la cual puedas acceder por algún intermediario de confianza como un ginecólogo o un amigo. Este les habrá preguntado si estarían dispuestos a hacer la experiencia.

En la primera entrevista con los padres, les explicas que, profesionalmente, estás muy interesada en conocer cómo es la crianza de un bebé en su medio natural, en su casa. Se habla de la fecha prevista del parto y de que puedes empezar en cuanto ellos lo consideren oportuno. Normalmente es en la segunda semana después del nacimiento.

Les explicas que se trata de estar en su casa una hora a la semana durante el primer año. Que después de cada observación se hace una transcripción y se trabaja ese material en un seminario que también es semanal.

Esther Bick publicó varios trabajos sobre la naturaleza de esta observación. Consiste en poner atención en la mirada, el detalle, el movimiento, los hechos que parecen insignificantes, mínimos en el bebé y de lo que sucede a su alrededor. La narrativa posterior a la observación ha de ser descriptiva de los hechos y no interpretativa.

Por ejemplo: «El bebé rompe a llorar. La madre, que estaba en la cocina, viene rápidamente, diciendo por el pasillo: "Ya vengo, ya vengo". Lo toma en brazos y lo estrecha contra su pecho, durante un minuto, meciéndolo».

En la descripción de este momento sería inadecuado poner comentarios que entrañen interpretaciones como «La madre angustiada, porque llevaba un rato en la cocina sin estar con el niño, viene sintiéndose mal y lo coge en brazos y lo estrecha…». Se trata de describir los hechos, sin interpretación ni juicio.

Entiendo que en el trabajo del seminario posterior sí que se hace un análisis y una interpretación de lo observado. ¿Esto no condiciona tu observación posterior?

El seminario está concebido justamente para limpiar el campo de observación de las interpretaciones que inevitablemente nos aparecen.

Los ejercicios de interpretación se abren en la revisión posterior, en el seminario. Habitualmente son varios observadores y el director en un ejercicio abierto de pensamiento. No para concluir y fijar las cosas ni para que el observador vaya cargado de intención. Por ejemplo: «Ah, la madre tiene un conflicto y una dificultad en la separación y vive con culpa…». Eso lo puedes debatir en el seminario, pero luego vuelves a la observación semanal con la premisa de Esther Bick: «Observar, observar y nada más que observar».

En el seminario, con la participación de todos, generalmente cuatro o cinco personas, se puede apreciar con finura el tono de voz de la madre, o del padre, la entrada y salida de cada miembro de la familia, la geometría relacional, como se disponen en una coreografía espontánea, que es preciosa. También hay momentos de tensión y dificultad. Se trata de observar todo esto.

El bebé que tuve el privilegio de observar en mi formación psicoanalítica se llama Martín. De todo el trabajo de un año, me ha quedado una imagen grabada. Una tarde, después de que la madre le diera el pecho al bebé, este no se durmió, se quedó tranquilo, y espontáneamente, ella se puso a bailar con el niño en la estancia, tarareando una canción. Fue un momento de gran belleza.

«No te precipites, ahora solo observa». Es un gran entrenamiento, aprender a ser capaz de observar sin interpretar o significar inmediatamente. Abierto a lo que va a pasar. Permitiendo la emergencia de nuestra capacidad de asombro frente a la inteligencia desplegada por el bebé.

Tengo la sensación de que la primera reacción que tendrían muchas personas al explicarles lo de la observación de bebés sería decirte: «Yo no podría dejar que venga alguien a mirar…». Parece muy intrusivo que venga un observador a tu casa.

Yo también lo pensaba antes de hacerlo. Pensaba que me dirían que lo sentían mucho, pero que no les iba bien, pero fue al contrario, me sentí bien recibida. El hecho de que una persona exprese su interés por conocer el desarrollo de un bebé en su medio natural, en su casa, es muy contenedor, aunque en la entrevista previa hay un movimiento natural de los padres de querer saber quién es esta persona que va a venir a nuestro espacio de intimidad a observar a nuestro hijo/a.

El hecho es que un observador no va a mirar. Va a observar, que son dos cosas distintas.

El observador ha de ser cuidadoso y amable. Está bien llevar un pequeño regalo al bebé en la primera sesión y, si tiene un hermanito/a, también llevarle un pequeño obsequio.

Durante la sesión, los padres se muestran agradecidos por el trabajo, porque ellos también son capaces de prestar una mayor atención a los detalles y aumenta su capacidad de observación.

¿Y no te piden que hables e intervengas?

Muchas veces, sobre todo al principio, te puede pedir tu parecer o tu opinión sobre cosas relativas al bebé. Has de atenerte a tu lugar de observador y la respuesta puede ser coherente con el método: «Ah, parecía que sí que le gustaba porque se ha relamido», o «Es verdad que hoy ha tosido bastante».

A veces, cuando la madre ha ganado confianza en la relación, te explica que está muy cansada, o que le duelen los puntos, al principio, después del parto, o que no sabe si tiene bastante leche y el bebé se queda con hambre, o que tendrá que ir a trabajar o que tienen una situación difícil por los celos del hermano mayor.

El papel del observador es el de una escucha atenta, receptiva, sin intervenir dando consejos u opiniones. Observar, observar y solo observar.

A partir de la Observación de Bebés, Esther Bick desarrolló una serie de conceptualizaciones teóricas importantes.

¿Cuáles?

Bick descubrió que el recién nacido experimenta un tipo de malestar muy arcaico, que ella denomina «ansiedad de no integración». Este malestar es previo al procesamiento por escisión, o sea, la separación en bueno y malo. En un momento determinado, el temor es a licuarse, a fundirse, a desaparecer. Una sensación de no poder soportar el mundo.

La manera en que el bebé enfrenta este momento es focalizando su atención en un punto. Sea un punto de luz, un ángulo de la habitación, una voz, el contacto con una superficie dura. Pone su atención focalizada y así se sujeta frente a la multitud de estímulos sensoriales que en ese momento no puede procesar.

Ante una situación de múltiples impresiones, auditivas, visuales, olfativas, táctiles y sensaciones propioceptivas, a momentos el bebé se siente abrumado. El impacto de un ruido fuerte o un cambio brusco puede propiciar este estado en el que se produce un cierto colapso en su capacidad de organizar todos los estímulos que recibe. Ahí se vale del manejo de su atención para recuperarse. En lugar de una atención dispersa, una atención focal. Esta descripción corresponde al tipo de ansiedad que Bick denominó «Ansiedad de no integración».

¿Este estado supone que todo lo que percibe el bebé se hace significativo?

Precisamente es lo contrario. Es que ahora no puede dar sentido a nada, porque está colapsado, se ha sobrepasado su capacidad de procesar estímulos y darles sentido. La atención está dispersa.

Si pudiese hablar, el bebé nos diría algo como: «No sé qué me pasa, no sé, no sé, no sé. No me digas nada, ahora, déjame, déjame… Pero no te vayas… Quédate ahí, pero no hagas nada…». Y desde ahí, él mismo busca reorganizarse y nos enseña cómo usar la atención focalizada para encontrar, de nuevo, el orden interno.

Este funcionamiento de la atención me interesa muchísimo. Me ayuda mucho ver el papel que juega en la recuperación de una ansiedad de este carácter.

¿Te ayuda cuando tratas a bebés y niños?

Me ayuda siempre. Me es útil para mi trabajo también con adolescentes y adultos.

En situaciones de agitación o en crisis de ansiedad, prestar atención a la respiración, mirar fijamente un objeto o dibujar y escuchar el sonido del lápiz sobre el papel son cosas que nos sujetan el alma.

Estos aspectos son aportaciones nuevas de Esther Bick en relación con la ansiedad de no integración.

En los adolescentes nos encontramos a menudo una reaparición de esta ansiedad. Puede darse una situación de crisis en la que, si le haces una pregunta, solo pueda decir: «No sé, no sé, no sé…». Está bloqueado. No puede salir de ahí. No necesita que le insistas, ni tampoco que lo dejes estar. Necesita que no te asustes y que sepas que puede recuperar su autoorganización, por ejemplo, ayudándolo a encontrar un punto de concentración de su atención. A veces solo es cuestión de estar atento y acompañarlo.

El hecho de que adolescentes y jóvenes en situaciones de crisis se hagan cortes en la piel, creo que, probablemente, es un intento de que a través de un dolor intenso, o de la sangre, su atención se centre y disminuya su desorganización interna. Yo no lo siento como autolesivo o llamada de atención, más bien un grito sordo que esconde: «¡Así no puedo vivir, no puedo pensar, no soporto este desorden en mi cabeza!». Ahí reaparecen ansiedades muy arcaicas del bebé. Otra vez la prehistoria en el presente.

Otra aportación de Esther Bick tiene que ver con el sentido metafórico que le da a la piel. La piel como continente que nos alberga «estar en la propia piel» y la piel como experiencia, cuando hablamos de «ponernos en la piel del otro». Lo llama «piel psíquica» y describe diferentes maneras de habitarla.

También habla de cómo podemos crear una pseudopiel, a la que llama «segunda piel» que nos daría una falsa identidad o falso *self*.

El falso *self* es como si una mujer, que es maestra de profesión, llevase la «bata de maestra» y se comportase como tal en la relación con su marido, con sus hijos, con sus amigos y con sus padres. Está haciendo de una faceta de su identidad una segunda piel, que le hace estar en todas las relaciones dentro de ese lugar. O como si yo fuera «psiquiatra» en todas mis relaciones. Tenemos identidades múltiples, pero si me pongo dentro de una sola identidad, construyo un falso *self*.

Sabemos, y en referencia a la piel, que si el bebé está inquieto y la madre lo toma en brazos, ese contacto piel con piel lo reconforta, le hace reconocer sus límites. Le devuelve sus límites. Esther Bick teoriza la piel como un representante psíquico. Es como si la relación contenedora con el otro se experimenta como una piel que te sostiene.

Manuel Pérez Sánchez, primero con Núria Abelló y luego con Hafsa Chbani, ha ido desarrollando una serie de conceptos como «unidad originaria», «autonomía del bebé» o «estados de la mente», diferenciando la idea de «estado de la idea de función» (conceptos desarrollados en el capítulo sexto de «La máquina del tiempo»).

Estas son algunas ideas, a partir de la Observación de Bebés, que nos ayudan a abrir más puertas de conocimiento respecto a la creación y funcionamiento de nuestro Big Data personal.

SEITAI. EL MOVIMIENTO VITAL

L- Àngels sugirió para este viaje un capítulo que se dedicara al Seitai, un modo nuevo de pensar el cuerpo, la mente y la vida. Si bien detenernos aquí puede generar cierta sorpresa, a Àngels le pareció necesario. Con palabras textuales dijo:

«Abro ahora un episodio que puede crear perplejidad. Si a lo largo de este libro, que requiere cultivo de paciencia y perseverancia, me he decidido a dedicar un capítulo a este tema, es porque me parece que necesitamos estas nuevas ideas.

»Si el lector heroico ha llegado hasta aquí, le ruego que, a pesar de contener una serie de conceptos que pueden parecer extraños, le dedique atención. Es importante y abarca mucho más que una simple aportación para entender la mente. Es un modo nuevo de pensar la inteligencia de la vida».

Ante tal planteamiento, empezamos a construir este capítulo.

L- ¿Qué es el Seitai?

À- Lo que más me llamó la atención cuando leí por primera vez el término «Seitai» fue la referencia a «la observación del movimiento espontáneo del cuerpo». Me pareció interesante. Reunía dos cosas de mi interés: «observación» y «espontáneo»; decidí indagar en qué consistía. Conocí a Katsumi Mamine[41], maestro en Seitai, y en estos quince años, que he estado trabajando con él, he aprendido a pensar la vida y el cuerpo desde una perspectiva nueva y diferente.

La idea central es que la vida es movimiento. Si nos permitirnos observar la expresión vital de cada uno a través del movimiento espontáneo del cuerpo, estaremos alineados en la comprensión de nuestra verdadera naturaleza. Observamos en el bebé su capacidad de movimiento espontáneo. Esta espontaneidad la vamos perdiendo a partir de las exigencias sociales y, muchas veces, las prácticas gimnásticas.

La cuestión central es la de poder observar la necesidad del propio cuerpo de expresarse de manera inteligente a través del movimiento espontáneo. Cuando este movimiento queda bloqueado, se van a pro-

---

41 **Katsumi Mamine** (1944-2020). Entre sus múltiples trabajos destacamos *El movimiento vital* (Icaria, 2014).

ducir tensiones parciales excesivas que van a producir disfunción. Puede ser en el plano somático: inflamación, contractura, espasmos… o en el plano psíquico: irritabilidad, estrés, obsesividad, depresión… Es decir, manifestaciones variadas según el sistema que queda bloqueado o hiperactivado.

Se han desarrollado modos de favorecer la recuperación del movimiento espontáneo como las prácticas de Katsugen Undo y de Yuki.

Es un modo nuevo de concebir la vida. Surgió en el siglo XX, en Japón. Todo lo que desarrollaré a continuación nace de la capacidad de intuición y de observación de un hombre: Haruchika Noguchi[42]. Él describió el movimiento que está en el origen de la vida, así como que este movimiento contiene inteligencia y orden.

Noguchi era un niño que, con doce años, puso en juego una capacidad: su manera de cuidar y aliviar, con las manos, las dolencias de personas que acudían a él. Tenía un dojo, donde mucha gente iba a pedir sus servicios. Su fama lo llevó a ser requerido por la emperatriz e ir al Palacio Imperial de Tokio para tratarla de sus dolencias.

Otro nombre clave para el desarrollo del Seitai es, precisamente, Katsumi Mamine. Fue discípulo de Noguchi y ha desarrollado conceptos clave como la **CVP** (eje cráneo-vértebro-pélvico). Un mérito muy importante para mí es que ha hecho un trabajo sistemático y preciso. Describió minuciosamente un modo nuevo de entender el cuerpo y la mente humanos desde los conocimientos de la embriología, el desarrollo celular y de los sistemas y los órganos del cuerpo humano, y a partir **del eje (CVP) y los cinco movimientos**. La observación lo llevó a la etología y a la botánica para verificar si estos movimientos estaban en el núcleo de la vida y de qué modo se daban en cada especie animal e incluso en las plantas.

Katsumi Mamine tuvo dos maestros: Haruchika Noguchi y Shinichi Suzuki. Estudió Bellas Artes. En los años 70 vino a Barcelona, cautivado por la música de Pau Casals y se instaló en un dojo, donde ha desarrollado sus estudios sobre embriología, evolución de las especies, anatomía, medicina china y, por supuesto, Seitai. Falleció el 14 de abril de 2020, justo cuando estábamos aplicando las últimas correcciones a

---

42 **Haruchika Noguchi** (1911-1976) fue el fundador del Seitai como una actividad cultural sobre la vida y la salud, concebida desde el movimiento espontáneo del cuerpo.

este libro. Desde este modesto capítulo quiero rendir homenaje a este gran maestro.

Narciso Yepes, guitarrista que vivió y practicó la cultura Seitai durante los últimos años de su vida, dice: «Estoy convencido de que el Seitai, legado por el maestro Noguchi, es la cultura espiritual más innovadora y significativa que ha recibido la humanidad en este siglo».

Pero ¿qué es la CVP?

El Seitai define la **CVP** como la parte rectora de la vida (en los vertebrados). Mamine se da cuenta de que la transmisión de estos conceptos es difícil. Dice que la CVP es el eslabón perdido del conocimiento humano. El cerebro no rige la vida, sino que pertenece a una organización, la CVP. Desde ahí se coordina a través del movimiento espontáneo y la respiración. Observar y seguir cómo funciona este movimiento vital que habita dentro de nosotros y así poder acercarnos a lo que llaman **«yo espontáneo»**.

Este movimiento espontáneo y complejo habita ya en cada célula, en cada órgano, en cada víscera y en cada sistema corporal. Y cada tipo de función corporal cuenta con un predominio u otro de los **cinco movimientos** que posee. Si no prestamos atención a este estado celular, corporal y no consciente, enfermamos. El movimiento espontáneo consiste en algo muy distinto a lo que estamos acostumbrados. Consiste en no disciplina, no método, no control.

¿Podrías describir a grandes rasgos en qué consiste esta nueva aportación? ¿Cuáles son esos cinco movimientos?

Creo que las siguientes páginas son un desafío a la paciencia del lector y a las dificultades que nos supone colocarnos delante de una idea nueva y delante de la complejidad que supone. Quizá también de mi torpeza en no saber explicarlo mejor.

Vamos a hablar del movimiento que, de modo espontáneo, organiza la vida.

Como siempre, a lo largo del libro, voy al origen. Solo seguiré con una cierta atención la descripción que Katsumi Mamine hace de algunos de los sucesos de las tres primeras semanas de vida del embrión. Los interesados en conocer más de nuestros primeros movimientos pueden seguirlos en las publicaciones de Seitai. Pero no he podido sustraerme a exponer brevemente estos primeros momentos de organización celular.

Nos encontramos en la singularidad. El Big Bang. La primera célula fecundada.

Desde el momento de la fecundación, cuando el óvulo y el espermatozoide se encuentran, nace una célula con una intensa actividad mitótica. Se multiplica por 2, por 4, por 8, por 16…, y en una semana se han creado millones de células. Estos millones están claramente divididos en dos grupos.

En la segunda semana, estos dos grupos, claramente diferenciados, son de naturaleza estática y medular. Uno en un extremo, hacia arriba, epiblasto; y el otro, en el otro extremo, hipoblasto, hacia abajo y adentro.

El **epiblasto** está compuesto por grandes células con una forma bien clara y delimitada, se coloca arriba o dorsal. Son las células que definen el movimiento vertical. Mamine las llamó «células I/II», y darán lugar al sistema nervioso central. Son las futuras neuronas. Son de naturaleza estático-medular y el movimiento va hacia arriba.

Y el otro grupo, el **hipoblasto**, genera la cavidad primaria. Está compuesto por diminutas células de forma poco clara, a diferencia de las anteriores. Formarán los órganos reproductivos y el tejido conectivo. Tienen un movimiento ameboideo y su carácter es multirradial. Toman el nombre de «células IX» y «células X».

Estas son las encargadas de sujetar las células I/II. Las cohesionan y, con las células que más adelante desarrollaran la placenta y el cordón umbilical, crean lo que llama «lazo primario». El movimiento es hacia abajo y adentro. El movimiento es de tipo central, circular, estático y medular.

De la primera organización, emana un movimiento hacia arriba, antigravitatorio y hacia la luz. La segunda crea un movimiento hacia abajo y adentro, dimensión gravitatoria y hacia la oscuridad del interior, de característica multirradial.

Estas primeras estructuras definirán, a lo largo de toda la vida, el eje principal. Las células I y II definen las futuras zonas craneales, y las células IX y X definen la zona caudal o pélvica. Se crea un eje llamado Notocorda que desarrollará los discos intervertebrales y se va definiendo la unión del cráneo y la columna. Las primeras (I y II) crean un tubo, las segundas (IX y X) dan cohesión y consistencia a estas primeras estructuras.

En la tercera semana aparecen los tres grupos de naturaleza dinámica y periférica. La zona medial entre las dos primeras origina una cavidad donde se formarán los tres sistemas viscerales.

Mientras tanto, el epiblasto va desarrollándose y ahora toma el nombre de **ectodermo**, encargado de transmitir información a los nuevos grupos viscerales o **mesodermo,** que se colocan en la zona medial.

Las células I y II del eje dorsal crean el tubo neuronal que será la médula espinal y el cerebro. También, la cadena simpática y la capa más externa de la piel.

Las células IX y X, que constituían la llamada **cavidad primaria**, pasa a denominarse **saco vitelino,** y lo que antes se llamaba hipoblasto, ahora se denomina **endodermo**. El endodermo está formado por la fusión de las células IX y X con las células de los grupos recién aparecidos.

Estas células multirradiales tienen una gran capacidad de regeneración celular y cohesión o conjunción. Forma el eje ventral de todos los órganos viscerales. Crean un gran sistema orgánico: el reproductor, el regenerador celular y el conjuntivo. Dan paso, también, a otro tipo de células como neuronas conjuntivas, fascia muscular, sistema linfático y sistema endocrino.

Las únicas que sobreviven en el adulto como células IX y X serán las que contienen y producen hormona sexual.

Así pues, tenemos:

Células I y II, regidas por el movimiento vertical.

Células IX y X, regidas por el movimiento hacia abajo y adentro.

Y en medio, en esta gran cavidad, se van a desarrollar tres nuevos grupos celulares, cada uno diferenciado según el predominio de un movimiento. Estos tres grupos se denominan mesodérmicos.

Nacen en medio de los dos grupos primeros (I y II) y (IX y X) y crecen alrededor del eje medular.

Células V/VI, regidas por el movimiento frontal.

Células III/IV, regidas por el movimiento lateral.

Células VII/VIII, regidas por el movimiento rotatorio.

Vamos a hacer un pequeño recorrido por cada uno de estos grupos celulares para ir viendo sus características y su especificidad e imaginarlos, ya, en lo que será el futuro cuerpo del bebé y del adulto.

Como hemos dicho, en los dos extremos de la CVP hay los dos organizadores estáticos o medulares: en el extremo superior de la CVP predomina el **movimiento vertical**, las estructuras que le corresponden son el **cráneo y el cerebro**.

Este movimiento vertical crea, promueve y activa el sistema nervioso central, básicamente las áreas corticales. El órgano sensorial que le corresponde es la **vista**. Estimula la capacidad de observación, anticipación, cálculo, planificación, priorización y decisión. Tiene un funcionamiento eminentemente jerárquico. A su cargo, tiene la función de coordinación con el resto de las estructuras.

En el otro extremo inferior de la CVP —abajo y adentro— predomina el **movimiento multirradial** y las estructuras correspondientes son la **pelvis y los órganos genitales**.

Este movimiento multirradial promueve los órganos genitales y es la base del tejido conectivo. Crea conexión con lo más original y profundo de cada ser humano. Está vinculado a la sexualidad, a la creatividad, a la innovación y al misticismo. También se encarga de la regeneración, es decir, de la reparación celular y la cohesión de los tejidos corporales. Vinculada al sentido del **tacto**, contiene una gran sensibilidad hacia lo más original y singular de cada uno.

En medio de la CVP se van diferenciando y compartimentando tres nuevas cavidades con tres sistemas orgánicos muy distintos.

La cavidad central corresponde al movimiento lateral del eje hacia la derecha e izquierda. Por encima de esta, se encuentra la cavidad que desarrollará tejidos regidos por el movimiento frontal, hacia delante y atrás, y, por debajo de la cavidad central, está otro grupo celular regido por el movimiento rotatorio, también derecha e izquierda.

Estas primeras estructuras contienen todos los elementos para el desplegamiento posterior de la totalidad del cuerpo humano.

Entonces, ¿el mesodermo contiene los otros tres movimientos?
Predominantemente, sí. ¡Vamos a verlos!

Movimiento frontal
Arranca de la cintura escapular (hombros), de la columna cervical (cuello) y articulación coxofemoral (cadera). El órgano sensorial correspondiente es el **olfato**.

Este movimiento, crea estructuras celulares con el predominio frontal, rectilíneo, hacia delante. Gobierna el sistema locomotor y respiratorio. Corresponde a la futura formación de los huesos, músculos y tendones, así como de todas las estructuras bronquiales y pulmonares.

Está concebido para el paso a la acción. Busca la acción más eficiente y el ahorro de energía del sistema. Tiene que ver con el movimiento recto, hacia delante, buscando la máxima eficiencia. Andar, correr. Hacer.

A mí me llamó la atención este modo de concebir los sistemas corporales, porque en mis estudios de medicina no se relacionaban el sistema motor y el sistema respiratorio de esta manera. En cambio, ambos sistemas presentan estructuras celulares que tienden a organizarse desde lo rectilíneo (tanto huesos y músculos, como bronquios).

A nivel psíquico nos mueve a la acción buscando el camino más corto, al pragmatismo y a la eficiencia.

Movimiento lateral (derecha/izquierda)

Está situado en la columna dorsal y supone el desplazamiento lateral a derecha e izquierda. El sentido del **gusto** es su correspondiente órgano sensorial.

Crea las estructuras celulares del sistema cardiocirculatorio y digestivo. Esto me genera una nueva sorpresa. No había estudiado así las relaciones de ambos sistemas viscerales.

Este movimiento promueve la capacidad de crear redes vasculares que lleguen a todo el territorio corporal para que, desde el corazón, podamos tener un motor, impulsor de la sangre, a través de todo este sistema, para hacerla llegar a todos los rincones del cuerpo. Para eso se ha desplegado una red de vasos que irriga todos los rincones a través de la capilaridad para llevar oxígeno y nutrientes y sistema inmunitario a todos los territorios. Por otro lado, está el sistema digestivo y asimilativo que transforma elementos externos en el sostén energético del cuerpo. También, la creación del sistema digestivo tiene un predominio de movimiento lateral en la construcción de lo que será el intestino delgado, con la finalidad de abrir el máximo espacio de intercambio en un lugar de dimensiones reducidas. Recordemos la longitud del intestino y sus curvas.

Todas las estructuras celulares de este sistema están presididas por el movimiento lateral, tanto a nivel capilar como en el intestino, que adoptan disposiciones hacia un lado y otro para cubrir territorio, aportando sangre, o para el mejor aprovechamiento de los recursos, en un espacio limitado.

A nivel psicológico nos va a permitir el encuentro, abrazo, hospitalidad, compartir alimento, abrir confidencias, resonar en el sufrimiento con el otro o en la alegría y la tristeza.

Movimiento rotatorio (espiral o giratorio) (derecha/izquierda)

Situado a nivel de la columna lumbar, gobierna el sistema eliminatorio o renal. También crea las estructuras de otros sistemas como la zona coclear del oído y las glándulas sudoríparas. El sentido del **oído** sería su correspondiente órgano sensorial.

El modo de filtrado de los glomérulos renales supone un modo giratorio de vigilancia y eliminación de cualquier elemento nocivo para el cuerpo. También rige las estructuras del equilibrio corporal.

A nivel psicológico, supone cuestiones de afirmación, discrepancia, debate de ideas, combate para la defensa del lugar de cada uno y preservación del territorio. Llama la atención que muchos mamíferos definen a través de la orina su territorialidad.

Todos los movimientos se dan en más (+) y en menos (-). Esto significa que se dan desde la tensión y la distensión o relajamiento de cada uno. En el sistema muscular está claro que para producir movimiento necesitamos de la acción coordinada de agonistas y antagonistas. Unos se contraen y los otros se relajan simultáneamente. Arriba/abajo, dentro/fuera, delante/atrás, derecha/izquierda.

Todo esto que he explicado corresponde a las tres primeras semanas de gestación del embrión. Luego va a desplegarse en veinticinco años un cuerpo humano adulto, y va a seguir funcionando todo después, ateniéndose a esta primera organización celular.

A pesar de los predominios en la creación y el funcionamiento de las estructuras corporales, en todas ellas se da una combinación de los cinco movimientos, articulados armónicamente. Desde la capacidad de andar, correr, abrazar o luchar, a la finísima habilidad de los dedos para el arte, la música o la producción y manejo de cualquier elemento de trabajo manual.

He tratado de simplificar un trabajo de enorme complejidad, para no saturar demasiado el acercamiento a este modo nuevo de concebir el cuerpo humano. Cada persona tiene un predominio de determinados movimientos. La persona «de acción», diferente del «pensador» o de la persona «contemplativa», o del «competidor» o del «hospitalario».

En definitiva, el Seitai propone una manera distinta de pensar el cuerpo y la mente humana desde la embriología, apartándose de la concepción clásica, hasta el modo de entender todo el funcionamiento del ser humano.

¿Podemos pensar una manera más sencilla de imaginar en qué consiste esta nueva concepción a partir del movimiento?

Entiendo que te compadeces del lector y me propones algo más digerible.

La manera más sencilla que se me ha ocurrido es explicarlo a partir de imaginar un **dinosaurio en animación**. Como en dibujos animados.

Imaginemos a **DIN,** un dinosaurio plantado en el suelo, que alarga su cuello, estira la cabeza y trata de mirar al horizonte, lo más lejos que puede. Está buscando la meta a donde quiere dirigirse. Afina la mirada. Localiza su objetivo. El camino es largo.

Hasta aquí está procesando diferentes posibilidades de movimiento. Tomará un paso por las montañas o por el río. Hay un territorio que debería evitar, pues está lleno de barro y no podrá correr con seguridad.

Todo esto se procesa desde su capacidad de anticipar, planificar y decidir. Este procesador está en el cerebro. El órgano sensorial vinculado es la **vista**; los ojos.

Todo este procesamiento tiene que ver con **movimiento vertical**. Necesita distancia para activarse. Procesa espacio y tiempo amplios.

Una vez decidido el trayecto, se activa un segundo movimiento: **movimiento frontal**. La iniciativa de este movimiento está en la cintura escapular. Los hombros. A partir de los hombros se pone en marcha todo el sistema musculoesquelético y respiratorio.

Echa a andar y luego se pone a correr. Respira profundamente por la nariz. Va corrigiendo la trayectoria sobre la marcha para encontrar el modo más rectilíneo, eficiente y práctico para ir salvando los obstáculos que se vayan presentando. El movimiento de sus patas delanteras y traseras está perfectamente sincronizado. El **olfato** también lo puede guiar para ver dónde será mejor pararse a descansar y comer.

Una vez decidido a parar, encuentra un claro del bosque donde hay un grupo de congéneres con sus crías. Están comiendo y compartiendo animadamente. Se detiene y se saludan. Lo invitan a comer y él acepta encantado. Están en círculo, conversan y se interesan uno por el otro mientras comparten la comida. «Esto está muy bueno. ¿Te gusta?», «¡Mmm qué rico!». La cabeza y los hombros se desplazan a un lado y otro para atender lo que dice un compañero o para dirigirse a un cachorro. Hay un espacio y un tiempo detenidos en ese momento. El sentido del **gusto** está implicado. La conversación, la distensión y la improvisación. «¡Ay! ¡Voy a probar esto, que tiene buena pinta!». Este es el **movimiento lateral** (derecha izquierda). Se vive el placer del momento. Su aparato digestivo y cardiocirculatorio están en primer plano. Hasta a lo mejor hace una siesta para dar tiempo a su digestión.

Vuelve a ponerse en marcha, ha compartido y ahora se va. Cuando se ha alejado del grupo de congéneres y va retomando su marcha, oye un ruido extraño. Aguza el **oído** y se percata de que hay una amenaza. Cree reconocer el movimiento de otro dinosaurio, carnívoro, más pequeño, pero con mucho movimiento y muy agresivo. Ya los conoce. Se pone en guardia. Su sistema de alerta se activa. Cree que está en el territorio donde acostumbran a ir al acecho estos carnívoros. Se activa el **movimiento rotatorio**. Gira su cuerpo a derecha e izquierda para ver si viene por detrás y siente que en todo su cuerpo se activa el sistema de alerta.

Efectivamente, ve que se aproxima su enemigo amenazador y, de un salto, entran en combate cuerpo a cuerpo, rodando por el suelo, los dos cuerpos girando desiguales y con gran ferocidad. A pesar de la ligereza del otro, el peso de DIN, su destreza y su fuerza consiguen la victoria.

Este movimiento giratorio se despliega a partir de la cintura y de la zona renal. Tiene que ver con la defensa, la vigilancia, el filtrado y eliminación de lo que nos puede dañar. La defensa de la territorialidad y la capacidad de combate.

DIN prosigue su camino. Necesita llegar a su destino. Allí lo espera una *dinosauria* que ha conocido recientemente y ambos han conectado de un modo casi magnético. Quedaron en que se volverían a ver.

El encuentro es intenso. Podrán hacer el amor y sentirse conectados de un modo trascendente. Luego, se retirará hacia adentro para abrir el escenario de sus sueños. De ahí nacerán cachorros e ideas nuevas.

Estamos hablando de la pelvis y de los órganos genitales. De la sexualidad, del vínculo profundo, de la creatividad, de la singularidad y originalidad de cada uno. Ahí estamos en **movimiento multirradial** hacia adentro y en la relajación hacia afuera.

Cada uno de nosotros estamos hechos a partir de estos cinco movimientos, pero en singular proporción en cada uno. Uno tendrá más predominio de movimiento vertical y frontal. Otro más lateral. Otro más rotatorio. Y otro más multirradial. Y todas las combinaciones posibles. Esta combinatoria tiene que ver con lo que en Seitai se denomina el Taiheki o disposición innata.

La razón por la cual incluyo el Seitai en este compendio de ideas que trato de transmitir se debe fundamentalmente a que creo que es una perspectiva revolucionaria para pensarnos.

Se aparta de la mirada sobre el cuerpo de la medicina occidental, que parte de la división cabeza-tronco y extremidades y que cada vez se ha ido atomizando en especialidades médicas, que impiden una visión de conjunto.

En Japón el Seitai se ha incluido hace ya muchos años dentro del Ministerio de Cultura y es reconocida por el Ministerio de Salud como una nueva forma de pensar el cuerpo y la mente humanos.

Es una concepción nueva y me parece necesario que la incorporemos como otro instrumento para pensarnos.

¿Qué recorrido sigues para ir del Seitai a tu trabajo en la consulta?

Entiendo que no es fácil dar un salto de la concepción del movimiento vital del Seitai a su aplicación en los funcionamientos mentales. Nos hemos acercado de forma muy sucinta a lo que sucede en las tres primeras semanas de gestación para intentar reseguir, desde los orígenes, el despliegue del cuerpo y la mente.

Haruchica Noguchi adelantó que se necesitarían cincuenta o cien años para asimilar esta visión nueva a nivel colectivo. Yo hace unos veinte años que empecé a pensar todo esto.

La aportación del Seitai es que entiende el movimiento como algo con sentido, que construye modos para acercarnos a comprender la inteligencia de la vida.

La palabra «emoción» a nivel etimológico viene del latín *emotio* y *motio*, que significa 'movimiento'. Desde el psicoanálisis también se ha abrazado la idea de movimiento con la psicología dinámica. Esta ha impregnado el modo de pensar acerca de las emociones y sus procesamientos.

¡De modo que no están tan lejos!

Desde el Seitai se dibujan cinco maneras de procesar el conocimiento del mundo y del misterio de la vida y de la muerte: cómo está hecho el mundo, quiénes son mis semejantes o todo aquello que me rodea; cómo puedo aportar desde mi capacidad de acción, de amor y de detección de peligros, y ser yo mismo.

Con todo esto en mi mente y la idea de que cada uno de nosotros tenemos una combinatoria singular de estos cinco movimientos, me resulta más accesible entender la diversidad de cada uno y cómo esta es necesaria.

En mi modelo de la mente, se abre un espacio para aprender acerca de los vínculos diferentes que creamos los humanos.

Así mismo y siguiendo a Bion, amplío los vínculos LHK concibiéndolos de la siguiente forma:

Conocimiento.

Cooperación.

Amor.

Odio.

Creatividad.

Esta ampliación me llevó a entender que los supuestos, del capítulo «Supuestos básicos de los grupos», necesito pensarlos también como cinco:

Supuesto básico de aprendizaje y conocimiento.

Supuesto básico de cooperación.

Supuesto básico de encuentro y abrigo (dependencia).

Supuesto básico de combate (ataque-fuga).

Supuesto básico de creatividad (apareamiento).

Sobre y en medio de estos supuestos estará el grupo de trabajo o sofisticado, según la terminología Bioniana, que tendrá que organizar la tarea dentro de esta compleja emocionalidad del grupo.

Esta extensión de los procesadores mentales en cada individuo y en cada grupo supone una enorme complejidad y un enorme potencial.

Cuando hemos hablado, en el capítulo de grupos, de la disfunción de los mismos, también hemos de prestar atención a la dificultad que supone el poder conducir esta emocionalidad para lograr que la tarea que el grupo se propone pueda salir adelante. Y los fracasos, delante de las dificultades que muchas veces suponen los conflictos, tanto a nivel individual como grupal.

Más allá de la esfera profesional, del mismo modo que digo que mi trabajo personal en psicoanálisis me ha permitido vivir más y más tiempo, el Seitai me ha abierto espacios nuevos.

TERCERA DIMENSIÓN: AGUJEROS NEGROS

À- Los agujeros negros, la materia oscura, los agujeros de gusano, la energía, la vibración, la gravitación, el espacio y el tiempo son conceptos que me interesan desde hace muchos años.

Las herramientas que utilizan los físicos para investigar el universo nos ayudan abriendo posibilidades nuevas para pensar la mente humana.

Desde el inicio, el psicoanálisis y la psicología cognitiva han estudiado sus postulados siguiendo de cerca el cuerpo. Freud inaugura su teoría de la mente a partir de organizadores corporales. Las fases del desarrollo van siguiendo el cuerpo: oral, anal, uretral o fálica y genital.

Después, hemos necesitado incrementar nuestra perspectiva para pensar la mente humana con más elementos: la familia, el grupo, el cuerpo social y lo transgeneracional.

Aun así necesitamos otras disciplinas que nos ayuden a pensar. La física, cuando se encuentra con la necesidad de investigar la materia visible, la energía, las dimensiones espacio y tiempo o el comportamiento irreconocible de otra clase de materia en el universo, nos está dando la posibilidad de pensar en aquello que no entendemos cuando investigamos la mente solo desde la perspectiva psicológica o biológica.

Los físicos nos dicen que hay cosas que no se ven, pero que se sabe que están (como la materia oscura), y que no solo inferimos su existencia por determinados hechos, sino que cohesionan aquello que se ve y son una parte quizá mucho mayor de lo que es visible y detectable. Esto nos puede ayudar a pensar el consciente y el inconsciente.

Cuando Newton[43], Halley[44] y Einstein[45] estudian la gravedad, buscan explicaciones, respuestas y conclusiones al hecho de que los cuerpos se puedan modificar o atraer a distancia, sin ninguna acción que se pueda ver.

En las aproximaciones habidas para comprender este hecho, se explica que las coordenadas espacio/tiempo se modifican dependiendo de la masa y de la densidad de un cuerpo. ¿Qué pasa entonces? ¿Cómo son estas coordenadas espacio/tiempo? ¿De qué depende su modificación?

Cuestiones que son claras y explícitas se vuelven oscuras, implícitas y nada evidentes, y abren una nueva vía de exploración. La pregunta que yo me hago es: estos descubrimientos, acerca del universo, la materia, el tiempo, el espacio… ¿tienen algo que ver con los fenómenos que nosotros observamos en las personas?

Se sabe que los agujeros negros son un fenómeno en el que, a partir de un campo gravitatorio de altísima intensidad, se produce un colapso de las coordenadas espacio/tiempo, precipitando en su seno todos los cuerpos que están alrededor y la luz también. ¿Esta descripción tiene algo que ver con lo que nos pasa a nosotros en una situación de colapso psíquico?

Tenía un paciente que describía perfectamente la melancolía en una depresión severa, haciendo uso de metáforas como estar dentro de un pozo, o en un agujero, o que todo a su alrededor era negro. Delante de mi interés, solo podía responder en términos absolutos. Sí/no, nunca/siempre, todo/nada, todos/nadie; «Nunca me pondré bien», «Siempre me pasará lo mismo», «Todo va mal», «Todos me odian», «Nadie me puede ayudar»… Su capacidad narrativa estaba colapsada por los absolutos. Los parámetros espacio/tiempo convencionales no le servían. No podía hacer una descripción secuenciada de cómo se encontraba ni establecer asociaciones con otros hechos.

---

43 **Isaac Newton** (1642-1727). Matemático y físico. Entre sus muchas aportaciones, en su libro *Principios matemáticos de la Filosofía Natural* (1687), describe la ley de la gravitación universal.

44 **Edmund Halley** (1656-1742). Astrónomo y matemático inglés, fue colaborador de Newton en los trabajos sobre la atracción gravitatoria de los cuerpos. Entre otras obras, destaca *Tablas Astronómicas* (1752). Predijo el regreso periódico de los cometas en el sistema solar. Posteriormente se le ha dado a un cometa su apellido.

45 **Albert Einstein** (1879-1955). Es el científico más conocido del siglo XX. Entre sus muchísimos descubrimientos y publicaciones destacaremos *Teoría general de la Relatividad* (1915), donde reformula el concepto de gravedad.

En esta situación de colapso de las coordenadas espacio/tiempo se funciona en absolutos y en un tiempo detenido.

¿De qué modo nos puede ayudar la física en su descripción de fenómenos del universo?

Resulta que, si analizamos el total de la materia en el universo, solo un 4 % sería materia visible, y el resto repartido entre materia oscura (24 %) y energía oscura (72 %), según las últimas publicaciones. La materia oscura como he dicho no es perceptible, pero cohesiona y organiza lo que es visible. ¿Esto nos proporciona elementos para pensar la relación consciente/inconsciente?

¿Y los agujeros de gusano? Es una hipótesis topológica según la cual habría un fenómeno de «atajo» a través del espacio y del tiempo, por el que podría transitar la materia. Tiene dos extremos, lo que nos permitiría viajar en el tiempo a otra dimensión.

Me he encontrado con pacientes que han tenido experiencias cercanas a la muerte, en las que experimentan una especie de agujero de gusano. Hablan de un recorrido muy vívido por la experiencia de su vida, en solo unos segundos.

O en otros casos de personas que han sufrido accidentes en que la experiencia es que todo va a cámara lenta.

En las situaciones traumáticas graves y cercanas a la muerte, el tiempo funciona diferente.

Todas estas cuestiones nos tendrían que ayudar a pensar de qué manera está construida nuestra mente. ¿Es radicalmente diferente al resto de cosas que suceden en el mundo? ¿Es diferente a las otras especies del planeta? ¿En qué se parece y en qué no?

L- Hemos estado hablando del desarrollo humano, su prehistoria y las relaciones que se establecen desde el origen. Todo parece guardar un cierto orden interno, una estructura que se puede intuir y que nos ayuda a pensar la mente, el cuerpo, el grupo.

Pero pasan cosas que no entendemos. Hay fuerzas que operan sobre nosotros de las cuales no tenemos una explicación clara. Se manifiestan de manera borrosa, camuflada y difícil de entender, y no sabemos bastante para poder clasificarlas, estructurarlas y tratarlas. Un ejemplo de este cúmulo de fenómenos que son difíciles de describir es *El trastorno mental*.

En la siguiente dimensión nos adentraremos en ***Cómo enfermamos*** para pensar qué pasa, cómo pasa, qué se rompe, qué se desafina, cómo se llega y cómo se vuelve de ahí.

Después, profundizaremos en ***La perversión*** como uno de los ejes generadores de patología.

Luego, observaremos las maneras de hacer frente a los agujeros que tenemos los humanos. Tiempo atrás había ***El manicomio***, primero pensado como lugar de atención y cuidado, pero que devenía un agujero negro del trastorno. Nos detendremos un tiempo, lo veremos por dentro, observaremos cómo era esta institución y qué fomentaba y pensaremos en los procesos de transformación que llevaron las actuales unidades de hospitalización psiquiátrica. Revisaremos los ***Fármacos*** como la terapia más utilizada actualmente para afrontar el trastorno mental y la analizaremos, la cuestionaremos y la relativizaremos.

Este agujero de gusano nos hará salir a la siguiente dimensión donde estudiaremos perspectivas de acceso a la transformación de estas disfunciones. Utilizaremos la materia oscura como metáfora de las fuerzas que sostienen la salud.

En todo momento viajaremos con una premisa concreta: el trastorno mental no es una enfermedad incurable. O ni siquiera es una «enfermedad». Pero hace falta un trabajo exhaustivo y ser muy valiente para poder caminar en la oscuridad.

EL TRASTORNO MENTAL

L- En los anteriores capítulos, todo lo que hacía referencia a las dificultades mentales ha quedado solo apuntado. Dada la formación de Àngels como psiquiatra, pensamos que era oportuno continuar la reflexión introduciéndonos en el trastorno mental. Consideraremos tanto el funcionamiento saludable como el disfuncionamiento. Creemos que se abrirán ventanas, puertas y caminos. El abordaje no tendrá tecnicismos ni estará orientado solo a personas que estén sensibilizadas con el tema. Nuestra pretensión es entender un poco más por qué aparecen dificultades mentales y crisis, para así encontrar un camino más saludable.

L- **Hemos pensado los funcionamientos de la mente desde el psicoanálisis, nos hemos adentrado en el consciente y el inconsciente de lo que sería un funcionamiento saludable de la mente. Pero ¿qué pasa cuando hay un trastorno mental? O, yendo a los inicios, ¿por qué hay un trastorno mental?**

À- Para intentar responderte al porqué, yo también iré a los inicios. A los inicios de mi carrera profesional en el tratamiento de personas ingresadas en el hospital psiquiátrico.

No olvidaré nunca la experiencia que viví con uno de mis primeros pacientes. Yo empecé a trabajar en el Instituto Mental de la Santa Creu como R1, MIR residente de psiquiatría del Hospital de Sant Pau. Me adjudicaron el tratamiento de un muchacho muy inteligente, estudiante de Filosofía, que había hecho un cuadro delirante y le habían diagnosticado provisionalmente esquizofrenia. Lo llamaremos Peter.

Cuando estaba hablando con él, en un momento dado, me preguntó: ¿A mí por qué me ha pasado todo esto?».

Yo no tenía ni idea de por qué, ni tampoco lo entendía, pero creía que le tenía que dar una respuesta. Pensé en las clases de psiquiatría y le intenté explicar algunas cosas de lo que había aprendido.

Le dije algo así: «Pues mire, resulta que todos tenemos en el cerebro y en el cuerpo un sistema llamado dopaminérgico. Tiene unos neurotransmisores que pasan la información de una neurona a otra. Este sistema está hiperactivado y en estado de alerta y…».

Me escuchaba con atención. Hice un poco más de recorrido por mis escasos conocimientos de neurociencias y sobre la producción de delirios y alucinaciones. Me miró a los ojos y me dijo: «No es por eso. Esta no es la explicación de lo que me pasa».

Me lo dijo con tal claridad y contundencia que me permitió, en aquel momento, darme cuenta de que él tenía razón. Yo había intentado esgrimir la poca información que tenía al respecto para poder responderle, pero en realidad no sabía ni entendía lo que le estaba pasando a Peter.

Aquellas palabras no se me han ido nunca de la cabeza: «No es por eso. Esta no es la explicación de lo que me pasa».

Ahora, después de más de cuarenta años aprendiendo de mis pacientes y escuchando la misma pregunta, mi respuesta se parece más a: «No lo sé. Tengo algunas ideas, pero no sé por qué le pasa a usted esto. Podemos tratar de pensarlo juntos y podremos comprender algunas cosas».

De todas maneras, el trastorno mental está, como su propio nombre indica, en la mente, por tanto, en el cerebro. Es lógico detenerse en las neurociencias para entender qué pasa.

Se han desarrollado técnicas muy sofisticadas en el análisis del funcionamiento del cerebro para ver qué áreas neuronales se activan o inhiben en el trastorno mental. Por supuesto que se dan esas alteraciones. Pero si nos quedamos aquí, volvemos a las palabras de Peter: «No es esto. Esta no es la explicación».

Hemos querido creer que el funcionamiento de la mente es extrapolable al funcionamiento del cerebro y esto es reduccionista, simplificador, empobrecedor y falso. Hemos llegado a pensar, desde una cierta arrogancia, que viendo y entendiendo mejor cómo funciona el cerebro podríamos dominar los misterios y los enigmas de la mente.

Este es un mal que sufrimos y que René Descartes[46] en el siglo XVII agravó, separando de una manera muy categórica el cuerpo y el pensamiento en sus tratados filosóficos. Desde mi punto de vista esta equiparación mente-cerebro es completamente errónea.

¿Dónde está, pues, la mente?

---

46 **René Descartes** (1596-1650). Filósofo, matemático y físico. Destacamos entre su gran producción de pensamiento y publicaciones, *El Discurso del Método* (1637) y *Principios de Filosofía* (1644).

La mente está habitando el cuerpo en su totalidad, está habitando el espacio relacional con los otros y está habitando en el tiempo. Vayamos por partes.

El cuerpo «piensa». Un ejemplo claro son los actores y los bailarines. Expresan pensamiento e ideas con sus cuerpos. Somos capaces de captar pensamiento en el movimiento del cuerpo, en la disposición de los pies, en la posición de la espalda, en la gesticulación de los brazos y de las manos. Ahí está la mente. De la misma manera que la posición en la que ahora mismo estás transmite pensamiento. Solo con levantar una ceja ya me dices cosas. Si yo estoy apoyada en la silla hacia atrás o estoy inclinada hacia delante, pienso diferente y comunico también diferente.

La mente también habita en el espacio relacional y en el grupo. Nuestra mente penetra en la mente y en el cuerpo del otro, transmitiendo malestar, temores y deseos. En este caso, el ejemplo más evidente es el bebé. El bebé se comunica con la madre o el padre poniendo sus malestares y necesidades dentro del cuerpo y la mente del otro. ¿Y cómo? Llora sin parar, sin tregua, hagan lo que hagan para calmarlo. Cuando el otro se desespera un poco «¡No sé qué le pasa a este crío!» puede entender mejor el desespero de su bebé. Todo se mueve de forma inconsciente.

Cuando la persona que está cuidando al bebé reconozca, elabore y contenga su propia desesperación, en ese momento, se irá serenando el bebé. La mente del bebé penetra en la madre y la de la madre devuelve al bebé la desesperación transformada en una emoción soportable. «Bueno, no había para tanto…». La mente habita este vínculo.

Esto es lo mismo que cuando no puedo entender o admitir o darme cuenta, por ejemplo, de que estoy asustada hasta que no asusto a otro. Cuando haya asustado al otro, será cuando él pueda entender y atender mi espanto. Estoy enfadada y hago enfadar al otro, estoy celosa y pongo celoso al otro. Es lo mismo. Este mecanismo lo describió Melanie Klein con el nombre de «identificación proyectiva».

La mente habita en el grupo. Fíjate en el contagio del pánico: el miedo entra en el grupo como algo que se comunica de manera inmediata por la mente grupal a todos y a cada uno de los miembros. Lo mismo pasa con el desánimo, con la indignación y con otras emociones.

Por otro lado, nuestra mente también está en nuestra historia, la historia familiar y, a la vez, será penetrada por ella. Hemos recibido un mensaje cifrado que crea una cierta distorsión. Y hasta que no se pueda abrir y comprender nos puede enfermar y crear disonancias importantes.

Por ejemplo, después de la Guerra Civil, las familias formadas por personas de los dos bandos enfrentados en las que hubo maltrato, humillación o traición, están gobernadas por el silencio. No se dice: «No se puede hablar», simplemente no se habla. No se puede ni pensar.

Finalmente, la mente habita el futuro y se proyecta en él. «Dentro de dos años acabaré la carrera y me instalaré en un pueblo para preparar el doctorado».

Si la mente solo habita en el cerebro y solo enferma el cerebro, el único abordaje posible se reducirá al cerebro. ¿Qué pasará entonces? Que nos encontraremos con pacientes como Peter que nos dirán una evidencia: «No es (solo) eso. Esta no es la explicación».

Me parece trascendente entender que la mente habita el cerebro, el cuerpo, las manos, los pies, el espacio relacional, el espacio grupal y también habita el tiempo. Porque implicará una manera diferente de entender el enfermar, el curar y cómo ayudar a una persona a sanarse, contemplando toda la complejidad y la historia de la persona.

Si entendemos la mente desde esta concepción, no se pueden dar respuestas rápidas que «tapen la boca» al sufrimiento. Es necesario entender el malestar como una comunicación y hemos de darle espacio y tiempo para elaborarlo y transformarlo e ir entendiendo las cosas poco a poco.

Entiendo que esta manera de comprender la mente y el trastorno mental ha sido la resultante de un camino largo. ¿Lo podrías explicar?

Es un camino largo que no se acaba ni acabará nunca.

Como residente de psiquiatría, primero aprendí las cuestiones básicas para el manejo de la medicación en medio de una formación basada en las llamadas entidades diagnósticas, desplegadas desde los siglos XIX y XX, que clasificaban las «enfermedades mentales».

Con los años he ido viendo que el tratamiento psicofarmacológico, necesario y muy útil a veces, puede disminuir la intensidad del sentimiento de amenaza, de persecución, de la ansiedad y de la aceleración maníaca. Todo lo que no le permite pensar al paciente.

Una persona viene a la sesión. Está con una ansiedad persecutoria brutal, convencida de que los clientes del bar de debajo de su casa, donde ha desayunado antes de venir a la sesión, lo miraban con malos ojos. No solo eso, sino que se burlaban de él y cuando ha salido oía como lo insultaban. En esta situación, impregnado de este malestar tan intenso, nos será muy difícil poder trabajar y pensar juntos. Si el paciente acepta la medicación para que pueda dormir, descansar y disminuir su malestar, puede ser de mucha ayuda.

Durante mi formación aprendí también nociones de consciente e inconsciente y me interesó especialmente la frontera que las separa. Pude observar que, en una crisis psicótica, esta frontera, esta separación se difumina y hasta se pierde. Emergen contenidos inconscientes que pueden corresponder a otras experiencias del pasado, sin discriminación ni discernimiento.

En el trabajo terapéutico posterior, el paciente podría volver a relatar la experiencia de que los clientes del bar de abajo le estaban criticando o se burlaban de él. Pero ahora, tal vez, puede volver a pensarla desde un trabajo de elaboración de sus miedos, reparos y aprensiones acerca de cómo lo ven los otros. A lo mejor, ha tenido un sueño y me lo cuenta. Le pasaba algo parecido, pero con los chicos de la escuela en primaria. Se ha despertado angustiado.

Estamos en otro punto. En el sueño hay una representación y por tanto diferenciación de lo de dentro y lo de fuera. Pensó que a lo mejor sí se podía acordar del sueño estando despierto, este lo podía ayudar a reconocer estos temores antiguos suyos.

El sueño procesa y elabora, distingue fantasía y realidad. Lo que me pasa dentro y lo que pasa fuera. Mientras que el delirio se expresa a la búsqueda de que otro se haga cargo del sentido que tiene. Comunica que ahora no puedo distinguir mis miedos de lo que sucede en la realidad externa y necesito ayuda.

Si los límites entre consciente e inconsciente y entre realidad interna y externa no se mantienen, enfermaré. Si despierta estoy viendo y pensando como si fuese un sueño y creyendo que esto que me pasa es real, me perturbaré extraordinariamente. Si el discernimiento entre realidad interna y externa no es nítido, entraré en confusión.

Más adelante, me vi inmersa en la lectura y las actividades de una corriente que se denominó «antipsiquiatría». Se trataba de un movimiento aparecido al principio de los años 70 que iniciaron psiquiatras y psicoanalistas, especialmente en Italia e Inglaterra. Ronald D. Laing y David Cooper y Franco Basaglia, entre muchos otros profesionales. Fue un movimiento de lucha frente a la psiquiatría convencional. Se apoyaban en teorías nuevas que propugnaban la necesidad de abrir otros planteamientos, aparte del modelo biomédico de la enfermedad. Y eran eminentemente críticos, sosteniendo que el modelo psiquiátrico convencional fijaba el diagnóstico y perpetuaba la alienación y la cronificación.

Partían de planteamientos psicoanalíticos y sistémicos de la estructura familiar, y abrieron a la comunidad y a la política la posibilidad de ofrecer ayuda en las crisis mentales.

De manera que este fue el inicio de mi formación. Primero el cerebro y sus perturbaciones, después el espacio intrapsíquico relacional, luego las relaciones familiares y en los grupos. Y más tarde la dimensión transgeneracional me ayudó a pensar más cosas. Fue cuando comprendí que el malestar psíquico no se limita a la situación actual, sino que puede corresponder a una situación acaecida en generaciones anteriores y transferidas de una generación a otra, hasta que encuentran atención y escucha.

Pero todo esto lo aprendí sobre todo de la mano de las personas a las que atendí. Fueron ellas las que me guiaron para tratar de entender su sufrimiento y cómo acompañarlas en el trabajo de recuperación de su salud.

Cuando dices que este disfuncionamiento pasa de una generación a otra, ¿te refieres a algo genético?

No hablo de genética. Hablo de maneras de relacionarse. Hablo de patrones inconscientes que se traspasan, pero que se pueden hacer conscientes y pueden modificarse, haciendo un trabajo. Hablo de situaciones traumáticas vividas en una familia. Todo lo que hemos comentado en el capítulo «Transgeneracional».

No acabo de entender por qué se da esta confusión. Si hablamos de transmisión generacional, ¿solo lo podemos pensar como un trastorno genético? Es como si los estilos relacionales, la violencia sistemática, la negligencia y los modos de ser tratados no tuvieran un estatus suficiente para enfermarnos.

Supongo que para liberarnos de responsabilidad y para tranquilizarnos. Por un lado, «si en mi familia no hay ningún caso con trastorno mental, estamos salvados» y por otro, cuando un familiar tiene un trastorno mental, es mejor pensar que es por causa genética que pensar que tienes algún tipo de responsabilidad.

Existe un pensamiento casi religioso por el que tomamos la genética como si fuera el destino que nos ha tocado y nos determinará. Además, nadie puede escoger sus genes. Visto así nos liberamos de cualquier responsabilidad.

Pero que la comunidad científica avale y potencie esta manera de pensar me parece escandaloso.

El código genético encripta y condensa muchas posibilidades, que no se sabe de qué manera se desarrollarán. La epigenética nos explica que los genes se activan y se despliegan o se inhiben, dependiendo de las condiciones del medio. Hay personas con una carga genética que determina una enfermedad somática y no todos la desarrollarán. ¿Depende del medio?

Más que entrar en el antiguo debate entre ambientalistas y genetistas, creo que la cuestión básica es poder trabajar con cosas menos misteriosas. Como, por ejemplo, ¿de qué manera transmitimos las experiencias y cómo se encadenan en una familia?

Tengo un paciente con una historia infantil de malos tratos continuados, que me decía que la medicación lo ha envenenado y que todo lo que le pasa es debido a los psicofármacos. Se niega a tomar medicación y dice que es para limpiarse de la misma. Le respeté su decisión y le dije: «Hay cosas como la mentira, la manipulación, la denigración, el abuso o la violencia que son tóxicos para la mente, y estos tóxicos son los que hemos de tratar. Tú ahora tienes la idea de limpiar tu cuerpo de la medicación porque sientes que esto te ha enfermado. Pienso que hay que hacer más trabajo. También hay que limpiar la mente de estas otras cosas porque son tóxicas».

¿Cómo traspasamos el secreto, la mentira, aquello de lo que no se puede hablar, la manipulación, la denigración y la violencia de una generación a otra?

Si se plantea que es algo genético, ¿qué quiere decir?

¿Cromosoma? ¿ADN? «Genético», etimológicamente, proviene de *genus*, que significa 'estirpe', 'linaje', 'nacimiento', 'origen'. ¿Cuál es el origen, el principio del secreto, de la humillación, de la mentira?, aquello que una familia ha mantenido, muchas veces sin saberlo, enmudecido y callado de generación en generación.

Este daño antiguo, no reparado, pasa en silencio y desde el secreto de una generación a otra, hasta que un miembro del grupo familiar, inconscientemente, lo recoge, se hace cargo y lo expresa. Pero lo hace de manera extraña, como un síntoma, de modo incomprensible que no tiene palabras, ni sentido, que lo enferma.

Cuando estos daños que no se han podido reparar han podido ser hablados y reconocidos, es diferente. Pero el secreto crea un halo de silencio, de cosas que no se pueden comunicar ni pensar y que crea más oleadas de silencio que secuestran el pensamiento y la comunicación. Ni decir ni pensar. Esto nos enloquece.

Estas razones tienen sentido, pero nos obligan a abrir la mirada, a estar muy atentos, tomar responsabilidad y hacer mucho mucho trabajo.

No, no es un camino fácil. Pero no hacerlo puede dejarnos inhabilitados para vivir y para ser uno mismo.

Tenía una paciente que tenía una hija de cuatro años y un bebé de dieciocho meses. Llevaba bastantes años con cuadros depresivos cuando vino a verme. Se presentaba en una situación como de alienación. Había cambiado varias veces de psiquiatra y vino a verme, esperando que le encontrase una medicación que a ella le fuera bien.

Depositaba una falsa expectativa en encontrar la medicación que la curase. Cuando le preguntaba cómo se sentía, decía: «Igual». El tono y la indiferencia con que lo decía transmitía una cierta satisfacción. Como diciendo: «Igual, tampoco me lo aciertas». No se expresaba desde el enfado ni la desesperación porque no la había sabido ayudar, hablaba de ella como si hablase de una tercera persona.

Le era muy difícil hablar de sí misma y venía siempre acompañada del marido como si temiese encontrarse a solas conmigo. Decía que le habían dicho que ella tenía un problema en los neurotransmisores del cerebro y que se había de encontrar qué medicación la podía curar. Trataba de explicarle que ella se colocaba en una situación en que esperaba que, desde fuera, alguien le arreglase su desánimo, su aflicción.

Me escuchaba con escepticismo. Era como si la cosa no fuera con ella.

Yo les dije que su comunicación me llegaba como si ella hablase de otra persona. Como si no fuera de su competencia. Y trataba que, desde fuera, otro resolviese con medicación el problema.

Desde esta alienación, enajenamiento de uno mismo, se produce una desconexión emocional que, a veces, es muy difícil de reparar. ¡Y nos va la vida!

Era una situación terrible para ella, para su marido y para los niños, a los que apenas podía atender. No podía pensarse a ella misma, cómo se sentía, cómo estaba en el mundo, qué necesitaba. Colocaba todo esto en manos de otro, en este caso el psiquiatra, que debía saber lo que ella necesitaba.

Esta distorsión que tenemos acerca de la «enfermedad mental» es muy común y no sé si sabremos modificarla. Hay una expectativa por parte de bastantes pacientes en este sentido. Pienso que los médicos hemos tenido mucha responsabilidad en todo esto, transmitiendo una postura arrogante de «Yo le arreglo todo porque la ciencia médica y los expertos sabemos qué le pasa y cómo curarla». Y esto es falso.

Esto que explico sobre la relación del paciente con el psiquiatra pasa en la relación entre el paciente y el médico en medicina general o en las especialidades. Vamos al médico como si el cuerpo no fuera nuestro. Disociados. Ya nos dirá él qué le pasa a mi cuerpo.

Entiendo que lo que propones es que abramos la mirada para pensar el trastorno mental y así poder acceder a entenderlo y tratarlo. Pero no solo los profesionales, sino todos: el paciente, la familia, el grupo… Todos nos hemos de «arremangar» y ponernos a pensar juntos qué está pasando.

Efectivamente. Desde una concepción filosófica, el trastorno mental sería la dificultad de ser uno mismo y de saber vivir.

Lo que incluye esta concepción de ser uno mismo, de ser singular, único y formando parte de una comunidad, abre una infinidad de posibilidades. Cada uno tenemos un lugar y un tiempo. Y veremos cómo lo usamos.

Como habrás visto, en este capítulo que se titula «El trastorno mental», no he entrado en ninguna categoría diagnóstica. Ha sido completamente intencional. Sabemos que hay guías internacionales (CIE, DSM) que recogen cientos de categorías diagnósticas. Si la dificultad está más en un trastorno de la personalidad, si hay una patología de carácter depresivo, bipolar, psicótico, obsesivo, fóbico, etc.

Me aparto voluntariamente de este modo de acercarme a una persona que viene a mi consulta. Es una persona singular y única y me voy a poner a trabajar con ella. Además, veremos si hará falta convocar a la familia o trabajar en grupo. Habrá que decidirlo juntos.

¿CÓMO ENFERMAMOS?

L- El siguiente capítulo describe la precipitación en el agujero negro de nuestro universo interior y qué nos pasa en situaciones de crisis.

L- **¿Cómo enfermamos?**

À- Yo me imagino la mente en la salud como una orquesta, como una conjunción de elementos en juego que se afinan y se desafinan.

Alterna entre dos posiciones: armonía, consenso y concertación, y disarmonía, conflicto, lucha y desacuerdo.

Se mueve entre el sonido y el silencio, que le da sentido. Con diferentes intensidades que equilibran la atención hacia uno mismo y hacia los otros.

Cada músico ha de estar atento a su instrumento y a todo el conjunto. La concertación permite la expresión emocional que hace compatibles los ritmos internos y externos.

El director ha de ser consciente de la intención de la obra. Conocer al autor y tratar de que el resultado se acerque o sea fiel a su concepción. Ha de ser capaz de cohesionar un grupo grande de personas, con mucha experiencia musical y muchas horas de ensayo.

Habrá instrumentos de viento (madera y metal), de cuerda y de percusión. Y ochenta músicos, cada uno con su instrumento.

Concertar todo esto: intención, atención y respeto a la idea original; afinación, ritmos y tiempos; momento de entrada y salida de cada instrumento o grupo de instrumentos; y calidad emocional. Todos los músicos en el ensayo pueden competir, distraerse a veces, dividirse en subgrupos, desafinarse e incluso enfadarse.

En el concierto, todos, bajo la batuta del director, dejan de lado estas dificultades y se cohesionan a través de la belleza e intención de la partitura.

Creo que la mente humana, en la salud, funciona así. Momentos de desafinamiento, desánimo, alta tensión de las cuerdas, enfados, ritmos desacompasados, estridencias y momentos de recuperación de la armonía, de la fuerza, de la expresión emocional acalorada o sosegada. Del solo y del coro. Todo esto es necesario para dar salida a la emocionalidad en todas sus expresiones: amor, deseo, rabia, competencia o celos, y conseguir, a través de nuestro entrenamiento, concertar y cohesionar su expresión, encontrar el momento oportuno y no perder el liderazgo y la cohesión de toda esta complejidad.

La patología emerge cuando este equilibrio se pierde. Cuando las disonancias son permanentes, cada vez hay más estridencia, no se puede establecer una vinculación confiada y no se puede reposar en la idea de que hay otro del que me puedo fiar. Esta situación creará un estado de alerta sostenido que distorsiona aún más la percepción.

Por tanto, ¿enfermamos cuando desafinamos de forma estridente?

Podemos enfermar de muchas maneras. Cuando hay zonas de mi psique que quedan mudas en nuestra personalidad, no las expresamos y no les damos voz. Cuando solo suenan voces de manera estereotipada y repetitiva, bloqueando la fluidez de movimiento de otras áreas de la personalidad. Cuando no podemos entrar en conflicto, inhibiéndolo constantemente. Todos estos factores pueden acumularse y hacer estallar el malestar.

No solo enfermamos cuando se desafina, sino cuando la disonancia no se para, perdura y se alarga en el tiempo, convirtiéndose en un ruido chirriante que comporta estridencias brutales y continuadas.

Todos desafinamos y nos recomponemos constantemente. El problema es cuando el desorden se instala en el tiempo y desorganiza completamente la capacidad de pensar. Cuando el dolor, el miedo, la cólera, el desánimo perduran sin poder contenerse o expresarse de manera inteligible, sin que se den condiciones de atención, espacio y tiempo para escucharlo y comprenderlo, para volver a afinar y seguir tocando.

Estamos utilizando la metáfora del sonido y también hemos hablado de campos gravitatorios entorno a los agujeros negros. Necesito añadir otro elemento metafórico que es la luz. En situaciones de crisis se describe un espacio sin luz, de oscuridad y de negrura, pero también de exceso lumínico que nos puede cegar des de la «iluminación». En este sentido, el asombro, ese territorio entre la luz y la sombra nos rescata de la ceguera y de la «iluminación» y nos permite aprender.

¿Qué pasa entonces, cuando hay una crisis, un brote psicótico, ese momento que parece que sea un punto de no retorno?

Un «brote psicótico» puede empezar así:

Una persona, generalmente joven, muy sensible e inteligente, tiene insomnio de forma continuada durante un cierto tiempo porque se siente abrumado. Duerme poco y mal.

Progresivamente se va poniendo en marcha un mecanismo, en el que el estado de alerta activado por el insomnio produce una sobresaturación de estímulos sensoriales que provoca irritabilidad. Como he descrito anteriormente, al hablar de Zona Trans, se entra en un estado cercano a la alucinosis, en que el discernimiento entre lo de fuera y lo de dentro, entre el sueño y la vigilia está alterado. Se producen estados como de pesadilla, pero con experiencias alucinatorias auditivas, visuales, olfativas o táctiles.

La persona en esta situación empieza a confundir si lo que le está pasando está dentro de su mente o fuera, en la realidad externa. Si lo que está oyendo o viendo es dentro de un sueño o le está pasando en la realidad. Este estado de confusión busca una explicación.

Entonces puede construir un delirio. «Me están espiando» o «Me están persiguiendo». «Alguien me está diciendo qué tengo que hacer», «Me insultan», «Lo que pasa es que hay una secta que me está espiando porque quieren controlar mi mente»… Ahí ya va tomando forma la construcción del delirio.

El delirio es una construcción que busca encontrar una explicación para tratar de ordenar la mente en este estado de confusión y que lo que le pasa tenga algún sentido. Además, es un intento de hacer procesable y comunicable lo que le está pasando.

Estoy explicando de forma muy simple y esquemática el ejemplo de una eclosión psicótica. Pero hay muchas más formas de enfermar y son muchas las expresiones de malestar. Puede ser la precipitación en un agujero negro depresivo o el estallido de una crisis de pánico o una situación de aislamiento progresivo en la habitación o manifestaciones de irritabilidad y violencia o el atrapamiento en un bucle obsesivo.

Sería reduccionista que una situación de insomnio nos va a llevar a una crisis psicótica. No es así. Pero habrá que pensar qué me quita el sueño y qué perturbación se produce en una persona con una estructura de personalidad frágil.

¿Qué quieres decir con una estructura de personalidad frágil?

Pensemos en un niño pequeño. En su desarrollo está haciendo muchísimo trabajo imperceptiblemente. Aprende a enfrentarse con la realidad, soporta los tirones del desánimo cuando no le salen las cosas como espera. Se erige, lucha, se afirma, aguanta, persevera, repite, ensaya modos nuevos… Esta enorme cantidad de trabajo emocional lo hace como si nada. Miles, millones de momentos, experiencias que le constituyen y le dan cimientos sólidos a su personalidad. Solo somos conscientes de estos procesamientos y de su carácter exhaustivo cuando trabajamos con niños o con adultos que enferman.

En muchos niños estos procesos no se han podido desplegar adecuadamente, y esto ha inhibido su capacidad de aprendizaje y crecimiento psíquico. A veces porque se les ha impedido verse expuestos a la frustración y otras por su propia impaciencia o su intolerancia a la dificultad. Esto ha creado estructuras psíquicas débiles en su personalidad.

No han podido desarrollar sus aptitudes de lucha y de hacer frente al conflicto. Se han inhibido sus capacidades de establecer relaciones desde la diferenciación.

Habitualmente las personas que en su crecimiento no han podido desarrollar un espacio de discernimiento propio y de escucha a su propia necesidad se hacen muy frágiles. «Yo ahora ¿qué necesito?». Miran hacia fuera, a los padres, a los maestros para saber qué necesitan ellos mismos. No lo saben escuchar desde dentro y eso les hace muy dependientes. O bien se rebelan contra la autoridad, pero sin saber qué es lo que ellos necesitan. Esto va a crear dificultades en las relaciones familiares, que muchas veces refuerzan estos funcionamientos.

También hay una constante que aparece y es la dificultad de manejarse dentro de sus grupos.

El estallido psicótico deja muy dañada la estructura de la personalidad, creando una gran desconfianza hacia la propia capacidad de juicio. Y también desconfianza hacia los otros. Cuando una persona tiene la percepción «¿qué me pasa?, ¿estoy loco?», siente que no se puede fiar de su propia mente. Además, se añade el cambio de mirada del entorno hacia uno mismo. Esta es una experiencia devastadora.

Se tendrá que hacer un trabajo de diferenciación consciente/inconsciente y dentro/fuera y ayudarlo en la reconstrucción de su personalidad para que pueda encontrar maneras más consistentes de relacionarse con él mismo y con el mundo y los otros. Tendremos que ayudar también a sanear las relaciones familiares complicadas, comprendiendo mejor lo que ha sucedido para crear transformaciones, pensamiento nuevo y nuevas narrativas.

Antes, en el ejemplo de la orquesta, explicabas que todos nos desafinamos constantemente, pero nos recomponemos. ¿Por qué unos se recomponen y otros no? ¿Es por estas estructuras de personalidad frágiles?

En parte, sí. Pero es importante tener una panorámica de las condiciones de desarrollo previas, es necesario explorar la existencia de experiencias traumáticas anteriores y la creación de estructuras psíquicas. Cuando estas son frágiles se propicia el enfermar. Y también qué momento y en qué condiciones está atravesando esta persona su periplo vital.

Será imprescindible para su recuperación dar espacio a organizaciones internas capaces de habérselas con el conflicto y con la armonía. Saber mantenerse en los dos registros forma parte de las condiciones que nos mantienen en salud.

También me parece importante aprender a respetar la idea de que cada persona es portadora, en sí misma, de un orden interno. El trabajo consistirá en la recuperación de este orden interno original. Cada sistema, cada célula del cuerpo tiene un orden, una tendencia a la homeostasis, que va de dentro hacia fuera.

Cuando perdemos esto de vista y pensamos, en relación con el bebé, que hemos de poner un orden dictado desde fuera sobre qué se tiene que hacer, cuándo se tiene que hacer, cómo se tiene que hacer e incidimos de manera intrusiva, creamos un desmantelamiento del propio orden interno de cada niño y podemos perturbar severamente su salud.

¿Qué quieres decir con orden interno?

Por orden interno quiero decir una tendencia a la armonía y a su sostenibilidad en un sistema fluido de tensiones. Este orden está en cada ser vivo y que de alguna manera regula y organiza la relación con uno mismo y con los otros. García Badaracco denomina «virtualidad sana» a esta idea de organización interna.

Solo pensar que cada uno venimos al mundo con un orden interno que emana disposiciones armónicas, creo que ya genera condiciones de salud. No lo hemos de pasar por alto. Hemos de tener en la cabeza que hay una estructura nuclear, singular, dentro de cada uno, generadora de orden interno. Tenemos que poder mirar al otro desde esta perspectiva. Cada uno llevamos implícito este organizador, del mismo modo que somos portadores de un código genético.

Pero esto se puede confundir con dejar los niños sueltos que se criarán solos.

No es verdad que si a un niño lo dejas que haga a su aire, no tendrá límites, y tampoco es verdad que no haya que marcar límites.

Parar al niño y decirle: «Hasta aquí» ¡claro que es necesario! Es más, desde el orden interno del niño está esperando estos muros de contención. No es que el niño nazca sabiendo qué puede hacer y qué no y no haga falta decirles nada.

También necesitamos, desde ese orden interno, la ley, la regla, las reglas del juego y que alguien se encargue de hacérnoslo saber. Pero las cosas encuentran su sitio más fácilmente si respetamos ese orden interno de cada uno.

¿Cómo? Si yo tengo un ritmo y una manera de ser, pero estoy muy interferido por indicaciones u órdenes de fuera, presionado, pierdo la capacidad de organizarme porque lo haré según un modelo que me viene dado desde fuera. Esto me impedirá ver cuál es mi necesidad y aprender a identificarla y cuál es mi orden interno, y empezaré a desorganizarme, a desafinarme y a enfermar.

Pero parece que la línea entre ser intrusivo y poner límites es muy fina.

A mí no me lo parece, de hecho, creo que es bastante clara. Si tú puedes mirar al otro y observarlo en tanto que es otro, en tanto que es diferente a ti, puedes ver y entender cuándo te está pidiendo que digas: «¡Basta!», o cuándo desde ti dices: «¡Basta!».

Por ejemplo, estás jugando con un niño pequeño y llega un momento en que te sientes cansada. Conectas con este momento tuyo y dices: «Bueno, la última partida y ya no juego más porque estoy cansada». Este es un límite realista para un niño. Te lo aceptará bastante bien. Seguramente protestará, pero lo aguantará bastante bien.

En cambio, si estás cansada y le dices: «Bueno, se ha de acabar el juego porque no se puede estar todo el día jugando, hay que saber parar…», transmitiendo que es una cosa para su bien porque los niños han de saber aceptar los límites, bla, bla, bla… Esto lo confunde y lo enfada.

Es un ejemplo sencillo para ver cómo de necesaria es la claridad para crear condiciones de salud. La diferenciación entre las necesidades y los deseos de uno y otro van creando líneas de separación, de ordenación, de ritmos y de harmonía. Es como una partitura común, cada uno con su pentagrama y sus notas.

Por tanto, interferir de manera intrusiva en el orden interno puede dañar las estructuras y crear dificultades.

A grandes rasgos, sí.

También pensaba que muchos de los pacientes que desarrollan un trastorno mental grave son personas muy sensibles y muy inteligentes. Este talento, si no lo pueden canalizar creativamente en la producción artística o en la ciencia u otros campos, puede jugar en su contra. Este talento y emocionalidad desbordantes se han de canalizar en la producción de obra. Si no encuentra vías de expresión y canalización, este mismo talento los desborda y desorganiza.

Si pueden desarrollar una buena estructura psíquica que contenga altas tensiones emocionales, pueden devenir genios. Si no, muchas veces, enferman.

Vuelvo a preguntar, como en la entrevista pasada, cuando hablas de capacidades y de orden que «nos viene dado», ¿estás hablando de genética o de condiciones ambientales?

No somos solo la resultante de una genética, como tampoco lo somos de unas condiciones ambientales que nos vienen dadas. Podríamos hacer simplificaciones mentirosas y reduccionismos falsos en un sentido u otro.

Trato de ir construyendo un tejido de pensamiento con diferentes hilos que creen una trama y urdimbre de mucha complejidad.

Cuando hablamos de lo innato, están los genes, pero ahora hablamos de cuestiones casi metafísicas: singularidad, lo que es original y genuino de cada ser.

En cuanto a las condiciones ambientales, estamos pensando también en el ambiente de nuestra prehistoria prenatal. Cuando venimos al mundo ya hemos vivido mucho. No es lo mismo habitar la barriga de una madre deprimida donde se percibe una nube melancólica, silencio, quietud, que la de una madre dinámica, con movimiento, que habla con una voz vigorosa y vibrante. Seguramente son bien distintas las percepciones en tu prehistoria en uno y otro caso.

También la diferencia entre la situación de contar con una tribu que está esperando tu llegada y con la atención puesta en el bebé, que si el embarazo está vivido por el grupo familiar como una desgracia. Son prehistorias diferentes.

Desde la concepción hay unas vivencias, un proceso de creación y de evolución que son distintos para cada uno.

La singularidad, entre otras cosas, también significa que el bebé vendrá al mundo condicionado por todo lo vivido y reaccionará al ambiente de una manera particular. Las condiciones ambientales pueden favorecer su crecimiento o limitarlo.

De acuerdo, venimos al mundo con nuestra prehistoria, pero también venimos con los ojos de color azul o verde o marrón, y eso sí que es genético.

El color de los cabellos, de la piel y de los ojos viene determinado genéticamente. Y este cuerpo construido en la prehistoria ha necesitado mucho tiempo. El color del iris viene determinado, pero necesitará unos meses después del nacimiento para establecerse definitivamente.

La mente necesitará veinte o veinticinco años para tener las bases, las condiciones de empezar a saber quiénes somos. Necesitará haber desarrollado discernimiento y criterio propio respecto a los otros y al mundo y para establecer el temperamento y la capacidad de modularlo respecto a los otros. Hay una cantidad de trabajos que hacemos desde que nos sostienen con una mano hasta los veinticinco años que es enorme. Ahí hablar básicamente de determinación genética es absurdo. La mente se construye en la prehistoria y en la historia. Y esa construcción de la mente sigue hasta la muerte.

Hay rasgos psicológicos que nos invitan a encontrar parecidos a los padres o abuelos. No solo el color de los ojos o el rostro.

Se ve en los bebés, los hay que tienen ritmos más rápidos, actitudes más nerviosas e inquietas, que precisan de más movimiento, y otros que son más lentos y contemplativos y precisan menos movimiento.

Todo lo que tiene que ver con temperamento (movimiento, ritmo, «pronto») son patrones donde encontramos parecidos ligados a cuestiones genéticas. Siguiendo el ejemplo de la orquesta, hay familias de viento, de cuerda y de percusión.

Es difícil saber hasta dónde hay una impronta genética, innata, prehistórica o ambiental. El Seitai, que hemos tratado en la segunda dimensión, creo que nos puede ayudar a pensarlo.

Pero lo que sí que creo saber es que las «enfermedades mentales» no se heredan genéticamente.

Lo que sí he observado en estos años de trabajo es que en las familias se pueden crear líneas de perturbación mental. De cierre del sistema comunicativo. De falta de respeto y de violencia. Y que este funcionamiento enfermo y enfermante se va instalando y perpetuando en nuevos miembros si no se interviene. Repito, si no se interviene, porque esto se puede modificar, dando espacio a todos los implicados y poniéndonos a pensar juntos.

En cualquier caso, el trastorno mental no es una enfermedad genética ni es una enfermedad incurable. Todos los niños y las niñas cuando nacen tienen un potencial enorme para ser personas creativas y saludables.

Si somos valientes y podemos aguantar el caminar por la oscuridad, la vista se acomodará y podremos ver puntos de luz, zonas de claridad que nos rescatarán del agujero negro.

LA PERVERSIÓN

L- Cuando observamos los funcionamientos de la mente dentro de lo que llamamos «trastorno mental» puede haber manifestaciones claras de ansiedad, depresión, irritabilidad y violencia. Ahora, en cambio, nos vamos a detener en identificar funcionamientos que no se hacen evidentes pero que, en la relación entre dos personas, atrapan, inmovilizan, bloquean y enferman al uno y al otro. Un ejemplo paradigmático sería la perversión.

Àngels explica que siempre trata de poner atención hacia los mecanismos perversos porque en su máximo exponente, se hacen muy difíciles de detectar y tienen efectos devastadores sobre las personas.

Por esto mismo y para prepararnos en la detección de este mecanismo enfermante, dedicaremos un capítulo a la perversión.

L- ¿Cómo se crea el funcionamiento perverso? ¿De dónde sale?

À- Nos remontamos de nuevo a Melanie Klein y a su descripción de lo que llamó «identificación proyectiva». Todos usamos este mecanismo de defensa y, de entrada, tiene una labor comunicativa. Lo veíamos en el bebé cuando necesita comunicar su malestar.

Cuando yo estoy asustada y necesito comunicar mi miedo a otra persona, necesito que mi relato promueva una resonancia emocional en el otro, que se asuste un poco, para entender mi momento. Si no resuena, no vibra a mi relato, no me ayuda. Si me dice «No pasa nada», sin contacto con mi miedo, no me sirve. Si resuena, es decir, se pone un momento en mi piel y luego me dice: «Ah, vale, ya, ya…, pero ya verás que no pasa nada», sí que me ayuda.

Esto sucede con el miedo, con el desánimo, con el enfado, con la alegría, con la confusión, con los celos.

Cuando M. Klein lo describe, piensa la identificación proyectiva como la capacidad de proyectar dentro de la mente y del cuerpo del otro una emoción que lo modifica. Puede ser de carácter comunicativo, para que se haga cargo, o expulsivo colocándole al otro mi malestar y liberándome de él.

Hay personas que tienen dificultad de soportar sus emociones. Dificultad de identificarlas, reconocerlas y transformarlas. Entonces, proyectan en otro su malestar y, una vez que el otro está asustado, o desanimado, se sienten liberados.

Por ejemplo, yo estoy asustada, tengo miedo y no sé qué me pasa. Viene una amiga a mi casa y le digo: «Me parece que he oído un ruido. El otro día entraron en el piso del vecino, le atacaron y le robaron. Es que dejan la portería abierta. ¿No has oído un ruido?». Cuando mi amiga se asusta, yo me libero de mi miedo. Veo que ella está en alerta y asustada. Le he metido el miedo en el cuerpo. Ahora me siento con la capacidad de tranquilizarla y minimizar el peligro, e incluso protegerla o bromear. «Bueno, eso pasó la semana pasada. No creo que vuelvan a la misma escalera. Ahora no va a pasar nada, y si no, se van a enterar».

¿Sería meterle el miedo al otro y, cuando el otro está asustado, yo lo tranquilizo?

Exacto. Yo me lo he sacado de encima o de dentro, lo puedo ver desde fuera y me siento bien y puedo relativizarlo. No quedo atrapada en mi malestar, pero se lo he depositado al otro.

Con el desánimo sería, por ejemplo, que yo me siento angustiada, me parece que no voy a poder con las cosas que tengo entre manos y le digo a mi pareja: «Ay, me parece que no vamos a poder salir de esta, están muy difíciles las cosas, lo tenemos mal». Primero el otro se resiste. «¿Quieres decir que está tan mal?». Y yo sigo: «Claro, tú no lo sabes bien. No saldremos de esta». Después de varios embates y cuando mi pareja se ha contagiado del desánimo y yo lo percibo, me libero de mi malestar y hasta le puedo decir: «Bah, no te preocupes, no es para tanto, verás como todo va bien».

Otro ejemplo puede ser que yo no vea claro un tema de mi trabajo y me sienta confusa, pero no soy capaz de reconocer mi confusión. Le digo a mi compañero de trabajo que pasa esto y lo otro y, cuando él está confundido y no entiende bien, entonces veo las cosas con más claridad. Entonces le puedo decir: «No, mira, estás confundido. Mira, yo te explico…».

Esto lo hacemos todos en mayor o menor medida. Es un movimiento comunicativo, pero puede entrañar manipulación emocional. Si lo usamos para desembarazarnos de malestar, no admitirlo como propio e inocularlo a los otros de manera inconsciente o consciente, ya estamos en el capítulo de la perversión.

Cuando yo compruebo y voy aprendiendo que este mecanismo me permite despojarme de emociones que me producen malestar y luego me siento «tranquila», puede llevarme a que me especialice en este tipo de funcionamiento y me instale ahí.

Se me irá haciendo cada vez más reconocible este mecanismo y sabré identificar quién es más sensible a inocularle desánimo, quién lo es más para la cólera, o quién para el miedo. Me haré «especialista» en saber los puntos flacos de cada uno.

¿Este funcionamiento que se puede desarrollar y entrenar es común a todos nosotros?

Hasta cierto punto. Es un funcionamiento que me impedirá cada vez más desarrollar la capacidad de identificar mis emociones, pero que me otorga un «poder». Sentiré que tengo una habilidad silenciosa, no evidente. La habilidad de saber a quién puedo hacer sentir culpa, o a quién miedo, desánimo o celos.

Cuando uno se instala en este tipo de funcionamiento durante el crecimiento se va haciendo minusválido psíquico, en el sentido de no saber procesar lo que siente y tener que ponerlo fuera, para que otros, mejor equipados, puedan hacerse cargo del malestar. Pero este funcionamiento me hace muy dependiente y no solo me perjudica a mí, sino que daña a los otros. Puedo enfermar a los otros sobrecargándolos con mi malestar.

Normalmente todo este funcionamiento sucede de modo inconsciente, no deliberado, ni intencionado, pero puede volverse un instrumento de dominio, de control y de poder. Ahí está el comportamiento perverso de manipulación emocional de los otros, obteniendo intencionalmente un «beneficio». Estos patrones de parasitación emocional, a veces, son muy difíciles de detectar.

Este entrenamiento en la manipulación ¿cómo sucede? ¿Se necesita un ambiente determinado o lo puede desarrollar cualquier persona?

Yo diría que las personas que se instalan en funcionamientos perversos han podido sufrir importantes carencias emocionales básicas, o situaciones traumáticas de negligencia, abuso y maltrato.

El niño que crece sin un continente que aguante su malestar y lo transforme ha de poner su malestar fuera. Pero esto se puede hacer de diferentes maneras.

El problema más importante es que, en los ensayos de poner su malestar fuera, encuentra personas que no se percatan de este movimiento y «aceptan» ser receptores de su identificación proyectiva.

Normalmente los patrones perversos los sostienen personas seductoras, que halagan y que, cuando el otro ha bajado la guardia, empiezan su «labor». A un compañero de trabajo que es más proclive a enfadarse, de modo sutil, puedo sugerirle que ha llegado a mis oídos que otro colega ha hablado mal de él. «Te lo digo para que estés al tanto. No te enfades, ya sabes cómo es. Es para tu bien».

Hay una compañera que se siente insegura en su tarea y, si me sale algo mal, es fácil que pueda hacerle sentir que ella no ha tramitado bien una cosa. Y que ella se lo crea. Así puedo ir minando su seguridad y eludiendo mi responsabilidad.

Hay innumerables posibilidades y lo más importante es poder ver la dificultad que muchas veces tenemos de identificar estos funcionamientos.

El problema más importante es cuando este modo de relacionarse se establece y de forma consciente y deliberada se ejerce. Aunque no lo parezca, normalmente es poco visible y hemos de hacer un trabajo para saberlo identificar. Es un mecanismo muy destructivo para la mente de las personas y muy difícil de ser reconocido por quien lo lleva a cabo y por quién lo padece.

¿Dónde podemos encontrar esta perversión y cómo se expresa?

Está en todas partes. Muchas veces está instalado en familias donde se da un trastorno mental severo. También en los ambientes de consumo de drogas o delincuencia. Pero lo podemos encontrar en ambientes de trabajo en las empresas. Lo vemos en la política y en la publicidad.

Para poner en práctica estos funcionamientos perversos, como he comentado antes, generalmente al principio se ponen en marcha elementos de seducción que producen en la víctima un halago. De esta manera se «pone a tiro» y puedo observar sus puntos flacos, para después usarlos en mi «beneficio». Primero la seducción, cuando esto no funciona, ya será la denigración, la recriminación o la amenaza y la violencia para continuar ejerciendo poder sobre el otro.

¿Estaríamos hablando de estas personas que, a simple vista, son encantadoras y que pueden despertar admiración? ¿Sería el clásico vecino que «se veía tan majo y saludaba cada mañana», pero que luego mató a su mujer?

Estos son casos extremos. Pero nos crean tanto malestar que nos impide acercarnos a ver que todos podemos tener funcionamientos perversos.

Hemos de estar atentos a estos patrones que se pueden dar en mayor o menor grado en las relaciones. Tenemos que aprender a identificarlos en nuestras interacciones y no permitir esta manipulación por parte del otro y también para no ejercerla sobre el otro. Sucede también en las parejas y en la relación con los hijos.

Un ejemplo puede ser una pareja en la que el marido es una persona insegura aunque no lo aparenta y necesita sentir que tiene el control de su mujer. Se muestra como un hombre encantador que accedió a la relación con ella de muy buenas maneras, adoptando una posición de cuidado y protección.

Cuando el control no le ofrece seguridad, se redoblan estos mecanismos internos, adquiriendo primero un carácter de «protección» deviniendo cada vez más evidente el asedio:

«Eres maravillosa, te adoro. No quiero que te pase nunca nada malo. Me da miedo que te engañen o que te hagan daño. Como eres tan buena y confiada es muy fácil que se quieran aprovechar de ti. No te preocupes, yo te acompañaré siempre, no te dejaré sola, te cuidaré... Ya me encargaré yo de tus cosas...».

Cuando esto ya no funciona, la situación puede ir adquiriendo un tono más siniestro. Perderá este carácter amable y la desvalorización, la amenaza y la violencia pueden venir después.

Imagino que para la víctima asumir que lo que ha vivido y que parecía tan convincente es un engaño debe ser difícil.

Aquí deberíamos plantearnos que también hay una responsabilidad de la persona que se deja seducir o se acomoda a esa relación. Pero lo que ocurre a menudo es que una no puede creer que le ha pasado eso. «Si todos decían que éramos la pareja perfecta, ¿cómo es posible? Creo que soy una persona inteligente, ¿cómo es que no me he dado cuenta?».

No es fácil identificar estos funcionamientos. Quedas abducida. Atrapada.

¿Qué mecanismos se ponen en juego?

Creo que la perversión juega con las debilidades de las personas. Juega con la necesidad de la víctima de ser halagada desde un narcisismo basado en la debilidad. Y juega un papel importante la idealización de uno mismo y del otro que se promueve en esta relación. Una persona que necesite y dependa del reconocimiento de fuera, de alguien que le regale los oídos. Estas serían las víctimas fáciles de los «encantadores o encantadoras de serpientes». Estos mecanismos perversos se generan en personas que han tenido entornos infantiles inseguros y son muchas veces expresión de control y poder como medio de supervivencia.

¿Lo más peligroso de estas personas es que no tienen ningún problema en jugar con la mentira?

Llega un momento en que tienen dificultades de identificar lo que es verdadero de lo que es falso. Se mueven en situación de supervivencia parasitaria de otro y «lo normal» es tratar de que no te pillen. Se desarrollan justificaciones para salir del paso en cada apuro y ahí vale todo. La ética y la verdad son una entelequia cuando nos movemos en estos patrones.

Por ejemplo, es muy raro que una persona con funcionamientos perversos pida ayuda psicológica para ella misma. Las que piden ayuda son sus víctimas.

Lo que es importante de ver es que, cuando se ha creado una relación parasitaria entre dos personas, no es fácil la renuncia a la relación. Si la víctima toma conciencia de que las cosas no van bien y quiere romper, se producirán una serie de pasos, que se suelen repetir.

Primero, incredulidad: «No puede ser. Si somos la pareja perfecta. Todos los amigos lo dicen». Estás ahora confundida.

Luego, si se mantiene la decisión, habrá una escalada. Puede tener un recorrido como este: se puede iniciar con la descalificación («Ahora no puedes pensar con claridad»), si esto no funciona, pasará, tal vez, a la denigración («¿Y tú qué vas a hacer sin mí?»). Cada cambio de estrategia requerirá un tiempo para ver si funciona. Si esto no hace tampoco bastante mella en la pareja, se pondrá en marcha la necesidad de control y la paranoia («¿Quién te ha metido estas ideas en la cabeza? ¿Habrá sido tu amiga?»). Después puede venir la amenaza («Se va a enterar. Tú a mí no me vas a hacer esto…») y de ahí se puede llegar a la violencia física, al homicidio o al suicidio.

Estoy yendo al extremo y normalmente, por fortuna, no se llega a situaciones trágicas. Pero quiero señalar que, al ser mecanismos que se van instalando de modo sibilino y no evidente, no hemos de menospreciar el peligro que entrañan.

Y también que, al ser un funcionamiento parasitario, el parásito no abandona fácilmente el huésped.

La perversión sería un exponente de un patrón mental alienante y terrible, enfermante y difícil de resolver. Para no quedar atrapados en el agujero succionante de la perversión, hemos de trabajar incansablemente para aprender a detectar y rescatar a los dos miembros de la pareja, de estos funcionamientos tan destructivos.

EL MANICOMIO

L- Àngels hizo su formación como psiquiatra en el Instituto Mental de la Santa Creu. Lo llamaban el Manicomio de la Santa Creu.

Las dos consideramos que para hablar del tratamiento del trastorno mental es importante recorrer su experiencia por el manicomio. Así podremos ver con perspectiva qué tipo de dispositivos hemos creado los humanos para la atención de las personas en situaciones de crisis vitales y en situaciones de perturbación psíquica. Este recorrido nos ayudará a entender cómo se ha concebido la llamada enfermedad mental a lo largo de la historia.

L- Tal y como explicas en tu trayectoria profesional, tuviste la experiencia de trabajar primero como médico residente de pediatría, y más tarde como residente de psiquiatría. En tus inicios, aún estaban los hospitales psiquiátricos en su dimensión manicomial. ¿Podrías adentrarte en estas primeras impresiones?

À- Vi por primera vez el manicomio a principios de 1978. Era un edificio del siglo XIX, construido en 1871 y estaba dentro de los terrenos que eran propiedad del Hospital de Sant Pau.

La calle por la que se accedía era un poco inclinada y se veía el edificio detrás de una puerta abierta que daba a un jardín redondo con grava, donde se aparcaban los coches. En medio del jardín había una fuente y en su centro había el busto del Dr. Emili Pí i Molist, promotor y director del centro. Más adelante, unas escaleras daban acceso al edificio decimonónico, que en su momento fue considerado un prodigio de diseño arquitectónico para albergar enfermos mentales.

Tenía una estructura de pabellones, con un diseño panóptico para la vigilancia. Este tipo de diseño era común para dispositivos de internamiento como las cárceles que se construyeron en aquella época. Había espacios grandes de reunión, jardines hermosos y huertos para el cultivo en los que los pacientes ingresados podían trabajar.

En el vestíbulo de entrada me encontré a Pablo, el portero del turno de día, vestido con uniforme y gorra, que estaba ocupado dando de comer a las palomas. Detrás de la garita donde se ubicaba la portería había una puerta cerrada. Me dirigí a la puerta y traté de abrirla. No pude.

Esta fue la primera sensación que tuve. Supe que, de puertas adentro, las cosas funcionarían de otra manera. Solo se podía acceder si el portero te autorizaba, apretando un timbre. En mi experiencia en los hospitales generales, la entrada era franca y ahí me di cuenta de que, cruzando la puerta, estaba entrando en un espacio distinto.

Al otro lado descubrí que había un patio central con una fuente, una estatua del Sagrado Corazón y una iglesia. Alrededor del jardín rectangular, había una serie de dependencias y puertas y algunas personas que me miraban con interés.

Había un hombre, que luego supe que se llamaba Antonio, que de tanto en tanto gritaba con voz grave y extraña: «¡¡Miedo!!». Había también una mujer con rasgos faciales especiales, que se dirigió a mí para pedirme dinero para comprar una Fanta. También una mujer de una cierta edad con una actitud muy elegante y distante, que me miraba aparentando desinterés, y un hombre que llevaba en la solapa una hoja de acelga que me preguntó si tendría un cigarrillo para él. Estas personas, a las que luego fui conociendo, no estaban indiferentes a la llegada de una persona nueva. Cada uno, a su manera, expresaba interés.

Sentí que entraba en una atmósfera parecida a un sueño o una pesadilla. Como si hubiese puesto el pie en un sitio diferente del que había diez metros más allá, donde estaban los coches, la gente de fuera, la ciudad. Sentía que había entrado en un espacio donde el tiempo funcionaba de otra manera, donde estaban pasando otras cosas muy diferentes de las que había al otro lado de la puerta que acababa de cruzar. Mi sensación era la de entrar en un tiempo detenido.

Años más tarde, cuando trabajaba con la idea de Zona Trans, me volvió con fuerza el recuerdo de estas primeras experiencias.

Llegaste, entraste por la puerta, vinieron a verte algunos internos y… ¿no te recibió nadie del personal?

No, en aquel momento no. Pablo me dijo: «El Dr. Abella aún no ha llegado. Si quieres entrar, puedes hacerlo. Verás que hay dos pabellones con dos rótulos: Sant Joaquim y Sant Jordi. Te puedes esperar por allí».

Además de mi desconcierto, había otro factor que me confundía. Desde lo que se llamó la «revolución antipsiquiátrica» entre los años 1968-1975, todos los profesionales de determinados centros se quitaron las batas. Yo venía de los hospitales donde el personal sanitario llevaba batas blancas. Me encontré que no sabía identificar quién estaba internado o quién era profesional y nadie me preguntó qué hacía allí.

Con esto no quiero decir que estoy a favor de las batas. De hecho, no la he vuelto a usar desde que trabajo como psiquiatra. Pero lo que trato de transmitir es una inquietante extrañeza que se experimenta en contacto con instituciones del tipo de los manicomios, los geriátricos o las cárceles entre otras, que hemos creado los humanos como espacios de confinamiento.

¿Cómo evoluciona esta primera experiencia de llegada y cuál era tu función?

Fui conociendo a todo el personal que trabajaba allí, a los médicos residentes y a las personas internadas, muchas de las cuales llevaban veinte, treinta y hasta cuarenta años. Otros hacían una estancia corta en el pabellón de agudos, de varias semanas, que a veces se alargaba a varios meses. Los pabellones se diferenciaban si eran de mujeres o de hombres.

Empecé a trabajar en los pabellones de «agudos» de mujeres y después en el de hombres y en las rotaciones sucesivas pasé por los pabellones de «crónicos». Cada espacio tenía su personal, que era básicamente psiquiatras, psicólogas, cuidadoras y enfermeras. Allí tuve la experiencia de conocer muchas personas interesantes con las que establecimos un vínculo. Éramos del «Mental» y eso nos daba una identidad de pertenencia, parecida a la que veo en las películas de los veteranos de la guerra. «Yo estuve allí».

Hace solo unos meses nos reunimos los «mentaleros» en los mismos espacios en los que habíamos trabajado, aunque el hospital psiquiátrico se desmanteló y ahora hay unas dependencias municipales.

Guardo recuerdos de tantos momentos de mi estancia en el Mental, que querría transmitir algo del espacio y del clima que se vivía allí. Recuerdo una noche que estaba en una de mis primeras guardias. Como médico residente tenía asignada una habitación en el segundo piso. Yo allí pasaba un miedo espantoso. Los espacios eran lóbregos, oscuros y sobre todo fríos. Eran muy fríos. No había calefacción y teníamos unas estufitas eléctricas que no calentaban espacios tan grandes y hacía un frío que pelaba.

El caso es que yo pasaba mucho miedo en aquella habitación, se oían ruidos de un altillo donde iban las palomas a morir. Los techos eran altísimos, la cama vetusta y teníamos un lavabo con una ventanita en forma de «ojo de buey», que comunicaba con el claustro. Sufrí «la novatada» de rigor por parte de unos compañeros del turno de noche. Cuando fui a lavarme las manos, vi una mano gesticulante en el ojo de buey y muchas risas por fuera. Luego, yo también me reía con ellos.

Tuve suerte con mis compañeros. Había más de cuatrocientos pacientes ingresados y tenía la impresión de que cuando estaba de guardia, era como si te dijeran: «Ya te apañarás» por parte de la dirección del centro. Aún no estaba familiarizada con las pautas de medicación, las dosis y estaba asustada de que pasase algo a algún interno y no supiese resolverlo. Si pasaba esto, estaban los cuidadores que te ayudaban como quien no quiere la cosa. «Yo le subiría un poco la dosis» o «Quizá se habría de bajar». Lo iba anotando todo en una libreta, y así empecé mi trabajo, aprendiendo de los cuidadores, y sobre todo aprendiendo de los pacientes.

Cuando era residente de pediatría, eran las enfermeras sobre todo las que me enseñaron las primeras cosas elementales de mi trabajo que siempre se aprenden de las profesionales que están ahí, al pie del cañón.

Teniendo en cuenta toda esta situación tan inquietante, ¿qué sostuvo tu interés para seguir trabajando allí?

Seguramente, primero, la idea de que estaría allí un tiempo. Que era provisional. Era un lugar inquietante, donde había mucho sufrimiento y parecía que el tiempo se hubiera congelado. Pero allí encontré maestros (J. Clusa, R. Ramos) y otros colegas de los que aprendí y que me ayudaron.

También me movió una cierta fascinación por ese lugar singular. Los internos eran personas muy especiales e interesantes. Me movió la idea de promover un cambio y lograr que en el futuro, no hubiese lugares como aquel.

En el Mental había una corriente de transformación de estas instituciones en la que participaban muchos profesionales. El movimiento antipsiquiátrico estaba promoviendo cambios en Italia, España, Inglaterra y Francia.

No podía entender que hubiera personas que llevaban treinta o cuarenta años allí.

En muchas historias que me contaron y en el modo que los pacientes caminaban por los patios me hicieron sentir que después de la crisis que habían vivido y sin una atención adecuada, las personas, en su mundo interno, deambulaban como por una ciudad devastada por los bombardeos. Me venían imágenes de ciudades después de la Segunda Guerra Mundial.

Mujeres a las que su familia las había ingresado muy jóvenes porque habían tenido un hijo de solteras y llevaban allí toda la vida. Seguramente habían tenido un cuadro de descompensación por las presiones delante de una maternidad rechazada por parte de la familia y se habían quedado allí metidas. Cuando tenía trato con estas mujeres y leía su historial clínico, me horrorizaba. Me contaban que, años atrás, todo el personal era religioso, de una comunidad de monjas, y aún era peor el trato humano.

Aprendí de mis colegas y de mis compañeros que se podía ir modificando aquella situación y participé en las asambleas de pabellón, espacios de intercambio, donde se daba la palabra a los internados. Estos espacios eran nuevos, hacía muy poco tiempo que se iban abriendo en la vida de los pabellones. Los cuidadores llevaban afuera a los internos, a veces a la playa. Muchos de ellos habían estado años sin salir del recinto. Se daban pequeños movimientos que permitían ir abriendo despacio la institución, aunque era muy complicado. Eran largos años de negligencia, abandono y cronificación.

Un tiempo más tarde, finalmente se desmanteló esta estructura manicomial.

Cuando empezaste la formación como psiquiatra, ¿imaginabas que sería así?

Tuve la posibilidad de escoger entre hacer la residencia en Sant Pau, un hospital con una formación biomédica y también psicoanalítica, y Bellvitge, que era más biologista. Creo que haber tenido la experiencia del Mental ha sido importante en mi vida y me ha enseñado cosas en relación al lado más oscuro de la psiquiatría. Luego he trabajado en dispositivos ambulatorios de la red de salud mental, donde he continuado formándome y aprendiendo, pero ha sido muy distinto.

Quizá será difícil de entender, pero era como que yo sabía y no sabía lo que me esperaba allí dentro. Primero me asusté, pero después me interesó mucho y se convirtió en una de las experiencias más importantes de mi vida.

¿Ha cambiado mucho la atención en la hospitalización psiquiátrica?

El cierre y desmantelamiento de determinados hospitales psiquiátricos fue muy importante aquí, en Italia y en el resto de Europa.

Por un lado, se derivó a otros hospitales a los pacientes más cronificados y se crearon pisos protegidos, hospitales de día y centros de día. Eran estructuras intermedias para atender las necesidades según el momento y la evolución de cada persona.

Por otro lado, se pensó que trasladar las unidades de ingreso de agudos dentro de los hospitales generales que atienden patologías somáticas contribuiría a la no estigmatización de los pacientes. Este cambio, que en principio parecía adecuado, fortaleció un planteamiento más restrictivo de carácter biomédico.

Este hecho provocó que las unidades de hospitalización psiquiátrica se convirtieran en espacios donde la acción de los psicofármacos fuera la más relevante, en la idea que la «enfermedad mental» se cura con medicación.

Las unidades de hospitalización se han ido convirtiendo en unidades vigiladas con cámaras, con poco espacio vital y con un tratamiento básicamente psicofarmacológico. Han desaparecido espacios de jardín, espacios de paseo, con gatos, plantas y pájaros. Hay una desatención importante a las familias y al trabajo psicoterapéutico.

A pesar de los cambios, hemos asistido a la repetición de maneras de hacer manicomiales. Lo que se llama «contención mecánica» que es atar en la cama, de brazos y piernas a pacientes agitados. O la administración de terapia electroconvulsiva.

Hemos de estar muy atentos, ya que los cambios que se produjeron nos han llevado a estructuras que aíslan, cierran, tapan y promueven un abordaje farmacológico que conlleva una cronificación del malestar. Un tratamiento que muchas veces se presenta como para toda la vida. Este planteamiento no solo cronifica a los pacientes, sino también a los profesionales.

Si estás trabajando en un lugar donde no se respeta al paciente, donde no se tiene en cuenta si acepta o no tomarse la medicación, donde se le puede atar, donde se le puede obligar a hacer determinados tratamientos como el electroshock, esto nos insensibiliza. Nos cronifica. Cuando estaba de residente en el Mental, a mí misma me empezaban a resultar normales una serie de cosas que me hicieron pensar: «¡Cuidado! Parece que ahí dentro en lugar del siglo XX estemos en la Edad Media».

Me consta que hay profesionales y equipos con una visión amplia y que trabajan de otro modo desde muchos dispositivos de la red de SM. Pero las unidades de hospitalización, en general, reproducen este modelo. Los pacientes nos lo relatan después de sus ingresos y hemos de dar voz a lo que nos dicen.

¿Cómo se puede hacer frente a una situación desbordante sin crear este tipo de estructuras?

Un ingreso tendría que permitir frenar y parar un estado de agitación o de confusión, o una situación de violencia. Debería crear las condiciones para descansar tanto el paciente como la familia de una situación que se ha hecho insostenible, separándolos temporalmente. Si se plantea como un modo de disminuir tensión durante unos días y desde el primer momento se hace un trabajo con todos los miembros implicados, transmitimos la idea de recuperación y de transitoriedad de la crisis.

En estas condiciones es más probable que el paciente acepte un ingreso.

Para esto, haría falta tener unidades más pequeñas, de diez o doce camas. No necesariamente en hospitales generales, a poder ser en espacios como una casa con jardín y cerca de las estructuras comunitarias del barrio y otras como hospitales de día o centros de rehabilitación. Si desde el primer momento se crea un espacio de trabajo con la familia y personas cercanas, se palía la idea de que aquello que contiene al paciente es la medicación únicamente y se ponen en marcha espacios de contención emocional para todos.

Hemos de asumir todos los profesionales la responsabilidad de lo que sucede en las unidades de internamiento. Es fácil que el personal de la red de atención, sobrecargado de trabajo por la reducción de presupuestos hace más de diez años y la no actualización posterior, tenga dificultades en levantar la voz sobre las malas condiciones de estas unidades.

En mi paso por el manicomio, en medio de aquel frío, me di cuenta de una cosa: cuando encontrabas pacientes que te miraban a los ojos y tú les devolvías una mirada de respeto, ahí pasaba algo importante.

Es una cuestión muy básica que aprendí allí. Ni interpretaciones ni dosis de medicación, **respeto**. Lo que realmente es importante es el respeto. Cuando tú prestabas atención y eras respetuosa con la otra persona, por más deteriorada que estuviera, por más delirante o por más alucinaciones que tuviera, allí pasaba algo importante. Nos reconocíamos como iguales en una situación que no comprendíamos del todo ni ella ni yo.

Si yo lo miro con miedo, aprensión y la clasifico porque ya me sé el diagnóstico, me pierdo la posibilidad de crear un vínculo esencial para el rescate de ese naufragio.

Las estructuras asistenciales que creemos para hacer frente a situaciones desbordantes habrán de partir del respeto a todas las personas. Este es el principio de la recuperación de la salud.

LOS FÁRMACOS

L- Una manera bastante común de tratar las dificultades mentales es a través de los fármacos. Son una herramienta en la práctica diaria de Àngels, aunque ella apuesta por tratamientos que no requieran una medicalización excesiva y que permitan irse desprendiendo poco a poco de los fármacos. Por eso, pensamos que era un capítulo necesario para plantear su uso y consumo.

L- Entramos en un capítulo que es denso, delicado y muy importante: los fármacos. Entiendo que una de las tareas más difíciles como médico psiquiatra es la regulación de la medicación. Decidir si es necesaria, si hay que disminuir dosis o aumentar o si hay que cambiar.

À- No voy a entrar en toda la complejidad del tema, que es enorme. Solo en una mirada general del impacto de los psicofármacos en la vida de las personas tratadas.

En mi experiencia, estoy agradecida a algunos psicofármacos. Sobre todo, aquellos que nos permiten trabajar en la psicosis, disminuyendo la activación, la aceleración del pensamiento y el nivel de ansiedad del paciente.

Hay situaciones en que la persona afectada va a un ritmo de procesamiento tan acelerado, con una sobresaturación y una intensidad de impresiones sensoriales que no puede procesar ni organizar pensamiento. Hay una precipitación en conclusiones cerradas, sin poder darle tiempo al discernimiento, prestar atención, sopesar, y todos los requerimientos que necesita el proceso de pensar. En este caso, algunos neurolépticos pueden ayudar permitiendo enlentecer el procesamiento mental y combatir el insomnio para que el paciente pueda dormir. Necesitamos esto para poder trabajar con la persona en crisis.

Si está tan alterado que no puede ni mirarme, ni pararse un momento, no podrá escuchar y yo no podré ayudarlo. Por tanto, agradezco a los fármacos que puedan ayudar a dormir al paciente, ya que un insomnio prolongado durante días es a menudo el causante entre otros factores, de la desorganización psicótica, produciéndose una aceleración del pensamiento que puede estallar en una crisis.

Pongo especial atención en el tema del tiempo. El manejo del tiempo es clave en lo que nos ocupa. Si puedo darme tiempo, se va a abrir espacio en mi mente para procesar y pensar lo que está pasando y para poder encontrar posibilidades de volver a narrar las cosas con nuevas versiones, que no sean las forjadas en mi mente acelerada en la que «me miran y rápidamente estoy convencida de que me están espiando».

La aceleración puede producir una sensación de extraña lucidez a la que es difícil renunciar. «¡Ah, ahora lo tengo claro! Es una maquinación contra mí. ¡Todos van contra mí!». A veces, esta paranoia es menos dolorosa que pensar que los demás ni me ven ni me hacen ningún caso. De este modo siento que los otros, o todo el mundo, está pendiente de mí, me espían, quieren robarme una capacidad extraordinaria que tengo, y esto, en un principio, es menos insoportable que el vacío de no ser significativo para nadie.

Los neurolépticos permiten reducir la velocidad de procesamiento en la transmisión neuronal, encargada del sistema de alerta. Si la dosis es adecuada, es decir, si no lo deja demasiado sedado, da un poco de margen para poder pensar.

Esta aceleración puede disminuir con otras medidas que no son los fármacos, por ejemplo, en la creación de espacios seguros que permitan una contención emocional, donde los implicados en el tema nos ponemos a pensar juntos.

Un «brote psicótico» es el resultante de una fragilidad previa, con un desencadenante que es el insomnio. Estar muchos días sin dormir con esta aceleración precipita un estallido donde la característica principal es la sensación de lucidez, de idea brillante, de conclusión clarividente donde «todo cuadra» y que pone en una situación de peligro. Hay una excitación que luego, si no se interviene, acabará en un sufrimiento persecutorio intenso.

Todo esto comporta que muchos pacientes se nieguen a tomar la medicación. Renunciar a este estado de lucidez primero y aceptar la medicación es muy difícil y después, a medida que se va agravando el cuadro, en medio de un estado de desconfianza total y paranoia, aún es más difícil.

Por todo esto, debo confesar mi agradecimiento a los científicos que idearon, investigaron, estudiaron y crearon toda esta gama de psicofármacos. Aun así, también tienen efectos secundarios nocivos que no hemos de minimizar. Encontrar la dosis que no instale al paciente en la apatía o la desconexión es vital, porque esto no permitiría trabajar y aprender a procesar las cosas de otra manera.

El uso de la medicación ha de ser una cosa pactada con el paciente. Pero no solo eso.

Los psicofármacos, a diferencia de otros fármacos, como los antibióticos o los antitérmicos, no tienen una respuesta similar en todas las personas. A lo largo del tiempo que hemos ido haciendo uso de psicofármacos, sean neurolépticos, antidepresivos, ansiolíticos o anticomiciales, sabemos que tienen una respuesta singular en cada persona. Todos respondemos de modo diferente. La misma dosis de un psicofármaco en dos personas con el mismo peso tiene efectos diferentes.

Por tanto, los psiquiatras no sabemos bien qué fármaco, qué dosis y qué efecto tendrá y se lo tenemos que explicar al paciente para hacer un trabajo conjunto. El paciente se habrá de implicar en la observación de los efectos que tiene este fármaco en su cuerpo y en su estado emocional. La observación e identificación del efecto que un fármaco tiene sobre uno mismo no es fácil.

Yo entiendo la medicación como una ayuda protésica. Si imaginamos una situación hipotética de hipotonía generalizada, después de una inmovilización prolongada, que no me permite ponerme en pie ni levantar los brazos, necesitaré una grúa, elemento protésico, para mi movilización. Primero la grúa y poco a poco un trabajo de tonificación muscular, de recuperación de la fuerza, de coordinación y un poco menos de grúa, hasta que finalmente pueda prescindir de la grúa y moverme desde mi autonomía.

Para indicar una medicación, necesitamos saber cómo la pensamos en relación con todo el trabajo de recuperación de la salud. Para mí, es imprescindible hacer un trabajo de aprender de nuevo a procesar pensamiento a partir de la observación, la intuición, la capacidad de reconocer las emociones, de afinar mi instrumento de resonancia emocional, y del discernimiento y la modulación, entre otros.

Y todos estos trabajos en medio de la creación de un espacio para el grupo familiar y la comunidad.

Todo esto con respecto a la medicación neuroléptica o antipsicótica, ¿cómo piensas el uso de los antidepresivos?

Soy poco proclive al uso de antidepresivos.

En determinadas situaciones en las que hay una depresión severa y el paciente se encuentra sumido en un desánimo profundo, como si una sombra hubiese caído sobre él, cerrado para dentro, puedo indicar el uso de antidepresivos.

Pero el nombre del producto «antidepresivo» creo que nos mueve a engaño. En general, el efecto que tiene en la persona que lo toma, es el de una desconexión emocional. Sería un poco el «ni siente ni padece».

Seguramente me alejo del desánimo, de la sensación de hacer las cosas mal, de tener la culpa de todo lo que pasa, de no saber. Pero también me desconecto de las cosas que me pueden dar alegría, de los pequeños momentos de placer, de degustar una comida o de poder reír con una broma. En la depresión, estoy hiperconectado con sentimientos y emociones de pérdida, de fragilidad, de vulnerabilidad, de insuficiencia, de desamparo y tengo dificultad de conectarme con el enfado y la rabia. Es como si ese enfado lo dirigiera contra mí mismo. Y ahí se pone en marcha el sentimiento de que no valgo para nada, que soy un desastre, que todos están hartos de mí.

En el estudio de la depresión, se ha constatado que un neurotransmisor, la serotonina, se encuentra a niveles más bajos en las sinapsis neuronales del cerebro. Entonces se ha creado un tipo de fármacos, llamados inhibidores de la recaptación de serotonina, para mantener los niveles sinápticos. Años después se ha visto que la mayor producción de serotonina se da a nivel del sistema parasimpático en el intestino.

Pero del mismo modo que, en un momento determinado, los antidepresivos permiten una desconexión con determinadas emociones, también lo harán con aquellas que tienen que ver con la alegría y el placer. La caja de resonancia emocional pierde conexión.

En su relato, muchas mujeres que llevan veinte años tomando antidepresivos, cuentan que no pueden llorar, pero tampoco reír.

Lo que necesitamos es aprender a observar e identificar qué experiencias me rescatan de mi ánimo depresivo: un encuentro con un amigo, cocinar, mirar el mar, bailar, moverme…

En esta línea les digo a mis pacientes si se han fijado en el impacto de prestar atención a sus sensaciones. En el mercado o en la tienda delante de una parada de frutas, poder atender a los sentidos. El color de las naranjas, de los pimientos rojos, de los pimientos verdes o los limones. El olor que desprenden. Probar una mandarina. Tocar la fruta. Oír las conversaciones entre las vendedoras y los clientes. También les aconsejo prestar atención cuando dibujan o pintan a la forma y al color, al sonido del lápiz sobre el papel. Al olor de la pintura, al tacto rugoso o suave de la lámina.

Todo esto mueve los neurotransmisores. Y eso es solo un detalle de cómo promover el contacto sensorial, emocional y vital con el mundo. Luego habrá que trabajar con cada persona otros aspectos que ayudarán a comprender su aflicción y su dolor. Las pérdidas que ha experimentado y cómo ayudar a su elaboración.

Hay además un efecto de zombificación en los tratamientos antidepresivos que tienen años de duración. Desde atención primaria, ya los médicos de familia iniciaron una prescripción amplia de antidepresivos, que pueden quedar instalados toda la vida.

Los antidepresivos son drogas; legales, pero drogas, y son fáciles de conseguir. Prescribir un psicofármaco que te desconecta emocionalmente no se puede hacer a la ligera, pero, como todos sabemos, es proporcional: a menor tiempo de atención al paciente, más prescripciones.

Entiendo que todo depende de la dosis y del tiempo de prescripción.

Sí, naturalmente. Pero creo que tendríamos que ir disminuyendo medicación y aumentando los recursos internos del paciente en el procesamiento de sus emociones y los recursos externos de atención.

Estuve durante unos diez años en un grupo de trabajo dentro de la Fundació Congrés Català de Salut Mental. El grupo, formado por farmacólogos, psiquiatras y psicólogos se llamaba GRUP (Grupo de Reflexión sobre el Uso de Psicofármacos). Hicimos varios documentos que fueron publicados y uno de ellos advertía sobre el uso abusivo de los antidepresivos.

Joanna Moncrieff[47], psiquiatra británica, forma parte de una corriente crítica de psiquiatras contra el abuso de la medicación. Critica la denominación **anti**depresivo o **anti**psicótico, que seguiría el modelo médico de los **anti**bióticos, **anti**térmicos… Tendríamos que hablar de grupos de fármacos con una entidad química determinada y ver qué efectos positivos produce y qué efectos secundarios. Porque no son neutros. En una crisis psicótica pueden tener utilidad o no. Hay personas

---

47 **Joanna Moncrieff** es profesora de Psiquiatría en el *University College* de Londres. Entre sus múltiples publicaciones destacamos especialmente *Hablando Claro. Una introducción a los fármacos psiquiátricos* (Herder, 2013).

que responden bien a un fármaco y otras que responden mal. Ella postula que no son fármacos **anti**enfermedad. Son productos que pueden ir bien o no en determinadas cuestiones y a determinadas personas.

Yo pensaba que cuando una persona padecía un brote psicótico tenía que tomar medicación de por vida.

Pues no. No es así. No es así necesariamente.

Pero esto es una cosa que se da por sabida, ¡no solo cuando estudias psicología!

Lara, no es que tú te confundieras cuando estudiabas psicología, es que se ha instalado clínica y socialmente así y lo dice todo el mundo. Pero vas descubriendo que no es verdad, cuando ves pacientes que salen de una crisis psicótica y no quedan atrapados ahí toda la vida.

Esta manera de pensar hace daño. Decirle a alguien que estará enfermo toda su vida es un elemento enfermante en sí mismo. Por más grave que sea la situación de un paciente, yo le digo: «Mire, pienso que ahora le puede ayudar la medicación, pero creo que ha de ser una medida temporal. Conforme usted pueda recuperar su salud, quizá en un tiempo, que pueden ser meses o años, trataremos de retirar la medicación. Para eso habrá que hacer un trabajo».

¿Por qué piensas que pasa esto? ¿Por qué tantas prescripciones y tanta insistencia en la medicación?

La respuesta tiene que ir en varias direcciones. Lo primero que diría es que no sabemos bastante para tratar estos procesos complejos.

A partir de esta premisa, añadiría que el modelo biomédico no es un buen modelo para tratar los problemas mentales.

El cuerpo lo podemos pensar desde la física (materia, energía), la química (a nivel molecular), la biología (a nivel celular), la anatomía (disposición de los diferentes sistemas orgánicos) y tantas otras. La lectura a nivel bioquímico puede ser interesante y de ayuda, pero si lo elevamos a la categoría de explicación última de lo que pasa es limitador, limitante y falsa. Y más cuando hablamos de cuestiones relativas a la mente y lo combinamos con la sentencia de que es genético y para toda la vida.

A ver qué producto químico nos va a enseñar a procesar pensamiento a partir del entrenamiento de un listado de herramientas que tenemos como la observación, la intuición, la capacidad de captar cualidad emocional, la resonancia emocional, el discernimiento, la modulación, la contextualización, la capacidad de decisión y la acción o respuesta coherente y sostenida en el tiempo. ¡Ninguno! Y es este el trabajo fundamental para recuperar la salud.

Otro motivo importante en juego es el que hace referencia a los intereses de la industria farmacéutica. Esta es una cuestión que no es menor. La industria farmacéutica trabaja para favorecer sus beneficios, abrir mercados y vender productos. Del mismo modo que lo hace la industria del automóvil o los fabricantes de lavadoras. De hecho, era hasta hace poco la tercera potencia empresarial del mundo, después de la armamentística y la del petróleo. Creo que ahora debe ser la segunda.

Con el uso de psicofármacos, las farmacéuticas ven un cliente potencial de por vida. Es más, venden la idea de que cada individuo tendría elementos potenciales para ser consumidor de algún psicofármaco.

¿Qué quieres decir?

Desde esta perspectiva, cualquier dificultad se puede transformar en «enfermedad». Un alto grado de timidez se convierte en «fobia social». Con este nombre clínico, inmediatamente puede tener un medicamento o varios.

Representaría que todos somos potencialmente consumidores de psicofármacos. Solo hay que instalar un diagnóstico y ya tendrán un cliente que puede consumir durante muchos años diversos medicamentos.

Con los infantes han abierto un mercado importantísimo con el llamado «trastorno por déficit de atención e hiperactividad». Muchas criaturas están tomando durante años derivados anfetamínicos que son substancias estimulantes que pueden tener efectos indeseables para su maduración neurológica y psíquica. Además, se plantea una medicalización a largo plazo.

Otro tema importante es el consumo de benzodiacepinas como ansiolíticos. Hace muchos años que se ha cuestionado su uso indiscriminado. La persona con crisis de ansiedad necesita aprender a identificar su ansiedad, y manejar sus propias herramientas mentales para contenerla y transformarla. La ansiedad no es una enemiga. Nos comunica que algo no va bien. Si le administras solamente un ansiolítico, impides que desarrolle sus propias capacidades de contención y mejor comprensión de lo que le está pasando en ese momento.

Pero volviendo a los antidepresivos, la industria farmacéutica ha encontrado una plataforma de expansión en organismos de mucho prestigio internacional como la Organización Mundial de la Salud (OMS).

Durante muchos años la OMS ha dicho que el diagnóstico de depresión está infravalorado y que hay mucha más depresión de la que se detecta (siguiendo los estudios proporcionados por investigadores, financiados muchas veces por la propia industria farmacéutica, que ha sido, consecuentemente, la principal beneficiaria).

Esto, durante muchos años, ha supuesto un aumento exponencial en el mercado de los antidepresivos, especialmente en mujeres, que como he dicho anteriormente pueden llevar diez, veinte o treinta años tomándolos. Su consumo ininterrumpido tiene efectos de desconexión y compromete seriamente la capacidad de resonancia emocional. Me preocupa especialmente la comunicación de una sensación interna de cierta alienación emocional. No lloran ni ríen. Se les ha secado algo dentro de ellas. Y no se acostumbra a hablar de esto públicamente.

Pero la industria farmacéutica se escuda en que todo ha sido estudiado y demostrado científicamente. Lleva un sello científico.

Es un timo. Son estudios parciales y, como he dicho antes, contemplan un único nivel de lectura: el químico. Plantean que para que sea aceptado un medicamento ha de tener una efectividad un tanto por ciento superior al placebo, que a veces es muy baja. Si no les cuadra la investigación de un producto con sus intereses, no lo publican.

En los estudios realizados se toman muestras en las que a un grupo de pacientes se les administra placebo (una sustancia neutra, sin ningún componente activo, que la persona toma creyendo que es la medicación antidepresiva) y a otro grupo se les administra el antidepresivo en estudio. Cuando lo comparan y encuentran diferencias estadísticamente significativas lo dan por bueno, aunque los cambios no tengan ninguna relevancia clínica[48].

Pero además hemos de tener en cuenta los riesgos que supone el uso de medicación psicofarmacológica por sus efectos secundarios.

---

48 **Gøtszche, P. C.: *Psicofármacos que matan y denegación organizada*** (Los Libros del Lince, 2015) Pág 61.

Supongo que vivimos en una sociedad en la que necesitamos elementos mágicos que nos den una curación rápida. Ir al psicólogo es demasiado trabajo y demasiado tiempo.

«A mí que el médico me dé algo que me ponga bien y que me cure». Esto así es todo lo contrario a pensar qué me pasa y saber escuchar mi cuerpo y usar mi mente y mis recursos.

El médico te puede pedir una analítica para medir la tasa de serotonina en sangre y decirte: «Usted tiene un nivel de serotonina bajo, que es un neurotransmisor que actúa sobre el estado de ánimo. Le daremos un inhibidor de la recaptación de serotonina y ya estará resuelto».

O sea que si estás mal en el trabajo, tienes problemas de pareja o de familia, ¿te tomas un fármaco y ya estarás bien? Esto es siniestro.

Creo que esto está relacionado con el tema de hacerse responsable uno mismo de lo que le está pasando. Porque valga la redundancia te pasa a ti.

Hemos de aprender a estar en contacto con nuestro estado interior sin quedar abrumados. Si no estamos bien, hay que consultar al profesional médico o al psicólogo. Pero en lugar de favorecer esta escucha de cómo está tu propio cuerpo se ha fomentado la idea de ir regularmente a que te hagan un chequeo para ver cómo estás. Se pone fuera de uno la mirada, la observación y la escucha.

La industria farmacéutica, de la mano del sistema sanitario, se ha aposentado potenciando un patrón insostenible de alienación de las personas respecto a su cuerpo y a lo que les acontece.

Entiendo, pues, que medicarse es necesario a veces, pero lo que es más importante es que cada persona pueda desarrollar su propio criterio en lo que le concierne. A cada uno le compete su salud y su salud mental.

Claro. No quedar alienados, sintiendo ajeno y en manos de otros lo que sucede en mi cuerpo y en mi mente.

Sabemos que los neurotransmisores se modifican cuando estoy en una sesión de psicoterapia que me aporta tranquilidad y sosiego, cuando tengo una conversación apacible con un amigo, tomando algo en un bar, o en un buen momento con mi pareja. La conversación, la palabra, la mirada del otro tiene un efecto en nuestra bioquímica cerebral. En todos nosotros.

Con la medicación, si es necesaria, se tendrá que encontrar la dosis mínima efectiva, y que no deje al paciente sedado, desorientado y sin poder pensar.

Estoy agradecida, como he dicho antes, al trabajo realizado por los investigadores y creadores de algunos psicofármacos y reconozco todo el trabajo que están haciendo. Pero si hubiese que hacer un balance entre los logros de la medicina occidental, que creo que son importantes, y los daños, se decantaría hacia los segundos. Siguiendo a Peter Gøtzsche[49], la tercera causa de muerte en los EE. UU. es la medicación. Pesan más los daños.

La higiene, puesta en marcha en el siglo XIX, a partir de los descubrimientos en microbiología, con la limpieza de las aguas, las medidas higiénicas públicas, cloacas y la asepsia, ha sido determinante en mejorar las condiciones de salud de la población y evitar las muertes por infección. La mayor longevidad de los humanos tiene más que ver con las medidas de salud pública que con los fármacos.

No quiero desacreditar el valor de fármacos que, en un momento determinado, pueden ser absolutamente necesarios. Pero sin fanatismos. No sabemos bastante acerca de la mente humana y está bien que sepamos utilizar elementos para ayudar a recuperar la capacidad de dormir, o para desacelerar la mente de una persona en crisis. Pero siempre manteniendo una capacidad crítica y valiente y sobre todo respetuosa con la voluntad de la persona.

Para finalizar este capítulo, quería hacer mención a diferentes grupos de profesionales que en varios países y, concretamente, en la Universidad Rovira i Virgili, están promoviendo grupos para la gestión colaborativa de la medicación. En este sentido, pasa a ser del dominio compartido del usuario y del profesional el poder ir definiendo en cada momento lo más conveniente en cuanto a dosis y efecto o tiempo de administración.

Creo que este es el camino para que cada uno pueda asumir responsabilidad de su salud.

---

49 **Gøtzsche, Peter** es profesor de la Universidad de Copenhage en *Análisis y diseño de investigación*. Ha publicado más de setenta artículos en las revistas médicas más importantes. Entre sus libros destacamos *Medicamentos que matan y crimen organizado* (Los Libros del Lince, 2014) y *Psicofármacos que matan y denegación organizada* (Los Libros del Lince, 2015).

CUARTA DIMENSIÓN: MATERIA OSCURA

À- Necesito del auxilio de los pensadores que desde la física nos explican que no todo lo que se ve es la totalidad de lo que hay. Estoy en una lucha continuada desde hace años contra la simplificación de lo que llamamos «evidencia científica». La evidencia es una palabra que hace referencia al sentido de la vista. Pero este sentido, a pesar de su precisión, no abarca toda la realidad. Tenemos una limitación en nuestra aprehensión de la realidad y necesitamos pensar en aquello que no vemos, pero intuimos (olfato) o deducimos por procesos de pensamiento desde el sistema deductivo científico.

Freud intuyó que, detrás de los cambios producidos por una sugestión poshipnótica, en el que una mujer con un brazo paralizado podía volver a moverlo, había una complejidad del sistema cuerpo-mente, de la cual no teníamos conocimiento previo.

Como ya he comentado en el capítulo de «Agujeros negros», la materia oscura es una hipótesis acerca de una fuerza cohesiva que sostiene el universo. El equilibrio del universo parece que no se sostiene solo por las fuerzas gravitatorias de la materia visible, es decir, las que el aparato sensorial de la visión detecta. Hay alguna cosa más que interviene y que no es evidente.

Como hemos dicho, la materia visible parece que correspondería aproximadamente a un 24 % de la materia total del universo. Hay que diferenciarla de la energía oscura al que correspondería un 72 % del total. Solo el 24 % formaría parte de la materia visible. Todas estas cifras son aproximaciones de un tema que está en debate y estudio. Pero a pesar de que estas observaciones se mueven aún en el campo de las hipótesis, me parece que nos han de ayudar a abrir nuestra mente a fenómenos que aún no tienen una «evidencia científica».

La materia oscura no emite ningún tipo de radiación electromagnética, siendo completamente transparente en todo el espectro electromagnético. Su existencia se infiere a partir de sus efectos gravitacionales en la materia visible. Fue propuesta por Fritz Zwicky[50] en 1933 como «masa no visible».

Parece que tiene un papel central en la formación de estructuras y en la evolución de las galaxias. Se desconoce su composición (partículas elementales, WIMPS y axiones).

Se piensa la materia oscura como compactador de estructuras y se puede «visibilizar» a través de las llamadas «lentes gravitacionales», que pueden leer las distorsiones gravitatorias originadas por esta misma materia oscura.

Si me preguntasen de qué materia está hecho el acto terapéutico, diría que de una materia oscura, no evidente, implícita. Está, pero no se ve, sujeta, pero no se puede tocar, transforma, pero desde un lugar singular imposible de aislar con ecuaciones.

Me hace pensar también en el tejido conectivo, que es la materia oscura de nuestro cuerpo. Es aquello que sostiene y entrelaza los órganos, las vías sanguíneas y respiratorias armonizando el funcionamiento.

En esta dimensión me valgo de estas metáforas para entrar en un lugar en el que llevaremos nuestra atención al proceso terapéutico en sí mismo y trataremos de entender de qué está hecha la materia oscura y el tejido conectivo que nos mantiene en equilibrio.

L- Entramos en la cuarta dimensión que da algunas ideas acerca de cómo hacer frente a las dificultades emocionales y al tratamiento profesional.

En esta dimensión veremos en la metáfora de la materia oscura que asimilamos al tejido conectivo corporal, el ejemplo de fuerzas no visibles, que reparan vínculos y nos mantienen en funcionamientos saludables.

---

50 **Fritz Zwicky** (1898-1974) fue un astrónomo y físico suizo de origen búlgaro. Formuló ideas pioneras relacionadas con la materia oscura y se le atribuye el descubrimiento de las estrellas de neutrones.

En primer lugar, hablaremos de los elementos básicos como el ***Respeto*** para la reconstrucción de la personalidad.

Para ello, necesitamos dotarnos de un ***Modelo de la mente*** para aproximarnos al conocimiento y dotarnos de una caja de herramientas de ***Instrumentos de trabajo***, para conducir nuestra atención y aspirar a un virtuosismo en nuestro modo de acercarnos a las personas.

Finalmente, imaginaremos e incluso soñaremos un ***Dispositivo asistencial*** que permita atender a la singularidad de cada persona desde una perspectiva que abrace el viaje que hemos hecho en este libro.

EL RESPETO

L- Respeto es la palabra que más he escuchado a Àngels cuando hablamos de su trabajo. Ella siempre dice que, si le preguntasen de qué está hecho el acto terapéutico, diría que de una materia oscura, no evidente, implícita, llamada **respeto**, que crea un halo energético y vibratorio especial y que es la actitud básica delante del otro.

A veces, la utiliza en contextos que me sorprenden: «Me enfado por respeto a esta persona», «Le dije que no me lo creía, por respeto» o «Si lo respetaba, tenía que mantenerme firme».

Parece que encuentra en esta palabra alguna cosa esencial, fuerte y resistente en su práctica diaria. Como un lugar que conoce y reconoce muy bien y desde el cual trabaja. En ocasiones explica que es aquello que la sustenta para poder caminar en el abordaje de situaciones difíciles.

En este capítulo saldremos de la oscuridad absorbente del malestar y el trastorno y descansaremos sobre el tejido conectivo del respeto. Observaremos como es reparador y balsámico natural, a pesar de que sea una materia que tampoco se ve a simple vista.

L- Debido a la envergadura que tiene la palabra, creo que es interesante que empecemos el capítulo desmenuzándola para entender qué quiere decir.

À- Etimológicamente deriva de la familia latina *Specere* que significa «mirar». «Respeto» será «volver a mirar», «no quedarse con la primera mirada», «revisar la primera impresión que nos hacemos». Esto es el respeto.

Me hace pensar en el modo de trabajar en la Observación de Bebés, donde la idea es volver a mirar, observar de nuevo, prestar atención a la manera de hacer espontánea del bebé. Más allá de lo que esperamos, de lo que queremos, de lo que necesitamos que haga. Se trata de ponernos frente al bebé para conocer quién es y qué hace. Esta observación, esta atención fina a la espontaneidad del otro tiene una relación muy estrecha con el respeto.

¿Sería como prestar atención al otro en tanto que diferente a ti? ¿Poder soportar esta diferencia escuchándola y dándole un espacio?

Claro. Darle un espacio es respetar al otro. Todas las personas tenemos una responsabilidad de lo que nos pasa. Si lo pienso desde aquí, podremos modificar una situación. Las personas cercanas nos podrán ayudar en la medida que partamos de la responsabilidad de cada uno. Lo que a cada uno le corresponde.

Si crees que la persona que tienes delante no tiene criterio, «está loca», «no se entera» y la eximes de responsabilidad, no hay nada a lo que cogerse para crear posibilidades de transformación, de aprendizaje y de crecimiento.

Cuando digo esto, apelo a la responsabilidad como cuestión básica de respeto. Yo respeto a mis pacientes en tanto que los siento responsables de sus cosas. Y yo de las que me competen.

Si tomamos como ejemplo el caso de aquella mujer[51] que ponía toda su expectativa de mejora en el cambio de medicación, para mí hubiese sido una falta de respeto hacia ella responderle: «Ah, de acuerdo, miraremos de cambiar la medicación». En cambio, le podría preguntar: «¿En qué se basa para pensarlo?», y luego poder ver juntas la fortaleza de su idea. Si no es así, estaremos repitiendo y nos instalaremos en una situación encallada que puede durar años.

Muchas veces me pregunto: «Si yo estuviera en su lugar, ¿qué necesitaría?». Sé que necesitaría a alguien que me tomara en serio. No que me siguiera la corriente como si fuera idiota. Le iba la vida a aquella mujer, a sus hijos y a su marido. Tenía un bebé y ella estaba durmiendo todo el día. Así se estaba fabricando más patología.

Era necesario atender su vulnerabilidad y su momento de desánimo profundo, pero me arremangaba y la cuestionaba claramente desde el respeto, para que pudiera conectar con ella misma y asumir alguna responsabilidad de la situación que estaba viviendo. Para ponernos a pensar juntas. No entiendo otra manera de trabajar.

Requiere mucha valentía. Yo te he oído en las supervisiones decirle al equipo terapéutico: «Yo aquí, por respeto, le diría al paciente: "¡No me lo creo! ¡Esto que dice, no me lo creo!"». Seguramente la persona que llevaba la terapia no habría dicho una cosa así por prudencia. Pero tú dices: «No, en algunos casos hay que decirlo».

Bueno, hay que contextualizarlo. La veteranía es un grado y es una de las gracias de hacerse mayor, que no tiene muchas. Pero esta intervención

---

51   Capítulo del trastorno mental.

hay que contextualizarla. Si alguien me dice: «Yo no sirvo para nada», depende del momento del paciente, yo le puedo decir: «Eso que me dice yo no lo creo». Depende del tono, de si puede haber un puntito de humor y del contexto. O si hace una generalización desacertada desde mi punto de vista. En cambio, si es un momento difícil para una persona con una ideación paranoide o persecutoria, no se lo voy a decir así. Trataré de rescatar su sufrimiento, antes que confrontarlo con la realidad, o trataré de ver qué hay de verdadero en aquello que me cuenta distorsionado y magnificado.

Si un paciente me dice: «A mí me da igual todo», y yo le digo: «Esto que me dice no me lo creo», normalmente se queda desconcertado y me mira con una cierta extrañeza, pero en general, es recibido como una comunicación muy directa y verdadera. Y no se ha enfadado nunca nadie conmigo por decirle esto. Se han podido enfadar por otras cosas. Yo no le digo que me está mintiendo, le digo que lo que me dice no me «suena» y esto implica que estoy utilizando mi aparato perceptivo para el discernimiento de lo que es verdadero o falso al servicio de nuestro trabajo. Sería como decirle: «Esto que me dice no me cuadra, no me encaja». Por supuesto que es en el contexto de una relación terapéutica, donde el paciente ya me ha hablado de más cosas suyas.

Es importante ver como los pacientes agradecen que seas claro, decidido, perspicaz y natural y que confíes en su capacidad de desarrollo.

Desde el respeto, tú les dices con claridad las cosas. Pero es desde el respeto hacia ellos y el respeto hacia ti misma. No puedes estar haciendo el «paripé» ni con el paciente ni contigo misma. Has de saber encontrar el momento oportuno, el tono, la intensidad apropiada, pero lo que realmente es importante es ser verdadero y veraz.

Creo que lo que se entiende es que tú has estado procesando y pensando lo que te dicen, que con lo que te ha comunicado, tú has estado realmente trabajando.

Sí, que la tomo en consideración, que la he estado sometiendo a un chequeo dentro de mi aparato mental para ver qué hago con su comunicación que no me suena, que no me cuadra y que no lo veo de la misma manera. Es como si pones una moneda falsa en una máquina y esta pita: ¿qué pasa ahí? Hay un lío, una confusión, un nudo que hay que examinar.

Cuando le dices a una persona: «Esto que me dice no me suena, me cuesta pensarlo», quiere decir: «Tendremos que revisarlo porque a mí no se me hace creíble tal como usted lo expresa». Esto dicho con todo el respeto.

Se trata de rescatarlo de una repetición en bucle de ideas, de las que no puede salir.

Pero en según qué casos no debe ser fácil discernir y reconocer qué grado de responsabilidad tiene él mismo.

Cuando digo que respetar es reconocer la responsabilidad de cada persona, no quiero decir culpabilizarlo. Es importante hacer esta diferenciación.

No es nada fácil, es verdad. Aquí yo no digo que no me creo lo que me cuenta. Le digo que estoy tratando de pensar con él, lo que me dice y cómo lo dice.

Estuve tratando a una familia en la que el hijo mayor tuvo una crisis psicótica. Hablaba de su vida colocándose en situaciones de riesgo que parecían realistas, junto con alucinaciones y la idea de que le perseguía una mafia local y que había individuos esperándolo en las gasolineras que lo miraban con malos ojos.

Hicimos una sesión familiar con los padres y los dos hermanos, mientras el chico estaba ingresado. En medio de la sesión, en que los padres contaban lo sucedido que había precipitado el ingreso, el hermano pequeño de doce años dijo: «No hay posibilidad de ayudar a mi hermano si no os lo creéis un poco. Alguna razón tiene». Me pareció de una gran belleza y verdad esta observación y así lo recogí. Si pensamos que todo lo que dice el chico no tiene sentido, si perdemos el hilo de confianza en su capacidad de pensar y lo miramos como a un loco, no lo podremos rescatar.

Por respeto al paciente has de observar, pensar y preguntarte el sentido de lo que está diciendo, qué verdad esencial hay detrás del delirio. Como decía el hermano, alguna razón tiene, aunque sea metafórica y fuera de lugar y contexto.

Esto no significa que tengamos que darle la razón. No. Quiere decir que hay que arremangarse para ver «sus razones». Qué hay de verdadero en aquello que necesita emerger en medio de este tremendo desaguisado para que le prestemos atención y que pueda hacerse tratable. Desde dónde se siente amenazado. ¿Quién lo mira con malos ojos?

Normalmente esta comunicación bastante ininteligible se sofoca, se le tapa la boca, se le pone una medicación y queda confinado todo el malestar, aunque no es fácil. A veces, para no enloquecer todos, se medica a uno, al «paciente» diagnosticado.

¿Los fundamentos del respeto estarían en pensar con el otro, en tanto que diferente, su responsabilidad?

Volver a mirar o mirar con atención al otro. No mirar rápido y concluir que «ya sé qué le pasa». No lo sabemos y hay que contar con que él mismo tiene capacidades para ayudarse y poder salir de la situación.

Un terapeuta, un familiar, un amigo o una compañera te ayudará, pero no te salvará. No es responsable de tu estado y, además, por respeto a ti mismo, no ha de tener esta pretensión.

Ha habido situaciones en que he tenido que intervenir directamente indicando un internamiento involuntario. Lo he hecho cuando he sentido en peligro la vida de esa persona o de otros.

Pero cuando me he encontrado frente a una amenaza de suicidio, he de saber y le he de decir a la persona que se encuentra en esta situación que yo no lo puedo rescatar de la muerte. Que tal vez, y si me lo permite, puedo ayudarlo y acompañarlo para que él pueda vivir mejor su vida. Y que es una decisión que le corresponde a él. Y esto, dicho desde lo profundo de mi alma, nos ha ayudado.

Pienso que esto es respeto. Volver a mirar, volver a pensar y reconocer la responsabilidad del otro y la propia. Creo que es aquí desde donde tenemos que trabajar.

UN MODELO DE LA MENTE

L- Un día, en una reunión de equipos con los que Àngels trabaja, explicó que para hacer frente al conocimiento de la mente humana era imprescindible tener un modelo de la mente. Cuando le preguntaron a qué se refería, respondió:

«Trato de imaginar a una exploradora que se adentra en un territorio desconocido. Aunque sea la primera vez que entra en ese espacio, nuestra exploradora tiene algo así como un mapa, o GPS mental, o al menos algunas ideas sobre qué terreno pisa. Sabrá en qué continente se encuentra, si el mar o el océano está muy lejos, a muchos kilómetros o pocos. Si es un terreno montañoso, si está en medio de una selva muy extensa o en un bosque o en un terreno pantanoso o desértico. Si hay indicios de que hay un poblado cerca. Claro que sabe que es la primera vez que entra ahí, pero tiene algunas nociones de dónde se encuentra.

Si hay depredadores o animales que pueden ser peligrosos. Si hay serpientes. Si lleva víveres suficientes. Anticipa qué peligros pueden acecharla. En su mochila, llevará algunos instrumentos que la orienten: una brújula, un mapa, un cuaderno para tomar notas, una linterna, un cuchillo para procurarse alimento o para defenderse. Ropa de abrigo y algún acomodo por si ha de dormir a cubierto. Y llevará agua.

Está expuesta, necesariamente, a lo desconocido, pero no va en blanco.

Cuando os hablo de un modelo de la mente, me refiero al equipamiento interno que ha de llevar un profesional para hacer frente a un trabajo de conocimiento de la mente humana. Pienso que sería muy importante que cada persona se procurase este equipamiento».

Así pues, en el siguiente capítulo, vamos a hacer la mochila y nos adentraremos en cómo construimos nuestros mapas.

L- ¿Qué es «El modelo de la mente»?

À- Cuando un profesional se pone a trabajar en la atención a personas con sufrimiento mental, con sus familias y con grupos terapéuticos, necesita tener un modelo de cómo se ha forjado la mente humana.

Este modelo está en constante movimiento. Hay que construirlo, estudiarlo, revisarlo, ampliarlo y luego dejarlo a un lado, para poder atender a cada persona, familia o grupo en su singularidad. Y después retomarlo desde las experiencias nuevas.

Sabemos diferenciar que hay situaciones muy distintas. Lo que plantea una persona que consulta porque tiene un malestar por conflictos de relación con sus padres, o su pareja o sus hijos, en principio te sitúa frente a alguien que ha construido una estructura mental que está bastante preservada. Es diferente de lo que plantea otra persona que siente que le están controlando su mente con un chip que le han instalado mientras dormía y que le están persiguiendo.

Del mismo modo que no es lo mismo si viene una persona que te explica que está todo el día atemorizado porque teme estar enfermo. Cuando tose, imagina que tiene un cáncer de pulmón o si tiene dolor de cabeza está convencido de que tiene un tumor cerebral. Diferente de otra persona que viene porque sufre una adicción.

Todos presentan malestar y sufrimiento, pero tienen funcionamientos mentales diferentes.

Hemos de poder imaginar qué estructura mental ha desarrollado esta persona y de qué manera se expresa su sufrimiento. Cada una de las expresiones sintomáticas es comunicativa. Para poder descifrar el encriptamiento que contiene el síntoma, hemos de poder disponer de un modelo que nos pueda dar algunas ideas respecto a lo que le está pasando en este momento.

Para acercarme a pensar en esto, necesito plantearme una cuestión: ¿el cuerpo y la mente son dos instancias separadas o tienen relación?

Es verdad que no son lo mismo, no funcionan del mismo modo, pero ¿qué relación se establece entre ellos? Tendríamos que buscar una respuesta a esta pregunta, que no caiga en simplificaciones falsas. Según mi criterio, no es válido decir: «Yo soy neurocientífico y mi manera de interpretar la mente y el cuerpo es desde el funcionamiento del cerebro» o «Yo soy psicólogo y la mente funciona de manera separada del cuerpo y no hace falta que aprenda acerca de él». ¿Los pulmones, los riñones y los intestinos serán solo territorio de los neumólogos, nefrólogos o digestólogos?

Yo no estoy de acuerdo en esta manera de pensar e intervenir.

El cuerpo piensa[52]. Piensa y comunica con un procesamiento y un lenguaje diferente. ¿Pero cómo piensa el cuerpo y cómo lo expresa? Vasodilatación, vasoconstricción, aumento o disminución de la presión

---

52 **Lía Pistiner de Cortiñas**. *Psique-soma-dialogos y cesuras.* (APdeBA-1993).

arterial, de la frecuencia cardíaca, modificación del ritmo cardíaco, inflamación, dolor, fiebre, aumento o disminución del peristaltismo intestinal, contractura muscular o relajación son algunos de los modos comunicativos del cuerpo.

Hemos de poder pensar este cuerpo inteligente que comunica y poder manejar algunos elementos de decodificación del lenguaje corporal para comprenderlo.

Además de esto hay otra cuestión, cuando una persona viene a vernos para ser atendida, ¿podemos descontextualizar lo que le está pasando de su biografía, de su historia o de su familia, por ejemplo?

Desde mi punto de vista hay un *continuum* entre cuerpo-mente y el grupo humano de pertenencia. Enfermaremos o sanaremos también, en función de la relación con nuestros grupos.

Entiendo que tu modelo de la mente determina cómo abordas el trabajo.

Sí, pero este modelo ha de estar incorporado sin interferir en tu frescura y naturalidad cuando llega una persona a consultar.

Cuando en una primera consulta te diriges a esta persona y le dices: «Usted dirá…», esto significa que estarás atenta para ver, en ese primer contacto, cómo construye una narrativa acerca de lo que le pasa. Tú estás observando y delante tienes a alguien nuevo, singular, pero detrás tienes una construcción propia de la mente humana, forjada desde tu experiencia vital y profesional. Si el paciente te dice: «Vengo porque me ha mandado el Dr. Tal. Yo no sé qué me pasa. Usted me lo dirá». Es muy distinto de si, hablando en primera persona, dice: «No sé, creo que necesito ayuda porque no me encuentro bien. No entiendo qué me pasa».

Tanto uno como otro, de entrada, sienten dificultad de definir lo que les está sucediendo, pero es muy diferente el modo en que se colocan frente a su dificultad. El segundo asume su confusión y el primero lo pone fuera, como si fuese un asunto médico.

Este hecho ya condiciona la necesidad de empezar por sitios distintos el relato de lo que les sucede.

A partir de ahí, se abrirá un espacio donde se irá desplegando el discurso del paciente. Cómo describe su malestar, si identifica síntomas, cómo establece relación entre esto que le pasa, su momento y su entorno. Observaremos cómo son las descripciones, si hay relatos secuenciales, argumentales o relacionales. Si son ricos y precisos o son vagos y generales.

Observarás cómo lo explica: la actitud, la mirada, el tono de voz, la disposición corporal, la narrativa… y tu atención focal y flotante irá resiguiendo este relato.

Pero ¿nos hemos de acoger a un modelo o bien crear un modelo?

Hemos de crear un modelo propio. Cada uno, cada terapeuta. Si no, no sirve.

Cuando hago supervisión clínica a equipos asistenciales y me traen un caso complejo yo trato de mostrar cómo lo pienso. Pero no me pongo de referente de cómo hay que hacerlo o si lo hacen bien o mal. Lo que procuro es que vean de qué manera proceso la información que me dan y sus aportaciones. Que vean cómo yo lo pienso y luego cada terapeuta lo haga a su manera. Que observen de qué modo presto atención a las posibilidades de desarrollo y crecimiento que tiene el paciente y cómo identificar lo que dificulta y bloquea esta capacidad.

Creo que lo que ayuda es que puedan apreciar con qué modelo de la mente yo trabajo, que es un constructo propio, a partir de las cosas que yo he aprendido de las personas que he atendido y de lo que me han enseñado otros autores y maestros. Cada terapeuta ha de crear su propio modelo y no sirve adscribirse a un modelo homologado en su totalidad: psicoanalítico, sistémico, cognitivo conductual, humanístico, biomédico u otros.

Por tanto, dices que tratamos a los pacientes según el modelo que cada terapeuta tiene.

Si solo tienes un modelo biológico, frente a una persona con sintomatología depresiva harás servir unos criterios que te guiarán básicamente a prescribir unos productos farmacéuticos que aumenten la serotonina en las sinapsis neuronales, por ejemplo, en la depresión. Si te interesas por su familia, quizá el interés estará guiado por saber si hay algún familiar depresivo, pensando básicamente en una transmisión genética. Yo lo entiendo como simplificador y falso.

Me parece que es un modelo poco respetuoso con la complejidad de cada paciente. Esta es mi manera de verlo. Creo que hemos de incorporar un modelo que acoja y ayude a pensar la realidad humana en toda su magnitud y en cada contexto vital que atraviesa.

Si partes de otros paradigmas como la existencia del inconsciente, tienes que plantearte qué quiere decir. ¿Dónde está? ¿Lo incluyo en mi modelo de la mente? ¿Qué utilidad clínica tiene incorporar este concepto?

Yo entiendo que el inconsciente profundo habita y se expresa en el cuerpo. Ahí está ligado a la bioquímica celular del cuerpo. Cuanto más nos acercamos a la consciencia estaremos en el territorio habitado por la representación, la simbolización y el procesamiento virtual. Cuando hablamos o cuando conversamos usamos la palabra, pero hay otro registro como es la posición corporal, la voz, la gestualidad o la mirada que sostienen la palabra. Es cuestión de saber observar, estar atento, escuchar y procesar todo lo que se despliega dentro y ante nosotros.

Pensemos por un momento cómo llegamos a la palabra. Si conocemos cómo un bebé llega a la palabra, nos haremos una idea de la complejidad que supone todo el encaje desde la representación, la palabra y la articulación con el cuerpo, las cuerdas vocales y la respiración. Eso, que hacemos de un modo inadvertido, ha sido un trabajo monumental para cada bebé.

En las dificultades comunicativas de nuestros pacientes, está bien tener en cuenta todo esto. Para ayudarlos a usar la palabra como un elemento comunicativo, no como un arma arrojadiza o un elemento que crea confusión.

Hay que tener algunas ideas que puedan ayudar a desencallar cada situación. Hay momentos en que el paciente se encuentra bloqueado y no puede procesar pensamiento ni describir lo que le está pasando. Si el terapeuta tiene algunas ideas de cómo contener el malestar, paciencia y confianza en las capacidades de su paciente, la situación se va a poder desbloquear. De todos modos, no es fácil. A veces, es muy difícil.

Por lo tanto, explicas que lo que miramos de entender es cómo se puede recibir a una persona, tomando en consideración su cuerpo, su mente, su pertenencia a grupos y su evolución hasta la actualidad.

Claro, tenerlo en cuenta entero. No parcializado. Habrá profesionales que tendrán más en consideración un modelo sistémico de la estructura familiar y humana para pensar al paciente. Otros, más cerca de modelos cognitivo-conductuales. Otros gestálticos. Pero la necesidad y el trabajo de que cada profesional cree su propio modelo no nos lo podemos ahorrar.

Lo que pasa es que has de tener todo esto en la cabeza y «olvidarlo» cuando recibes a la persona. Esto es importante: poder olvidarlo para que no te condicione el encuentro con alguien que no conoces. Deberías tener tu modelo en la nuca. Conseguir esto es todo un trabajo. Has tenido que adquirir conocimientos, sedimentarlos y ponerlos a un lado para que no interfieran el momento presente, sabiendo que todo este conocimiento, de algún modo, guiará tu atención, tu intención y tu intervención. El modelo no es estático. Lo vas modificando en el aprendizaje de la experiencia.

Es como cuando sigues el ritmo musical de una canción. No hace falta que estés pendiente de si lo sigues. Sale espontáneo, natural. Este modelo quedará como un poso que te permitirá filtrar lo que va sucediendo y crear un mapa para orientarte. De todas formas, cada persona se escapa del modelo y eso está bien porque te permite ir aprendiendo con cada paciente. Rediseñando y enriqueciéndolo.

Cuando empezaste a intervenir desde tu propio modelo, ¿viste un cambio en los procesos terapéuticos con tus pacientes?

Sí. Lo he podido comprobar. Por eso es importante que cada terapeuta legitime su propio modelo y no abrace el de otro. Es indispensable comprobar por uno mismo cada cosa. Este trabajo no lo acabamos nunca. Por eso, es muy importante ser paciente y perseverante. Desde ahí hemos de intervenir con respeto y convicción. Solo así se puede hacer un trabajo de transformación. Si uno no ha comprobado una y otra vez sus intervenciones, no va a tener el atrevimiento ni el coraje para hacerlas.

Pero reitero que es imprescindible olvidarte de tu modelo y conectar de un modo espontáneo y natural con la persona que has de atender. Hay que encontrar con cada paciente, en cada situación, el momento y la distancia óptima que permita resonar a su sufrimiento y ahí nos va a ayudar la mirada, el gesto, el tono de voz, la actitud corporal de uno y otro para la creación de un clima de intimidad, confidencialidad y conocimiento. La propuesta implícita es la de crear un vínculo de conocimiento para atender su malestar.

¿El paciente entiende? ¿Entiende cuál es la esencia del trabajo que está haciendo?

Yo pienso que sí que captan algo básico. Captan si tú tienes alguna idea y si, con lo que ellos te explican, estás haciendo ya un procesamiento, un trabajo.

Pienso que captan perfectamente la actitud de respeto, de cómo procesas lo que te cuenta, si se crea un clima de confianza en el que resuenas a su relato y a su malestar. Que te haces cargo, pero que esto no te impide seguir pensando y relacionando cosas.

El compartir y poner fuera su malestar, recogido por alguien que lo trata con respeto, produce un primer alivio reconocible. También irán captando la propuesta de trabajo, al cabo de unas cuantas sesiones.

A partir de aquí, desde el respeto mutuo (capítulo anterior) se irán desplegando unas herramientas como la observación y la identificación de modos de tratar sus emociones (capítulo próximo) y construcción de sus narrativas, que le permitirán una nueva manera de estar en el mundo.

INSTRUMENTOS DE TRABAJO: NUESTRA CAJA DE HERRAMIENTAS.

L- En relación con el anterior capítulo «Un modelo de la mente», iniciamos «Instrumentos de trabajo» basado en un artículo de Àngels publicado en la revista *Intercanvis* en 2012[53].

Àngels explica que, antes de ir a una sesión de trabajo con profesionales del ámbito de la salud mental infantil, estaba desayunando. Mientras leía el periódico, vio en la sección de sopa de letras una propuesta: «Localice diez herramientas del albañil». Ella iba seleccionando «martillo», «alicates», «nivel», «escuadra», «gaveta»… Entonces pensó: «¿Cuáles serían diez de los instrumentos que necesita el profesional de salud mental?».

Esto puso en marcha y precipitó el núcleo del trabajo que luego publicó.

En la siguiente entrevista trataremos de dar respuesta a la sopa de letras que tenemos planteada los profesionales de salud mental. ¿Cuáles son las herramientas que necesitamos para poder crear este tejido conectivo que sostenga nuestro trabajo? ¿Cuáles son los instrumentos para poder sostener la mirada, la observación, la comprensión, la atención, la respuesta y la dificultad frente aquello que nos sucede a los humanos? En definitiva, las herramientas que necesitamos para nuestro trabajo.

L- ¿Cómo localizaste estas «diez herramientas» para los profesionales de salud mental?

À- Después de desayunar y completar la sopa de letras, me senté en un banco, haciendo tiempo antes de entrar al centro para la sesión con los profesionales. Empecé a hacer un listado. También me vino a la cabeza el tema de los músicos y sus instrumentos. Pensaba cómo los instrumentos musicales necesitan afinación.

Iba transitando del albañil al músico, tratando de pensar en los nuestros.

---

53 **Vives Belmonte, A.** (2012). *Instruments de treball del professional.* Intercanvis, 29, 69-78.

Básicamente, el instrumento de trabajo del profesional de salud mental es su propia mente. Pensaba cómo tenerla preparada para nuestro trabajo y cómo tener afinado este instrumento.

El músico afina. En un instrumento de cuerda el músico busca la tensión precisa para vibrar en la frecuencia requerida para cada nota. Ha de afinar cada nota en su relación entre ellas y después ha de afinar con los otros músicos, si toca en concertación. Además, el instrumento de trabajo del músico no es solo el violín o el contrabajo, sino que es todo su cuerpo. Su cuerpo, su tono muscular, su respiración y su mente. Su momento vital, su sensibilidad, su actitud, su capacidad de cooperación. Todo esto es lo que suena.

Esta reflexión me hacía pensar en el trabajo que cada uno hace con los pacientes y en la coordinación de los miembros del equipo terapéutico. Por ejemplo, cuando estamos sobrecargados y con mucha presión en el trabajo, es como cuando las cuerdas del instrumento están demasiado tensas y esto crea estridencias. No estamos templados delante de las presiones o de las dificultades. Otra situación distinta podría ser cuando vuelvo de vacaciones, relajado, distendido y empiezo a trabajar. Puede ser que tenga mis cuerdas un poco flojas, con poco tono y el sonido está distorsionado, baja la nota y mi resonancia emocional a aquello que me cuenta el paciente está poco afinada.

Entiendo que los conceptos son más abstractos que «martillo» o «alicates», pero ¿podrías nombrar los instrumentos de trabajo de los profesionales de salud mental, como si fueran herramientas?

Yo me lo imagino como una caja con compartimentos:

En el **primer compartimento** tenemos la **intención, la atención y la memoria** o registro. Estos tres elementos son la base desde donde se va a iniciar el proceso de pensamiento.

Atención e intención provienen de la raíz etimológica TEN, que significa 'cuerda'. Cuerda o tensar. Me sirve este hallazgo para imaginármelos como el cochero que conduce los caballos de la mente.

La mente tiene numerosas posibilidades de recibir impresiones sensoriales e información interoceptiva y tiene múltiples maneras de relacionar información, articularse, evocar... y como hemos dicho en la dimensión «BIG DATA», tiene una gran capacidad de almacenamiento y de múltiples procesadores distintos.

La **intención** será la cabeza del cochero que marca a dónde se dirige. Sería la actitud o disposición que organiza un cierto propósito y conduce la mente en un sentido. Un profesional no se coloca igual delante de un paciente que delante de un amigo. Hay una intención diferente, aunque lo «amigable» es necesario en una relación terapéutica. En una primera entrevista, la intención nos dirige básicamente a ser acogedor y abrir una escucha acerca de lo que cuenta el paciente. Pondremos en marcha una exploración, una indagación. Es diferente la intención en esta primera entrevista, que en las sesiones durante el proceso terapéutico o en la despedida al finalizar el tratamiento.

La intención estará en la base del vínculo que estableceremos con el paciente. Tomaremos de referencia los vínculos descritos por W. R. Bion, «LHK», iniciales de *love* (amor), *hate* (odio) y *knowledge* (conocimiento), recogidos en el capítulo de «Vinculación». Trataremos de establecer una relación de K (conocimiento) con el paciente y de cooperación mutua. Naturalmente que estarán también los otros vínculos activos, pero el principal ha de ser este.

La intención es implícita a diferencia del objetivo, que es explícito. Es importante que sea clara, precisa, ligera y mesurada. «¿Con qué intención me ha dicho esto?». Si pesa mucho, condiciona excesivamente y no permite que se vayan dando los fenómenos de manera natural. «Estaba cargado de buenas intenciones» no sugiere que sea lo más conveniente.

La **atención** es otro instrumento básico, príceps. Sería la organizadora de la percepción de una manera sostenida y dirigida desde la intención. Adquirirá dos modalidades: una **focal**, en la que estaremos atentos a lo que está explicando el paciente, incorporando datos, y al mismo tiempo, otra **flotante**, en contacto con otros datos de tipo contextual. Cómo resonamos, si coincide lo que dice y su comunicación no verbal y cómo se van moviendo las hipótesis en mi cabeza. La primera busca precisión, la segunda es más holística. Estamos en este movimiento de radar, atención focal y flotante, todo el tiempo.

Es la atención la que se ocupa del trabajo de la mente en cada momento y son muchas las posibilidades y requerimientos que se nos presentan simultáneamente.

¿Podrías explicar un poco más estos dos tipos de atención?
Vuelvo a la atención focal. Sería el modo en que prestamos atención, ayudados por la intención, poniendo el foco de manera precisa, limi-

tada y concreta. Sujetando todas las percepciones y el procesamiento mental al trabajo que se está realizando en ese momento. Por ejemplo, si estamos enhebrando una aguja, en ese momento, focalizamos nuestra vista, movimiento y, sobre todo, la atención a la tarea de pasar el hilo por el ojo de la aguja. Si nos vamos a una sesión terapéutica, dirigiremos la atención focal a algunos elementos: cómo describe esta persona su malestar y con qué acontecimientos lo relaciona, y así vamos incorporando aquellos elementos que nos permitan hilvanar un primer sentido de su relato.

La atención flotante es más contextual, está abierta a captar muchas más variables y dispuesta a ir hacia donde se la llame, para luego devenir focal.

Sería como un radar, un sistema de vigilancia atento al contexto, de modo que, cuando detecta una señal, focaliza la atención en aquel punto. Por ejemplo, ahora estamos leyendo el libro con atención focal, pero tenemos una atención flotante a modo de vigilante que nos protege. Si notamos olor a quemado, toda nuestra atención se focalizará en este estímulo para ver de dónde viene o qué pasa.

En la entrevista con el paciente mi atención focal puede desviarse en un momento dado a lo que me dijo por teléfono cuando me llamó y que me pareció extraño. Ahora quizá lo puedo entender mejor.

Son dos elementos fundamentales en la organización de la percepción y del funcionamiento mental.

Cuando pensamos el trastorno por déficit de atención, estamos frente a la dispersión de esta atención y de la dificultad de sostenerla durante el tiempo suficiente. Estamos requeridos por múltiples estímulos perceptivos y esta dispersión dificulta el procesamiento de las ideas. El aumento de la tecnología ha proporcionado más elementos de dispersión.

Luego vemos, en los bebés de año y medio aproximadamente, el interés que sienten por las cosas más pequeñas. Un bebé puede quedarse fascinado observando los movimientos y el recorrido de una hormiga, entrenando su capacidad de fijar la atención.

En este primer compartimento hay un tercer elemento: la **memoria** o el registro y la notación. Dependiendo de la atención/intención se guardará un registro/memoria u otro. El registro va a hacerse de las cosas que resulten más significativas a las dos primeras. La memoria es en cierto modo subjetiva, pero forma parte de cómo funciona la mente humana. Registramos unas experiencias a nivel consciente y el resto se guardan, pero permanecen inconscientes. El registro inconsciente del profesional se hace cargo de toda la comunicación del paciente, de manera que a veces aparece una idea en la mente del terapeuta, que proviene de una comunicación previa de él, que le había pasado desapercibida a nivel consciente. Se puede activar, a partir de otra comunicación posterior del mismo.

Has descrito el primer compartimento. ¿En qué consisten los otros?

En el segundo compartimento los cinco instrumentos siguientes tienen que ver con el aparato de percepción de la realidad y cómo nos organizamos para conocer qué es lo que está pasando.

La percepción se vale de un aparato sensorial múltiple de cinco sistemas que va de dentro afuera y de fuera adentro para captar realidad externa.

¿Qué veo, huelo, oigo, degusto y toco?

Al mismo tiempo que voy a usar mis procesadores de captación de realidad externa, se activa otro procesador que tiene que ver con captación de realidad interna, corporal.

¿Qué me pasa? ¿Tengo taquicardia, estoy acalorada, me duele la barriga o estoy tensa? El cuerpo comunica malestar. Este sistema es el que, en general, nos informa acerca de la situación corporal interna. El hambre, la sed, el dolor y la contractura muscular también forman parte de esta sensibilidad interoceptiva.

Desde el sistema sensorial se procesa en diferentes registros la llegada de los estímulos. Se irán creando imágenes, olores, sonidos, gustos, sensaciones táctiles y nos ayudarán a conocer el mundo. Pero hay más. Cada uno de estos sistemas tiene procesadores que se especializan en tareas para el conocimiento de la realidad psíquica, propia y del otro.

Los cinco sentidos, vista, olfato, oído, gusto y tacto desarrollan instrumentos específicos para el conocimiento de la realidad, equivalentes psíquicos para cada sentido.

La **vista**, tendría la **observación**, instrumento de bastante precisión. Se encarga de captar la actitud de la persona con la que trabajo. Cómo me mira, cómo mira las cosas, cómo se mueve, si parece relajado, si está tenso, cómo se sienta, cómo va vestido, el color de la piel, cómo mueve las manos y muchísimas cosas más que vamos incorporando a nuestro procesador.

En el **olfato** es la **intuición**. La intuición es menos precisa, pero más profunda. Es un procesador arcaico, conectado con el rinencéfalo, cerebro primitivo que compartimos con los reptiles, peces y mamíferos.

Como ejemplo del olfato, si nos presentan un pastel de muy buen aspecto y que entra por los ojos pero huele mal, seguro que no lo probaremos. En el plano psíquico utilizamos expresiones tales como «Esto me huele mal» para decir que algo que no sé precisar, no va por donde parece. De momento no lo tengo claro. O «Esto me huele a chamusquina». No me fío.

El sentido del **oído** tiene que ver con elementos de **escucha y resonancia emocional**. Propiciará un clima especial. Si uno presta atención y está en escucha, crea una resonancia interna al relato del paciente. Hemos de estar atentos a cómo suena el paciente y cómo resueno yo a lo que él dice. Resonaremos con distintos registros: ¿qué cuerda hace vibrar el relato del paciente? Puede ser la de la tristeza, el desamparo o la persecución. ¿Estará en escala mayor o en escala menor? Esto, aunque no sepamos nada de música, lo percibimos.

También percibimos la vibración de la voz, el tono de voz. Es muy elocuente. Si la persona cuando nos habla lo hace de forma monocorde, o si el tono de voz es apagado o si, por el contrario, es vibrante. Cuando mejora un paciente depresivo lo primero que capto es cambios en su mirada, en cómo camina, cómo se mueve y, muy especialmente, en el tono de voz.

El **gusto** tiene un equivalente psíquico que consiste en el **discernimiento de las cualidades emocionales**. Dulce, amargo, salado, ácido y picante. Nosotros decimos «Me lo dijo con dulzura» o «Es una experiencia amarga» o «Es una niña muy salada». Hay una captación de cualidades emocionales y las usamos para reconocer cuál es la del discurso del paciente.

El **tacto** permite procesar el **modo de aproximación** al otro. La piel es el órgano más extenso del cuerpo, que delimita y crea diferenciación. Nos permite un contacto sensible con el exterior y básicamente procesa temperatura y presión. Será el aparato de procesar y proporcionarnos datos sobre la temperatura emocional de la comunicación. Si el paciente expresa emociones de alta temperatura como la ira, cólera, furia o viene desafectivizado, frío o incluso congelado. En cada caso habremos de poner en marcha funcionamientos para enfriar o para crear un clima cálido para el descongelamiento emocional. Comúnmente decimos delante de una persona con alta sensibilidad: «Hay que tener tacto para decirle las cosas al Sr. X».

¡Son muchos factores al mismo tiempo!

Has de pensar que, normalmente, los cinco sentidos están en consenso, auxiliándose los unos a los otros. El «sentido común» sería este concierto de los cinco. «Esto lo veo bien, pero hay algo que no me suena» o «El plan tiene buena pinta, pero algo me huele mal» o «Me gusta la propuesta, pero no la acabo de ver».

Este auxilio que se hacen unos sentidos con otros para contrastar la percepción en un clima de consenso me hace pensar en las manos. Es un prodigio de cooperación el trabajo incansable que hacen los cinco dedos para llevar adelante su tarea. No están diciendo «Eh, que yo soy más importante, ¡que soy el pulgar!» o «Eh, ¡que yo trabajo más que tú!» o «Estos son unos holgazanes…». No. Están todo el tiempo intentando acoplarse para la eficiencia de su trabajo.

Hay otro elemento importante que es la **interocepción** para la **captación del estado corporal y emocional propio**. Antonio Damasio[54], neurocientífico, autor de muchas obras, entre las que destaca *El error de Descartes* y *Buscando a Spinoza*, habla del «mapa corporal» como una construcción interna.

¿Cómo estoy ahora? ¿Cuál es mi tono muscular? ¿Estoy tensa? ¿Relajada? ¿Cuál es la información visceral que tengo? ¿Tengo malestar en el vientre? ¿Me siento acalorada? El cuerpo me da información permanente sobre lo que me suscita la relación con el otro. Si tengo palpitaciones, o la boca seca o dolor de cabeza, son elementos que he de tomar en consideración.

De acuerdo. Y cuando tomamos conciencia de estas herramientas, ¿cómo las usamos y cómo nos organizamos?

---

54 **Antonio Damasio** es profesor de la cátedra David Dornsife de Psicología, Neurociencia y Neurología en la Universidad del Sur de California, donde dirige el Institute for the Neurological Study of Emotion and Creativity de los Estados Unidos (instituto para el estudio neurológico de la emoción y de la creatividad). De sus publicaciones destacamos *En busca de Spinoza: neurobiología de la emoción y los sentimientos.* (Crítica, 2005). *El error de Descartes: la emoción, la razón y el cerebro humano* (Crítica, 2006).

Me preguntas acerca del procesamiento en el que intervienen todas estas informaciones del exterior y del interior del sistema. Para esto, nos van a ayudar las herramientas del **tercer compartimento**.

A mí me resulta útil pensarlo desde cinco organizadores. Lo planteo de manera provisional, pero me ayuda.

Primer organizador. La transformación a partir de la «**membrana**». Metafóricamente y siguiendo el pensamiento de Bion, hay una interfase, que llamaremos «membrana», donde se produce una transformación. Una transformación que consiste en **pasar de realidad material a realidad virtual**.

W. R. Bion[55] propone que un elemento sensorial, que llama elemento Beta, es transformado por un procesador llamado Rêverie o Función Alfa. A través de esta misteriosa función, el elemento Beta se transforma en un elemento de otra naturaleza, llamado elemento Alfa.

Un rayo de luz llega a nuestro ojo. La luz, procedente del sol, se refleja en un árbol. Los fotones impactan en la retina (elemento Beta). Se produce una transmisión a un área del cerebro y allí un procesamiento que me permite reconocer y crear una representación mental de lo que estoy viendo: «Hoja verde o árbol» (elemento Alfa).

Este paso de ser un elemento bioquímico cerebral a ser una idea y una representación es el salto enorme entre cerebro y mente. El paso a realidad virtual. Porque esta representación de la hoja verde la podremos reeditar por la noche en un sueño o en un recuerdo, cuando ya no se dé la experiencia visual directa.

Esta capacidad de representación o simbolización nos permite reconocer en un lienzo, en el que el pintor nos comunica, con unas manchas rojas sobre verde, un campo de amapolas.

Esta idea de membrana, de lugar de paso de experiencia sensorial a representación, es muy interesante. Bion coloca en ese lugar un estado de la mente que llama función Alfa, que sería la encargada de esta transformación. «Membrana» me hace pensar en elementos como separación consciente/inconsciente, dentro/fuera o dormido/despierto. A la vez, la palabra tiene una connotación «bio», de vida.

Estas representaciones, elementos alfa, tienen la posibilidad de procesarse de manera virtual, con una base neuroquímica, por supuesto. Son representaciones que pueden ser almacenadas, asociadas a otras y operar como sistema digital en lugar de analógico.

---

55 **W. R. Bion**: *Aprendiendo de la experiencia* (Paidós, 1991).

La función Alfa o Rêverie o ensoñación es un estado de la mente que permite estar más asociativos y ocurrentes. También tener mayor porosidad entre consciente e inconsciente. Así es como la madre o el padre están con el bebé o como el analista ha de estar también ante la comunicación del paciente.

Solo este primer organizador ya tiene mucha complejidad.
Pues sigamos con el segundo: **coordenadas espacio/tiempo.**

En este **segundo organizador** iremos viendo cómo vamos procesando todas las aferencias que nos llegan y que se transforman en representaciones y aquellas que quedan sin procesar como «ruido sensorial».

Por lo que respecta al **espacio**, ¿de qué espacios hablamos?

Volvamos a la consulta. ¿En qué **espacio** recibimos al paciente? ¿Cuál es el encuadre o *setting*? ¿Lo recibimos siempre en el mismo lugar?

En el relato del paciente, ¿de qué espacios habla? ¿Me habla de un sueño? Si me cuenta un sueño me está hablando de un espacio en su mente, el espacio onírico. O me habla de lo que le sucede en su relación con los otros (espacio externo). O me habla de sus pensamientos reiterativos y que lo atormentan (espacio interno) o me habla de lo que pasa en su cuerpo, desde las crisis de ansiedad o de su hipocondría (espacio corporal). ¿Dónde coloca su malestar?

Hemos de saber que vivimos y habitamos en todos esos espacios. Nos va a contar cómo los vive y tendremos que ver con él dónde encuentra más dificultad. Así lo podremos categorizar.

En relación con el **tiempo**, ¿cuál es el relato del paciente? ¿Me cuenta una situación presente o está anclado en un pasado que le atormenta? ¿O está demasiado apretado por su necesidad de anticipar lo que va a pasar?

Por otro lado, en la comunicación, ¿tiene un ritmo rápido o lento? ¿Lo puedo seguir?

Me tendré que fijar en la construcción que hace de las secuencias narrativas. Observaré en qué momento emerge una comunicación como, por ejemplo, la muerte del padre. También cómo organiza a nivel secuencial su historia y cómo relaciona los acontecimientos.

También en qué momento intervengo o cuándo he de permanecer callada, escuchando. He de aprender a hacerlo en el momento oportuno.

Nos vamos ahora al **tercer organizador**. Este hace referencia a la **percepción de la calidad y cantidad de ansiedad** que tiene el paciente.

Hemos hablado anteriormente de dos sistemas básicos de malestar emocional. Uno tiene que ver con la activación del sistema de alerta y la **ansiedad persecutoria**, en la que el paciente se siente bajo una amenaza que viene de fuera. El otro malestar básico, llamado **ansiedad depresiva** se refiere a cómo la amenaza se vive internamente como culpa, pérdida, incapacidad y temor de haber causado daño al otro. En medio de ambas, hay otro tipo de ansiedad que denominamos **ansiedad confusional**.

Necesitamos captar el tipo de ansiedad predominante, ya que va a condicionar la entrevista. No solo el tipo de ansiedad, sino la cantidad de ansiedad.

Si el paciente se siente muy perseguido y está a punto de entrar en agitación, uno percibe la posibilidad de un estallido inminente. Hemos de afinar nuestra percepción para colocarnos de un modo adecuado y tomar decisiones para protegernos y proteger al paciente. Tenemos que saber sopesar, ponderar, mesurar la intervención. Manejaremos espacio, nos mantendremos a una distancia adecuada para tratar de pensar rápido y cuidadosamente. Si podemos contener nuestro miedo, normalmente el paciente baja su temor. Si es muy irreductible, necesitaremos de la intervención de terceros, familiares, personal sanitario y, a veces, la guardia urbana, para disminuir el sentimiento de persecución.

También en los casos de derrumbe psíquico en una depresión melancólica, tendremos que valorar si hay riesgo suicida. También aquí habrá que involucrar a terceros que nos ayuden a proteger al paciente y lo puedan cuidar.

Este organizador es muy importante para captar la temperatura y el clima emocional. Según la temperatura, usaremos los parámetros espacio/tiempo para enfriar.

En una situación no crítica, pero con el paciente muy enfadado, pongo espacio y tiempo de por medio. Le puedo decir: «Bueno, ¿le parece que esto lo tratemos en otro momento? Ahora es probable que lo que yo le pueda decir aún le enfade más». Enfriar es posponer y dar espacio. Y cuando se haya enfriado un poco, no demasiado, aclarar la situación.

Tenemos la membrana de transformación, el espacio/tiempo, la calidad y cantidad de ansiedades predominantes. ¿Cuáles son los dos organizadores que quedan?

El cuarto organizador es el **sistema de defensas**. ¿Cómo se organiza una persona en medio de su malestar?

¿Qué tipo de defensas está usando el paciente para manejar lo que le está pasando? Utilizaremos este organizador para explorar y conocer el sistema defensivo del paciente y si hace un uso adecuado o masivo de defensas tales como las que hemos descrito anteriormente en el capítulo de **psicoanálisis**: escisión, disociación, proyección, introyección, negación y otras.

¿Hace un buen uso de la disociación o hace un uso excesivo? ¿Se desconecta en demasía de las cosas que le preocupan o por el contrario está todo el tiempo con estos temas en la cabeza? ¿La proyección cómo la usa? De todo lo que le pasa, ¿la culpa la tienen los demás? O por el contrario desde la introyección excesiva, ¿él tiene la culpa de todo porque es un inútil? O bien, en el abuso de la negación, siente que «aquí no pasa nada», aunque haya problemas importantes.

Todas estas defensas que nos son útiles, necesarias y estructurantes para pensar, si las usamos masivamente, nos perturban e impiden un buen contacto con la realidad. Tenemos que ayudar al paciente para la toma de conciencia primero y después la modulación en el uso de estos recursos.

Y el **quinto organizador** es aquello que permite la expresión de la emoción y el pensamiento como sistema comunicativo: **la palabra y la narrativa** y, también, el **arte**: somos capaces de expresar a través de la forma, la geometría, el color, la música y el movimiento. Todas ellas encuentran su máximo espacio de expresión en las artes plásticas, la música, el cine, el teatro, el arte mímico y la danza.

Naturalmente que en la terapéutica se usan recursos como la musicoterapia, la arteterapia, la danzaterapia o la escenoterapia, para dar espacio a las comunicaciones del arte, pero aquí, ahora, me detendré en el organizador universal que es la palabra y la narrativa.

Creo que la palabra es la fórmula de representación máxima de significados múltiples. A pesar del dicho de que «una imagen vale más que mil palabras».

La palabra puede estar viva, vibrante, con fuerza o moribunda, utilizada en exceso, abusada y sobrecargada de significaciones según el uso que hagamos. O puede ser un arma arrojadiza.

Por ejemplo, las palabras que usamos hasta la saciedad como «emociones positivas o negativas» o «empatía» las hemos de dejar que reposen. No gastarlas tanto. Las palabras casi tendrían que sorprendernos a nosotros mismos cuando las pronunciamos. Digo esto porque son un instrumento de trabajo primordial y hemos de saber cómo se desgasta según cómo la utilicemos. Se pueden volver muy pesadas y muy cargadas de significaciones y entonces pierden precisión y rigor. Hay que renovar la palabra, buscar otras parecidas, pero que abran sentidos nuevos y no someterlas a un uso abusivo. También habremos de ser cautelosos porque la palabra la podemos usar para encubrir, esconder o manipular. Hemos de ser capaces de captar estas distorsiones y usos.

La narrativa es la articulación de las palabras para comunicar pensamiento y contarnos relatos e historias que den sentido a lo que vivimos. Tiene una complejidad enorme y será básica para la organización mental.

Nuestro malestar o bienestar dependerá, en gran parte, de la construcción de estas narrativas.

Como decía, hay otros sistemas simbólicos en el procesamiento psíquico que son muy importantes y que desarrollaran en cada persona una inteligencia específica. Son el número (matemáticas), el sonido (música), el movimiento (danza), la imagen, la geometría y el color (dibujo, pintura y escultura). Todos estos sistemas simbólicos se usan en el teatro, el cine, el cómic, la animación y, por supuesto, en la vida cotidiana. Corresponden a la esfera del arte como medio de comunicación colectivo.

Creo que tenemos una buena caja de herramientas de trabajo: intención, atención, capacidad de registro, los cinco sentidos y sus equivalentes psíquicos, los cinco organizadores…

Ha de haber un cuarto compartimento con un apartado para la **paciencia** y la **perseverancia** y otro para otras cualidades necesarias. La paciencia y la perseverancia son elementos primordiales para nuestro trabajo. La paciencia no resignada. La paciencia como capacidad de mantener el interés para volver una y otra vez a tratar de entender una cosa. No quiere decir: «Estoy aguantando porque no me queda otro remedio», sería un tiempo activo, para dar juego y explorar otras posibilidades. Y de la mano de la paciencia va la perseverancia, que hay que diferenciarla de la obstinación. Se trata de dar espacio y tiempo para la sostenibilidad de la idea y del proyecto.

En este compartimento también echaremos mano de otras cualidades necesarias para nuestro trabajo: precisión, rigor, capacidad de penetración, elegancia, sentido del humor, simpatía, cordialidad, amabilidad, sensatez y vitalidad.

Cuando has dicho simpatía, ¿te referías a empatía?

Simpatía. «Empatía» es una palabra, como he dicho, muy gastada y ha perdido su sentido original. Hay un fenómeno musical en el que, si acercas un instrumento, por ejemplo, un saxo a un piano, aprietas el pedal de resonancia y tocas una nota, vibran las cuerdas del piano que están en la misma frecuencia. Se llama resonancia por simpatía. El paciente emite dolor, miedo o alegría, esta vibración le llega y, en su aparato de resonancia emocional, el terapeuta resuena por simpatía.

Son muchas cosas y mucho trabajo ¡y todavía nos queda el último compartimento!

Sí, es verdad, son muchas cosas y mucho trabajo y está muy bien que sea así para aproximarnos a conocer la complejidad que nos constituye a todos nosotros, no solo a los profesionales, sino a cada ser humano. ¡Sigamos!

En el **quinto compartimento** están las herramientas teórico-técnicas y la experiencia. Son los libros que nos ayudan, las lecturas de diversos autores, la formación específica, los seminarios, las supervisiones de equipo, las sesiones clínicas para contrastar la experiencia con otros colegas y trabajar juntos, por poner algunos ejemplos.

Estas herramientas nos ayudaran a conceptualizar, categorizar, priorizar y diagnosticar, aunque pueden ser un arma de doble filo. Si nos cogemos a ellas sin hacer todo el trabajo que previamente he descrito, solo servirán para poner un diagnóstico y poco más. Y no se trata de eso.

Me gustaría añadir también que un profesional que trata a personas con dificultades ha de poder tener intereses amplios. El cine, el teatro, la literatura, el arte, la filosofía, la historia, la música, la física o la astronomía nos ayudarán a penetrar con más profundidad en el misterio del ser humano.

Ahora sí, ¡ya tenemos nuestra caja de herramientas!

¡Espera! ¡Me queda la última! ¡No nos la podemos dejar! ¡Necesitamos la aspiración al virtuosismo! A pesar de las dificultades, no podemos renunciar a una aspiración al virtuosismo.

UN DISPOSITIVO ASISTENCIAL PARA LA CRISIS

L- Àngels siempre explica que le gustaría crear un dispositivo desde el que se pudiera atender, respetar y brindar condiciones para la recuperación de las personas, en medio de una crisis. Ella dice que debería estar hecho de algo parecido a este tejido conectivo, o esta materia oscura que nos sostenga en la atención a las personas con sufrimiento psíquico en los momentos críticos.

Hemos hecho un viaje donde hemos transitado por aquello más primitivo o prehistórico de los humanos que sigue latiendo con fuerza en la actualidad y, ahora, en el siguiente capítulo, nos proyectaremos desde el presente hacia el futuro para poder soñar, imaginar y crear un proyecto de dispositivo asistencial.

L- ¿Cuáles son los fundamentos para comenzar a construir un dispositivo en salud mental?
À- El fundamento básico son las personas.

Cuando empecé a trabajar como psiquiatra me di cuenta de que, los «instrumentos de trabajo del psiquiatra», eran escasos. Alguna formación sobre neurociencia, las guías de diagnósticos y la prescripción psicofarmacológica. Poco más. Por eso hice mi formación como psicoanalista, hice un trabajo en mi análisis personal y después fui ampliando mi conocimiento en relación a los grupos terapéuticos, las familias, la teoría de sistemas, las neurociencias y el cuerpo pensado desde otros paradigmas. Todo esto me ha brindado más elementos para entender los funcionamientos mentales.

Pero lo que me ha permitido aprender más ha sido el trabajo con los pacientes. Las teorías sirven hasta cierto punto, te dan algunos elementos, pero cada uno, cada profesional, ha de desarrollar una manera propia de pensar en cada caso. Un modo basado en la cooperación y el aprendizaje mutuo.

Durante todo este tiempo, lo que he visto y se ha mantenido constante es que todos los pacientes, repito **todos**, se pueden beneficiar de un trabajo terapéutico si la terapeuta y él habilitan un espacio de trabajo cooperativo.

Pienso que uno ha de estar completamente atento todo el tiempo. Cada vez que recibes una persona has de estar con todos los sentidos despiertos, con tu caja de resonancia emocional a punto, con la capacidad de contacto abierta y el tacto para ser oportuna. Esto, que tiene que ver con el arte de vivir, es laborioso.

Por eso, el fundamento de un dispositivo asistencial que funcione bien son las personas. Preparadas, trabajadoras, sensibles, atentas, honestas y formadas.

El segundo fundamento básico es un pensamiento que ha de presidir el dispositivo: **la psicosis no es una enfermedad incurable**. Acostumbramos a decir que los trastornos son incurables o crónicos cuando lo que en realidad ocurre es que no los sabemos tratar. Es verdad que no sabemos cómo pensar muchas de las cuestiones asociadas a este tipo de trastornos. Pero cada vez sabemos un poco más. Yo he visto recuperar la salud y salir de un diagnóstico de esquizofrenia a algunos pacientes. Y, desgraciadamente, he visto la cronificación en muchos de ellos. Pero ahí creo que tenemos que afinar de qué modo han sido atendidos.

Creo que el dispositivo ha de resonar en este pensamiento de la recuperación de la salud y del crecimiento y establecer líneas de trabajo con esta pretensión.

¿Cuál es la situación de la red de salud mental actualmente? ¿Hay un lugar para este dispositivo?

Hay una primera cuestión. Me parece que el concepto de red no es el idóneo. Creo más bien en la idea de tejido de sostén. Tejido conectivo. La red es una metáfora de un dispositivo para una emergencia. Si te tiras de un segundo piso y te ponen una red, te sirve. Si trabajas de trapecista y te caes, también. Pero para sostenerte con vida, el cuerpo ha ideado un tejido al que llamamos conectivo que sostiene de manera inteligente y específica cada uno de los grupos celulares. Se trata de un tejido reparador y cohesionador.

El sistema nervioso se comunica en red. Esta estructura funciona bien para unas cosas, pero no para todo. Se ha tomado la idea de sistema reticular y se habla de la vinculación a la comunidad. Pero esta vinculación a la comunidad ha de funcionar más como el tejido conectivo. Relaciones de proximidad y colaboración estrecha. No desde las derivaciones de un recurso a otro.

¿Cuál ha sido el recorrido de la atención en salud mental para llegar a la actual red?

Haré un pequeño recorrido de unos setenta años en la oferta de atención a los problemas de salud mental a los ciudadanos, en Catalunya.

Alrededor de los años 1950-1960 en nuestro país, había el siguiente panorama de atención pública en salud mental: por un lado, estaba el médico de cabecera que atendía en el ambulatorio durante dos horas al día y derivaba al especialista, llamado neuropsiquiatra, los casos que presentaban trastornos de la esfera de salud mental que, en aquel momento, se llamaban trastornos psiquiátricos.

El neuropsiquiatra trabajaba dos horas en un centro y debía atender aproximadamente treinta o cuarenta pacientes en ese tiempo. Normalmente se procedía a recetar, renovar o cambiar la medicación o derivar para la hospitalización.

El otro dispositivo eran los hospitales psiquiátricos manicomializados donde se ingresaba a los pacientes que lo requerían.

Frente a esta situación desoladora, profesionales inquietos pusieron en marcha lo que se llamó centros de higiene mental sobre la década de los años 70, para atender con tiempo y formación ampliada las necesidades de los pacientes. Estos centros buscaron una concertación con la administración para poder dar este servicio desde la atención pública. Concertación que se hacía desde empresas privadas que normalmente eran asociaciones de profesionales.

Sobre los años 80, el departamento de salud pone en marcha una red de atención que se teje alrededor de los centros de salud mental. La red se va ampliando y sectorizando. Intervienen entidades, a menudo religiosas, con tradición en la gestión de hospitales psiquiátricos, que van desplegando más competencias. La sectorización se hace alrededor del hospital de referencia para los internamientos y los correspondientes centros de salud mental de adultos.

Más adelante, se vio la necesidad de crear dispositivos intermedios entre atención ambulatoria y el ingreso hospitalario. Se crean los llamados hospitales de día o centros de día para las actividades rehabilitadoras, pero sin pernoctar.

Se puso en marcha una red de atención a la infancia y a la adolescencia y, posteriormente, centros específicos de ingreso y hospitales de día para las necesidades de contención en adolescentes y jóvenes.

En todo este desarrollo del sistema de atención en salud mental se va necesitando de nuevas ideas para una concepción más ajustada a las necesidades. Se procura articular estos dispositivos con los centros de atención primaria de salud, para favorecer las derivaciones.

Posteriormente, se ha producido un trabajo de mayor implicación entre estos dispositivos de manera que los profesionales de salud mental han ido a trabajar a las áreas básicas de salud para tareas de coordinación y atención directa y también para la creación de grupos terapéuticos en los ambulatorios de atención primaria. El trabajo se ha ido ampliando y se pusieron en marcha programas específicos para la atención individualizada a domicilio y programas de seguimiento individual (PSI).

Desde Bienestar Social, también se amplió la red de servicios de atención a niños de cero a seis años, los llamados CDIAP o centros de atención precoz.

Y así se ha ido creando esta complejidad creciente llamada «red de salud mental». Ha habido mucho trabajo y esfuerzo de los profesionales implicados para tratar de dar una atención diversificada a los ciudadanos.

En los años 80 ya se planteó un enfoque para salir de una orientación hospitalocéntrica y que la red tuviese una orientación más comunitaria. De modo que uno de los trabajos trata de aproximar a los pacientes a dispositivos comunitarios del barrio: bibliotecas, centros cívicos y asociaciones, tratando de integrar a las personas en su entorno social y evitar la estigmatización que acompaña a este tipo de dificultades.

También se crean dispositivos para la rehabilitación psicosocial y de integración laboral.

Por otro lado, aparece un movimiento de asociacionismo de los familiares de personas con trastorno mental y de los propios usuarios para defender sus derechos a una atención adecuada y contra el estigma.

Actualmente se ha incorporado la figura de psicólogo general sanitario a los centros de atención primaria.

Así, en principio, parece que está muy bien organizado.

Visto con perspectiva es un gran avance, pero no funciona bien en determinadas cuestiones. Sobre los años 2010-2014, a partir de la crisis económica del 2008, se redujo considerablemente el presupuesto y esto produjo una disminución de las ratios de personal en las unidades de internamiento, creando condiciones que, a veces, vulneran los derechos de las personas atendidas.

Por un lado, en Catalunya, a diferencia de otras comunidades en España, la concertación de los servicios públicos se ha hecho con empresas privadas. Son proveedores muy diferentes y con intereses concretos. Es necesario hacer una diferenciación entre empresas sin ánimo de lucro y otras de carácter mercantil.

Por otro lado, la red tiende a esclerosarse. Está construida, pero la comunicación entre dispositivos asistenciales es poco fluida. No es una red viva, vibrante. En lugar de ser un espacio de acogida, según cómo, deja caer a los pacientes por los agujeros de la red y, según cómo, está muy rígida y atrapa y fija como una telaraña.

La razón más importante por la cual creo que no funciona es por la burocratización y la protocolización. Los profesionales han de invertir mucho tiempo para rendir cuentas de una serie de ítems que se les pide. Otra razón es la multiplicidad de intervenciones que se dan y que lo que te explica el paciente es que ha de ir de un sitio a otro, de una visita a otra.

A veces el peregrinaje es: médico de cabecera, psiquiatra, psicólogo, trabajadora social, enfermera, educador, etc. Has de concertar citas con varios. En lugar de crear integración, puede producir saturación y dispersión.

Delante de esta situación, ¿han surgido propuestas nuevas para atender el sufrimiento?

Han surgido muchas propuestas a lo largo de los veinte o treinta últimos años que han ido abriendo nuevas posibilidades para una atención más adecuada. Una ha sido la creación de espacios distintos de hospitalización de pacientes adictos a alcohol u otras substancias. Casas rurales adaptadas para internamientos semiabiertos que, a veces, son prolongados. También espacios de hospitalización fuera del ámbito sanitario, y en dispositivos más pequeños, con talleres y en una idea de apertura a la comunidad, que muchas veces no se articula y se produce una situación de aislamiento.

Se han puesto en marcha ingresos domiciliarios con acompañamiento terapéutico, siguiendo el modelo de Finlandia y Suecia. Allí, desde hace años, tratan de evitar los ingresos hospitalarios y sobre todo los que son involuntarios.

Todo esto se ha ido implementando con más o menos fortuna en la red de salud mental.

Ha habido dos aportaciones que, desde mi punto de vista, han sido fundamentales y que, espero, puedan implementarse de modo general en el conjunto de dispositivos. Si se trabaja desde esta perspectiva, necesariamente se abre una manera más saludable de dar sentido al malestar de los pacientes y a su recuperación:

1- El trabajo en grupos terapéuticos muy variados en casi todos los dispositivos de la red. Tanto en la atención a adultos, como a niños y padres y también a jóvenes. Merecen una mención especial los grupos multifamiliares que creó y puso en marcha Jorge García Badaracco en Argentina y que están permitiendo trabajo colectivo con las familias.

2- El trabajo importado de experiencias realizadas en Finlandia (Laponia occidental) desde hace treinta años. Jaakko Seikkula ha aportado el Diálogo Abierto (Open Dialogue). Es un modo de poner en diálogo a todas las personas involucradas en el malestar. Sean familia o personas próximas y amigos. La atención inmediata y el modo distinto en el que se posicionan los profesionales abren vías nuevas, basadas en la conversación. Los resultados de los estudios sistematizados que han realizado hablan de evoluciones mucho mejores que con la atención convencional.

Por otro lado, la iniciativa de colectivos de los propios usuarios también ha abierto otros movimientos de ayuda mutua.

¿Cómo sería un dispositivo que pudiese atender toda esta complejidad?

Tendremos que pensarlo entre todos y todas.

Creo que una primera medida sería no alinear el modelo sanitario en el ámbito de la salud mental.

Me parece que, desde la atención primaria de salud, habría que tener equipos de atención que se hicieran cargo de las personas que presenten situaciones de ansiedad, estrés o síntomas depresivos leves. Con la idea de movilizar los recursos internos de cada persona y no convertirlos en «pacientes» y evitar la medicalización. Trabajando juntos psicólogos, enfermeras, trabajadores sociales, médicos y educadores, ofreciendo espacios de atención grupal o individual.

En las situaciones más complejas y graves sería necesario tener equipos sectorizados para la atención de las crisis. La atención, siguiendo el modelo de Open Dialogue, tendría que ser inmediata e involucrar a todos los que estén cerca de la persona que manifiesta el malestar. La familia y su entorno comunitario.

En caso de necesidad de medicación, si hay un insomnio pertinaz o una ansiedad muy alta o riesgo suicida o de violencia hacia otros, podría valorarse un ingreso domiciliario con un seguimiento cercano y un trabajo en profundidad con la familia y el entorno.

Si es necesario un internamiento y separación del núcleo familiar, podría haber dispositivos de hospitalización para pocos pacientes. Máximo quince o veinte.

¿Cómo sería el tratamiento en esta clínica?

Me sirve una idea que he ido desarrollando en mi trabajo. Habría que pensar de qué naturaleza es el sufrimiento y cuál es la situación en la crisis y en la poscrisis. Creo que sería importante poder atender a las personas según el escenario metafórico en el que se encuentre. De momento, propongo pensar en estos:

«Un campo después de la batalla o la ciudad destruida por las bombas».

«El rescate de un naufragio».

«La devastación de un incendio».

«Salir de la reclusión en una mazmorra».

«Haber quedado atrapado bajo un derrumbe».

«La desolación total. Aquí no hay nadie».

No se puede hacer la misma atención en una situación que en otra. La crisis trata de poner pensamiento y palabras a un malestar y un sufrimiento intensos que no han tenido palabras. Y cuando remite la virulencia de la situación, hemos de encontrar diferentes maneras de ayudar a la reconstrucción y reparación del daño y valorar si ha sido útil para atender lo más importante que está en juego.

No es el mismo trabajo hacer sitio a la desolación en que una persona puede verse sumida después de la destrucción de su idea de quién es, de su proyecto vital y las pérdidas que ha sufrido en las relaciones con los demás. O de las personas que han tenido experiencias traumáticas infantiles. O de la vida en un entorno de violencia permanente. O de las personas que han sufrido pérdidas de familiares muy cercanos y están desolados. O de quien siente que lleva años encerrado y no puede salir de su encierro autístico. O de quien ha quedado sepultado bajo el derrumbe de su empresa o de su proyecto vital y nadie podrá rescatarlo. O de quien se siente en medio de un mar de dispersión de malestar que lo engullirá y no podrá disponer de un objeto flotante que le permita mantener la cabeza fuera de agua. De momento.

Me ayudo de estas metáforas para entender que cada situación engloba a todos los participantes en un trabajo.

Hay más escenarios metafóricos de catástrofes. Recientemente hemos estado metidos en una: los estragos terribles de la pandemia del coronavirus. Claro que todos estamos en las mismas condiciones de vulnerabilidad frente a esta amenaza. Al menos expuestos al contagio. Pero es verdad que no nos toca por igual. Las familias que han perdido uno o más miembros y que no han podido acompañarlos ni hacer una ceremonia de despedida, se sienten con esos duelos suspendidos o congelados y pendientes de elaboración. No obstante, hay una diferencia importante cuando está todo el colectivo social afectado, que cuando uno siente que las cosas le pasan solo a él.

O las consecuencias económicas como la pérdida del trabajo, peores condiciones laborales, desahucio de la vivienda y un sinfín de sufrimientos que en este momento nos azotan.

Me llama la atención que, en relación a la pandemia, todos hablamos de una amenaza que proviene de un ser ultramicroscópico. Pero una paciente expresó que se trataba de un «bicho muy grande pero invisible». Creo en la perspicacia de esta señora que habla, más allá del Covid-19, también de otros agentes del sistema económico y político mundial que nos amenazan.

García Badaracco habla del grupo multifamiliar como un lugar de rescate del naufragio que supone una crisis. Sería a modo de balsa o de «objeto flotante» desde donde las familias se mantienen a flote. Luego tendremos que hacer más trabajo desde tierra firme y, pasada la crisis, el grupo también será lugar de elaboración de las experiencias vividas.

Hay personas que plantean que se sienten en un espacio devastado o desolado, sin vida, destruido y abandonado. En este caso, la tarea será acercarte a este paisaje interno y emprender un trabajo de reconstrucción.

¿Cómo ayudar al rescate desde el encierro en la mazmorra transparente, autística, que nos puede dejar excluidos del mundo? Puede tomar formas diferentes. Desde meterse en un globo por el consumo de sustancias al encierro y confinamiento en una habitación. Es muy difícil relacionarse con los grupos cuando nos hemos construido en el aislamiento.

Cada una de estas cuestiones requerirá aproximaciones y tiempos diferentes.

Será necesario construir espacios dialógicos a nivel grupal y familiar, rehacer la historia, escuchar todas las voces sobre qué ha pasado y qué ha movido en cada uno. Encontrar juntos elementos de reconstrucción, de sostenibilidad, de mantenerse a flote, de reparación de la piel psíquica dañada o quemada, de volver a aprender a estar en contacto con los otros. Todo esto sin desfallecer y en la confianza de que, si sabemos articular los equipos desde su capacidad de cooperación frente a la catástrofe, se movilizarán muchos recursos en todos.

Necesitamos dispositivos que puedan hacer estos trabajos. Los actuales no lo permiten. Hay que tener en cuenta las necesidades en cada sector, en cada población; si hay vida asociativa en el barrio, la comunidad y la familia.

Todo este trabajo desde una mirada colectiva. Luego cada persona y cada grupo familiar tendrán su propia singularidad y necesitaremos saber atenderla. Habremos de huir de la protocolización y atender de manera singular cada caso que se nos presente. Cada persona y cada familia es **única**.

Pero sin estructuras de planificación, todo depende de la persona profesional que te encuentres. Entiendo que los protocolos están para asegurar unos mínimos.

Claro. Ha de haber unas líneas maestras, unos criterios éticos compartidos, un trabajo de supervisión, una valoración y evaluación de la tarea que se está haciendo y elementos de investigación para encontrar siempre modos más adecuados para nuestro trabajo.

Se tienen que poder asentar las figuras de coordinación del equipo, las supervisiones, los espacios de debate y de intercambio comunitarios y el reciclaje y formación continuada de los profesionales. Todo esto sin incurrir en una fiscalización y burocratización del trabajo, para mantener los equipamientos en una relación viva y vibrante de intercambio real. No una red esclerosada.

Una patología severa ha de estar atendida por dos o tres personas, no por veinte. Y no ha de quedar dispersa la atención en un peregrinaje por diferentes dispositivos. Si no se hace así, el paciente y la familia acaban perdidos haciendo un ejercicio de sumisión a los diferentes requerimientos del sistema. O huyendo de él.

Entiendo que es importante que los trabajadores se cuiden y hagan un trabajo personal terapéutico.

Como he dicho al principio, las personas son el fundamento de este dispositivo que estamos describiendo, que trabaja desde el respeto. Personas formadas, trabajadoras, honestas, que se cuiden y que traten a las personas atendiendo sus particularidades. No a diagnósticos y a la aplicación de protocolos.

En el cuidado de los profesionales entra el poder hacer un trabajo de autoconocimiento que es indispensable para poder cuidar y conocer a los otros.

Creo que, para el desarrollo de nuestra capacidad de pensar en la salud a nivel colectivo, necesito imaginar modos para abrir espacios de estas características, como la democracia participativa, para todos los ciudadanos. Así podremos encontrarnos con otros que piensan muy diferente a nuestra manera de ver las cosas que atañen a la colectividad.

Tendemos a encontrarnos con personas que piensan de modo cercano a nuestra manera de entender el mundo y vamos quedando aislados y aislando a otros por las diferencias, que se van haciendo enormes.

Si vamos abriendo espacios colectivos, de cosas que atañen a la comunidad, de problemas o de ideas, vamos permitiendo un entrenamiento, que todos necesitamos.

Podemos plantearnos temas de carácter social, ético, artístico, que puedan abrir diferentes enfoques. Sé que no es fácil. Pero es que ¡no sabemos casi ni estar en una reunión de vecinos! Por ahí creo que tenemos mucho trabajo que hacer y que, si creemos en la capacidad humana de desarrollo, tenemos esta tarea pendiente.

Tenemos mucho mucho trabajo.

¿Necesitamos más horas al día?

No. Tendremos que saber sacarle partido a las que tenemos. Hacer cundir nuestra vida y nuestro tiempo.

QUINTA DIMENSIÓN:
LA MUERTE

À- Como habéis podido ver con el tema del nacimiento y la llegada, siempre he tenido interés de explorar qué pasaba antes de nuestra entrada en la historia. Hemos estado atentos a algunos hechos que suceden dentro del útero, nuestro primer hábitat. Es un espacio que deviene parcialmente accesible y se puede vislumbrar algo de lo que vivimos allí en nuestra prehistoria.

Pero qué pasa después de la muerte o qué pasa antes de ser concebidos entra dentro del terreno de lo que no sabemos.

Tengo una cierta prevención porque las religiones se han ocupado de este espacio de una manera que no siempre ha ayudado al progreso de la humanidad. El terreno de cómo pensar las cuestiones que van más allá de las posibilidades de conocimiento, por el sistema deductivo-científico, lo hemos mantenido un poco vedado desde el materialismo dialéctico.

Nos hemos dedicado a ver el impacto que tiene la muerte sobre los que están vivos. Los procesos de duelo, de qué manera mantenemos vivos a los muertos en nuestro mundo interno a través del recuerdo y de qué modo están también presentes a través de su legado cultural y de pensamiento. Este ha sido el trabajo en torno a la muerte, al que yo me he dedicado sin entrar en este otro terreno más desconocido.

He pasado muchos años en un ejercicio de disciplina de no moverme del territorio que marca las cosas que podemos conocer y no entrar en hipótesis que pueden ser completamente personales o que se acaban convirtiendo en dogmas de fe, de los cuales querría huir.

Pero conforme me voy haciendo mayor me atrevo más a salir de mis prejuicios sobre las religiones y los pensamientos esotéricos y a pensar que hay más posibilidades de vida de las que conocemos.

Cuando era jovencita me interesaban mucho estos temas y leí bastantes tratados de filosofía oriental y de esoterismo que hablaban de la reencarnación y me parecía que ofrecían ideas interesantes, aunque nunca quedé atrapada en estos planteamientos.

Pero cuando leí las «**Doce tesis sobre la economía de los muertos**» de John P. Berger[56], en su libro *Con la esperanza entre los dientes*, pude conectar desde un lugar muy profundo.

Las adjuntamos a continuación con algunos comentarios. Se trata de un condensado de ideas que entiendo a medias. En algunas tesis podré decir y añadir alguna aclaración desde mi sensibilidad, en otras no sé penetrar en su comprensión.

No tengo la pretensión de poder entenderlo y analizarlo todo, así que me parece interesante acabar el libro dejando al lector y a la lectora con este trabajo que a mí me acompaña y me hace pensar.

L- Por mi parte, en esta dimensión, me mantendré en silencio para escuchar este diálogo de las voces de Àngels y John P. Berger y observar las elipses entre sus mentes, mientras intentan pensar la muerte.

---

56 **John Peter Berger** (Hackney, Londres, Inglaterra, 5 de noviembre de 1926 - París, Francia, 2 de enero de 2017) fue un escritor, crítico de arte y pintor británico. Entre sus obras más conocidas están *G* (1972), ganadora del Booker Prize, y el ensayo de introducción a la crítica de arte *Modos de ver*, texto de referencia básica para la historia del arte. Fue uno de los novelistas y ensayistas más originales y relevantes del mundo anglosajón y evidenció su compromiso con la escritura como medio de lucha política. Sobre las Doce tesis ver: https://www.elboomeran.com/upload/ficheros/obras/con_la_esperanza_entre_los_dientes__paginas_web.pdf

DOCE TESIS SOBRE LA ECONOMÍA DE LOS MUERTOS

B[57]- 1- Los muertos rodean a los vivos. Los vivos son el núcleo de los muertos. En este núcleo se encuentran las dimensiones del espacio y del tiempo. Lo que rodea al núcleo es atemporal.

À- Todo lo que ha sucedido, está sucediendo y sucederá es simultáneo fuera del centro. Dentro, en el núcleo, donde están los que ahora estamos vivos, las coordenadas espacio tiempo funcionan, pero lo que lo rodea es atemporal.

¿Cómo podemos convivir con este hecho, en el cual los que nos han precedido también están y están influyéndonos? Es decir, ¿cómo estamos en función de legados históricos que nos han dejado los que nos han precedido? Tanto a nivel cultural como a nivel social, tanto para las cosas buenas como para las malas. Tanto por las guerras, las catástrofes, las cuestiones de religión, de desacuerdo, de traición y de venganza como por aquello que nos cohesiona y nos da vida, el arte, la virtud, la cooperación, la belleza y el prodigio.

2- Entre el núcleo y la periferia existen intercambios, que no suelen ser claros. Todas las religiones se preocuparon por aclararlos. La credibilidad de la religión depende de la claridad de ciertos intercambios inusuales. Las mistificaciones de la religión son el resultado de intentar producir tales intercambios de manera sistemática.

¿Estos intercambios cómo los podríamos pensar?, ¿intuiciones?, ¿ideas?, ¿obra escrita?, ¿pintura?, ¿patrimonio arquitectónico?, ¿normas?, ¿leyes?… Todo esto forma parte de los legados que nos dejan.

Pero los «intercambios no claros e inusuales»… ¿cuáles son?, ¿intuición?, ¿inspiración?… Tendríamos que ponerles un nombre. ¿Qué quiere decir? Las religiones se hacen cargo, pero quizá los intercambios de los que Berger nos habla no se producen de una manera tan organizada y estructurada como dicen las religiones.

La religión los intenta sistematizar, pero los intercambios se dan y no sabemos cómo pensarlos y darles forma. ¿Les damos forma en los sueños? ¿Nos pueden enloquecer?

.

---

57 John Peter Berger.

3- Lo excepcional del intercambio claro se debe a la improbabilidad de que algo pueda atravesar intacto la frontera entre atemporalidad y tiempo.

Para poder organizar la mente, ponemos los hechos de manera secuencial, para darles sentido. Pero no sabemos si todo se da simultáneamente. Solo sabemos que hay diferentes tiempos entre los vivos: Kronos, Kairós y Aión.

Ciertas experiencias místicas y algunas drogas psicoactivas modifican la percepción temporal y abren una permeabilidad de este paso de la atemporalidad al tiempo y de los muertos a los vivos.

4- Ver a los muertos como los individuos que fueron alguna vez tiende a oscurecer su naturaleza. Tratemos de considerar a los vivos como asumimos que lo hacen los muertos: colectivamente.

El colectivo crecería no solo a través del espacio, sino también a lo largo del tiempo. Incluiría a todos los que vivieron alguna vez. Y así también pensaríamos en los muertos.

Para los vivos, los muertos se reducen a aquellos que vivieron, mientras que los muertos ya incluyen a los vivos en su propio gran colectivo.

Es decir, no pensar a los muertos como los que fueron, sino los que son, que están. Y que nosotros somos y estamos en ese gran colectivo.

Aquí está incluida la cuestión de lo que es colectivo y grupal. Es como pensar la humanidad como un cuerpo. Nuestro cuerpo encarnado no tiene ahora mismo las células ni los átomos que hace diez o veinte años, pero se mantiene el mismo cuerpo. W. R. Bion hablaba de invariancia, con la idea de que todo se modifica, pero el patrón organizador mantiene lo esencial que no cambia.

La humanidad sería este gran cuerpo con células que han muerto y células vivas ahora.

5- Los muertos habitan un momento atemporal de construcción que se reinicia continuamente. La construcción es el estado del universo en todo instante.

Habla del *continuum* y del instante. Si tú prestas atención en un punto y la sostienes ahí, se para el tiempo. Vives en el instante. Allí se crea todo.

Y habla también de una construcción permanente e inacabable. Ese es el estado del universo.

6- De acuerdo con su memoria de la vida, los muertos saben que la construcción es, también, un momento de colapso. Habiendo vivido, los muertos nunca pueden ser inertes.

Me parece importante el tema de la «memoria de la vida» que Berger atribuye a los muertos. Parece que queda en algún lugar.

En esta tesis hace un contrapunto. Habla de los opuestos: construcción y deconstrucción/colapso.

«Inerte» significa 'sin vida' o 'sin movimiento'. Otro significado es 'sin obra ni trabajo'. Así, los muertos no pueden ser inertes porque han dejado huella, obra y trabajo.

7-Si los muertos viven en un momento atemporal, ¿cómo pueden tener memoria? Lo único que recuerdan es haber sido arrojados al tiempo, como todo lo que existió o existe.

¿Por qué arrojados al tiempo?

«Arrojados al tiempo». ¿Qué o quién nos arroja? ¿El paso del útero al mundo externo se vive como ser arrojado al tiempo? ¿Eres expulsado del reinado de Aión para entrar en el reinado de Kronos? ¿Kairós vendrá en nuestra ayuda?

Eres «arrojado al tiempo» para existir, para dejar una huella que ya no se destruye. Cuando hayas existido, serás incorporado a la atemporalidad.

Se me hace inquietante, necesitaría un modo más amable para el nacimiento y la muerte, como por ejemplo: «Llegamos para habitar el tiempo que nos corresponde».

8-La diferencia entre los muertos y los que no nacieron es que los muertos tienen dicho recuerdo. A medida que se incrementa el número de muertos, la memoria aumenta.

No lo entiendo. Desde los vivos sí que aumenta la memoria.

Entiendo la memoria como un recurso de los vivos para guardar experiencia. Desde la atemporalidad, no hace falta memoria. Todo es simultáneo, aunque las cosas sucedidas están.

9- La memoria de los muertos, al existir en la atemporalidad, puede pensarse como una forma de imaginación concerniente a lo posible. Esta imaginación está cerca de (reside en) Dios, pero no sé cómo.

No sabemos cómo, pero se refiere a Dios como esta idea abierta de la creación de todas las cosas, esta idea abierta de una inteligencia que no ha tenido ningún nacimiento, que es atemporal y es donde reside el todo. Esta imaginación la podemos pensar como todo aquello posible.

10- En el mundo de los vivos, se produce un fenómeno equivalente pero opuesto.

Los vivos en ocasiones experimentan la atemporalidad, durante un sueño, el éxtasis, en momentos de peligro extremo, en el orgasmo y quizás en la experiencia misma de la muerte. En esos momentos, la imaginación abarca por completo el campo de la experiencia y desborda los contornos de la vida o la muerte individual. Roza la imaginación expectante de los muertos.

11- ¿Cuál es la relación de los muertos con lo que todavía no ocurrió, con el futuro? Todo el futuro es la construcción a la que está abocada su «imaginación».

(La de los muertos).

¿El futuro está contenido en la imaginación y en la atemporalidad de los muertos?

12-¿Cómo viven los vivos con los muertos? Hasta la deshumanización de la sociedad que produjo el capitalismo, todos los vivos esperaban alcanzar la experiencia de los muertos. Este era su futuro último. Por sí mismos, los vivos eran incompletos. Así es que vivos y muertos eran interdependientes. Siempre. Solamente una forma moderna y peculiar del egotismo rompió esa interdependencia con resultados desastrosos para los vivos, que ahora pensamos en los muertos como los «eliminados».

Y sin embargo, aunque los pensemos como los eliminados, nos acompañan, están.

À- La memoria histórica está funcionando en todas las cuestiones que nos han sucedido, las que no se han resuelto, las injusticias, las ofensas, las humillaciones, los daños, el abuso, el maltrato y los crímenes. Todo esto pesa sobre los vivos.

También lo están los pensamientos, los mitos, la literatura, el arte y la ciencia, y esto nos permite vivir. Todo esto rodea a los vivos y la magnitud es tan grande que hemos de tenerla en cuenta.

Plantearía la muerte como una fuerza, como una tensión que nos mantiene vivos, como una fuerza integrativa. Sería como este movimiento multirradial que viene de la pelvis y genera tejido conectivo. Este tejido planteado como una fuerza que lo mantiene todo sujeto y sostenido por una tensión de atracción. Cuando deja de funcionar, la fuerza se deja ir y se produce una expansión. Un nuevo Big Bang.

AGRADECIMIENTOS DE ÀNGELS VIVES BELMONTE

En primer lugar, quiero agradecer a Lara, su capacidad para poner en marcha este libro, su iniciativa, su perseverancia, su compañía y su capacidad para hacerme creer en el proyecto.

Quiero agradecer a mi familia, Jordi, mis hijos y mis nietos, de los que he aprendido tantas cosas, y que han tenido que acompañarme en un tiempo largo, varios años, en la construcción de este libro.

Quiero hacer patente el agradecimiento a amigos, familiares y colegas que han leído partes del libro o versiones anteriores y me han animado a llevarlo a cabo y me han dado su opinión sobre el contenido.

Particularmente, quiero agradecer a Juan José García Rodríguez su prólogo, muy aclarador de lo que el lector se va a encontrar, y minucioso y sutil en la descripción de los contenidos. Juanjo es filósofo y pone una mirada original y singular a lo que hemos tratado de transmitir. Gracias también a Francesc de Diego por su obra de arte sugerente e inspiradora, que da portada a nuestro libro.

A Ignasi Bros y Pepi Sebrià, amigos y colegas, que nos han ayudado en la confección de las notas, y en algunos apuntes sobre el contenido. Gracias por todas las horas que este trabajo les ha supuesto.

A todos, muchas gracias.

AGRADECIMIENTOS
DE LARA DÍEZ QUINTANILLA

Quiero agradecer a mi tutora de prácticas de Psicología que me llevara a las supervisiones de equipos del CSMA conducidas por la Dra. Vives. Allí pude sentir de qué manera Àngels sembraba conocimiento, cómo inspiraba y cómo salíamos de sus sesiones con más vida, más fuerza, más deseo y esperanza. Una tarde, coincidí con ella en un ascensor y, con toda la torpeza del mundo, le declaré que me quería poner a su disposición para trabajar. Ella me miró con una atención que tocaba lo ancestral y, cuando se abrieron las puertas, empezamos una aventura juntas que nos ha llevado, doce años más tarde, a este libro. Nuestro viaje a los confines de la mente ha sido el aprendizaje más grande de mi vida. Por eso mismo, el mayor agradecimiento es para ti, Àngels. Este libro nace con el deseo de abrir al mundo el privilegio de escucharte y compartir el placer de pensar en grupo. Gracias, compañera.

Sumo mi agradecimiento a Juan José García Rodríguez, a Francesc de Diego, a Ignasi Bros, a Pepi Sebrià y a los queridos miembros del Grup Alfa.

Quiero agradecer también a mi familia, a mis amistades y a Bernat el apoyo y ánimo durante el proceso.

Y, por supuesto, gracias a todas las personas que tenéis este libro en las manos y dais sentido a estos años de trabajo.

NOVENTA Y CUATRO AÑOS Y NUEVE MESES MÁS TARDE

Gabriela está sentada en un sillón frente a la ventana. Hace sol, pero Gabriela ha dejado su estado contemplativo de días atrás. Se despierta inquieta. Tiene mucho trabajo. Tendría que dejar limpia la casa. Despejarla de trastos que se han ido acumulando durante noventa y cuatro años. No hay tiempo que perder. Tiene que irse de viaje y no puede ir cargada. En realidad, tendría que sacarlo todo. Tendría que sacarse incluso la ropa. No va a hacer falta. Empieza a forcejear con una bata que lleva puesta, estirando la manga. Cuando ha conseguido sacarse la manga para ponerse a trabajar, viene una señora que le dice que a ver qué le pasa porque estaba muy tranquilita. Vuelve a ponerle la manga en su sitio. Gabriela le dice que tiene que irse. «Pero ¿a dónde quiere irse, mujer? Con lo bien que está aquí. Luego vendrá a verla su hija. Y la ha de encontrar muy guapa».

Solaris la vino a ver ayer. Debía ser miércoles. Le cogió la mano, no recordaba que antes lo hubiese hecho. Gabriela sintió la fuerza de una despedida resuelta y tranquila. Y después una alegría fuerte, liberadora. Como que Solaris comprendía que había que despedirse y estaba bien.

Gabriela sabe que esta señora no entiende nada. Ella está ocupada en tener a los abuelos arreglados para cuando vengan sus familiares y es mucho trabajo. La pobre mujer no entiende que no hay tiempo que perder. En realidad, Gabriela ya dejó atrás su casa, sus muebles, sus libros, sus poemas, su música… No los necesitaba. Pero aún tiene cosas de las que desprenderse para el próximo viaje. Querría entrar desnuda. Como cuando vino al mundo. Sin más. Ha de desprenderse de más cosas. De sus miedos, de su soledad, del apego a sus hijos, a sus nietos. Eso le duele. Luego vendrá Ana, que ya no puede con sus rodillas, aunque lo disimula delante de su madre. Mañana vendrá Rosa, pero no cree que haya tiempo. A ver si se lo puede decir. Vino Víctor y le dijo que lo dejase todo y ella está en eso. Pero les cuesta entender. También Manuel vino y le dijo que la esperaba. Pero no es fácil. El cuerpo se le ha puesto pesado y le cuesta decir las cosas. Empieza y a veces lo deja porque se cansa. Suspira. Quiere levantarse y trata de hacer fuerza con sus piernas que reciben sus sugerencias, más que órdenes, con muy poca presteza. Están viejas también. Sus pies, en otro momento bellos, han quedado como unos pies de bebé que ya no le sirven para sostenerse derecha sobre ellos.

Trata de dar un tirón, se mantiene un momento derecha y luego se cae, parece como por un precipicio, pero su cara queda apoyada en el suelo y nota contra su mentón el frío metal de la pata de la silla y ve la rueda enorme con olor a goma. Vuelve a venir Víctor. Es mucho trabajo poder despojarse de todo esto.

Después, mucho ruido. La señora habla en voz alta con otras dos, que la ayuden a llevarla a la cama. Gabriela se deja coger por aquí y por allá. Su cuerpo ya casi no le pertenece. Habrá que dejarlo también. Es un fardo pesado y ahora ella necesita otra ligereza.

Es agradable el contacto con la almohada, suave, fresca, pero ahora después del frío suelo es casi cálida. Huele bien. Esta señora la ha cambiado, mientras ella miraba para afuera. Toda su impaciencia ha desaparecido. «Pero, mujer, ¿por qué no ha llamado? Tiene el timbre en la silla. Mire ahora…, a ver qué pasa. Va a venir el doctor a verla».

Oye que van a llamar a sus hijos. Ahora viene su madre y su padre. María está joven, bella. Juan espléndido y fuerte. Están ahí. Le dicen cosas sin hablarle. Le dicen cosas que la tranquilizan. Se duerme y sueña con su viaje. Se ve desnuda, tranquila, dispuesta.

Vienen Ana y Rosa. Ahora vendrá Mateo. Lo han avisado, pero tardará un poquito. «No pasa nada, mamá». Sonríe. Asiente. Cada una a un lado de la cama. Cada mano abrigada. Quizá Mateo quiere que lo espere. No sabe si podrá. Se duerme.

Sus hijas hablan con un señor y parecen tranquilas. Ella ya se lo había dicho, que no se asustaran. Que no pasa nada. Que está bien. Mateo llega y le da un beso. Está bien.

Ahora está lista para su viaje.

Fragmento del relato de *TOC-TOC*, escrito por Àngels Vives Belmonte en el año 2009.